中国海相碳酸盐岩油气勘探开发理论与技术丛书

碳酸盐岩储层表征与储层成因单元地震地层学方法

朱怡翔　宋新民　宋本彪　高　严　陈　诚　著

石油工业出版社

内 容 提 要

本书是作者30多年来,从事国内外油气田的开发地质研究尤其是碳酸盐岩储层表征实践的经验积累总结和提炼,深入浅出,图文并茂,包涵多项新颖或创新的技术方法和观点,例如,碳酸盐岩储层表征的研究流程、碳酸盐岩层序地层学的特点、碳酸盐岩地层测井响应机理分析与解释方法、碳酸盐岩岩相的地质和测井综合识别方法以及沉积微相剖面模型的建立、复杂孔隙结构储层的识别和评价方法、基于储层成因及其物理响应机理的井震属性重构的储层识别和预测方法等。首次提出了储层成因单元地震地层学的概念和研究方法,在应用于国内外两个典型的碳酸盐岩油气田的开发地质研究中,揭示出储层精细结构的成因、分布和演化规律,展现出富有希望的储层表征的新方法。

本书可供从事油气田开发地质研究科研人员及高等院校相关专业师生参考使用。

图书在版编目(CIP)数据

碳酸盐岩储层表征与储层成因单元地震地层学方法 /
朱怡翔等著. —北京 : 石油工业出版社, 2021.10
(中国海相碳酸盐岩油气勘探开发理论与关键技术)
ISBN 978 – 7 – 5183 – 4799 – 5

Ⅰ. ① 碳… Ⅱ. ① 朱… Ⅲ. ① 碳酸盐岩油气藏 – 储集层 – 地震地层学 – 研究 Ⅳ. ① P539.1

中国版本图书馆 CIP 数据核字(2021)第 167214 号

出版发行:石油工业出版社
(北京安定门外安华里2区1号 100011)
网 址:www.petropub.com
编辑部:(010)64523708 图书营销中心:(010)64523633
经 销:全国新华书店
印 刷:北京中石油彩色印刷有限责任公司
2021 年 10 月第 1 版 2021 年 10 月第 1 次印刷
787×1092 毫米 开本:1/16 印张:11.25
字数:285 千字
定价:120.00 元
(如出现印装质量问题,我社图书营销中心负责调换)

《中国海相碳酸盐岩油气勘探开发理论与技术丛书》

编　委　会

前　言

储层表征是在现代油气藏勘探开发过程中逐步形成的一项关于储层特征研究、储层属性表征、储层分布预测和储层地质建模的综合性技术体系。储层表征的目的是预测储层分布规律和建立储层储性三维地质模型。同时,该储层地质模型最终还要用于转化成油藏流动模型,为油藏数值模拟、剩余油分布和油藏开发动态预测奠定可靠的地质基础。

从 20 世纪 80 年代中后期以来,储层表征由以岩石物理测井资料解释为核心、以岩心分析数据与多井测井数据研究相结合的油藏描述系统,逐步发展成以储层地质研究为核心,以地质、测井、地震、数学、油藏工程和计算机软件技术等多学科研究相结合的综合性储层表征系统。如今,储层表征所涉及的学科和技术领域非常广,主要包括沉积岩石学、石油地质学、构造地质学、储层地质学、地震地层学、层序地层学、岩石物理测井地质学、测井资料数字处理和解释技术、储层地震地层学、概率论与数理统计、地质统计学、油层物理、油藏工程和计算机软件技术等。

经过几十年的发展,储层表征也逐渐形成了"由点到面,由局部到整体"的相对规范的工作流程和丰富的储层研究技术,同时也形成了相应的多个单项解释和多学科综合性的计算机处理和解释软件。特别是围绕着储层地质建模核心,产生了多个以国际商业化软件为代表,并涵盖地质、测井、地震、储层地质建模和油藏工程等多学科一体化的软件工作平台,也为储层表征提供了强有力的工具。油气田开发实践表明,如果对储层的特征和成因缺乏正确和充分的认识,也没有采用合适的解释方法,所得到的这种储层表征结果往往存在很大的局限性,与新获取的储层资料甚至与一些已有的资料会差别很大,也不能够解释油气藏开发中所表现出的许多动态现象的原因。因此,如何在储层表征的过程中,深入分析储层特征、成因和物理信息的响应机理,揭示储层属性变化和分布的控制因素、相互关系以及相应的物理信息的表征方法,并通过深入理解和运用已有的技术方法或设计新颖有效的技术方法,做出能满足油气开发需要和具有较好预测作用的储层地质模型,是储层表征的核心价值所在,也是本书最为强调的核心内容。

本书主要是著者 30 多年来从事国内外油气田开发地质研究尤其是碳酸盐岩储层表征实践的经验积累,也是在这个过程中不断学习、总结和技术探索的成果。本书的技术阐述具有许多鲜明的特点:(1)突出重点,理论和实际紧密结合。在各个章节技术阐述的过程中,力图抓住关键、重要和国际流行的技术方法进行分析和表述,同时还结合实际资料的应用进行举例说明。(2)包含多项创新的技术方法和观点,例如碳酸盐岩储层表征的研究流程、碳酸盐岩层序地层学的特点、碳酸盐岩地层测井响应机理分析与解释方法、碳酸盐岩岩相地质和测井综合识别方法以及沉积微相剖面模型的建立、复杂孔隙结构储层的识别和评价方法、基于储层成因及其物理响应机理的井震属性重构的储层识别和预测方法等。(3)首次提出了储层成因单元地震地层学的概念和研究方法,并且在应用于国内外典型碳酸盐岩油气田的开发地质研究中,揭示出储层精细结构的成因、分布和演化规律,展现出富有希望的储层表征的新方法。(4)深入浅出,图文并茂。在深入理解和分析技术方法原理的基础上,通过简明的表述或公式推导、精美的技术图件,使得技术概念和方法更加明确易懂,如岩心和测井资料的深度校正、复杂盆地类型的 Mishrif 组碳酸盐岩沉积微相立体概念模型、变差函数及其特征参数的原理、克里金插值的原理和公式推导以及序贯高斯随机模拟建模的原理和基本步骤等。

全书共分为八章。第一章结合大量的文献调研和著者多年的实际工作经验,阐述了储层表征的实质、任务、技术发展和碳酸盐岩储层表征的技术流程。第二章先对碳酸盐岩储层表征相关的基本概念和观点进行了梳理和评述,然后结合实例,阐述了碳酸盐岩储层地质研究的基本方法和重要观点。第三章从关键原理、方法和应用上,对碳酸盐岩储层岩石物理测井评价方法进行了阐述。第四章将地质成因和岩石物理测井响应机理分析相结合,展现了碳酸盐岩岩相、沉积微相剖面模型、沉积微相立体概念模型、复杂孔隙结构储层及其物性特征的综合表征方法。第五章分析了地震反射波的属性分类及其与地质信息的关系,强调了地震波属性空间结构信息的重要性,提出了井震属性重构的储层识别和预测方法,然后在地震地层学和层序地层学的基础之上,提出了储层成因单元地震地层学的新方法。第六章以中国塔里木盆地奥陶系良里塔格组碳酸盐岩礁滩型储层为例,系统展现了储层成因单元地震地层学在储层成因分析和储层分布预测中的应用和效果。第七章梳理了概率论与数理统计以及地质统计学的相关概念,阐述了最重要的确定性储层建模方法,即克里金插值的基本原理及其简单克里金方法估值误差方程的求解过程,并分析了该方法的特点和局限性。第八章重点阐述了最为常用的储层随机建模方法,即序贯高斯随机模拟方法的基本原理和方法步骤,计算分析了影响储层随机建模结果的主要因素,结合实例展示了储层成因单元地震地层学研究所揭示的储层成因和分布的控制因素,以及在储层成因趋势面的约束下储层随机建模模型的预测性和稳定性。

本书也是"老、中、轻三结合"的成果。第一、二、五、六、七章由朱怡翔和宋新民撰写,第四章由宋新民和朱怡翔撰写,第三章由高严和朱怡翔撰写,第八章由朱怡翔和宋本彪撰写。陈诚参加了第二章的撰写和全书部分图件的制作。

在本书的撰写过程中,得到了中国石油勘探开发研究院有关专家的大力支持,也得到了多名科研一线技术专家的指导和帮助。张倩高级工程师,对本书第七、八章的内容提出了宝贵的指导和修改意见;侯博刚高级工程师,对第五章的内容进行了审核并提出了修改意见;刘文岭教授、甘利灯教授也对本书的相关内容提出了指导意见。在此,一并表示衷心的感谢!

由于水平有限,书中难免会有不妥或错误之处,敬请读者批评指正。

目　　录

第一章　油气藏开发储层表征概述

储层表征在现代油气田开发中起着十分重要的作用,它提供了油气田开发最根本的地质依据。在油气工业的发展过程中,为不断满足油气田开发的需求和解决实际问题的能力,储层表征技术也在不断发展和完善之中,并逐渐形成了相对全面的技术体系。

本章在大量文献调研的基础上,结合笔者多年实际工作和技术研究经历,阐述了储层表征的实质、任务、技术发展和思考,以及碳酸盐岩储层表征的主要技术流程。其中,为真正实现多学科一体化储层表征,提高储层预测的能力和储层地质模型的预测性,本章还阐述了储层成因单元地震地层学的研究方法,为本书中储层表征技术的探索埋下伏笔。

第一节　油气藏开发储层表征的实质、任务和技术发展

一、储层表征的实质和任务

地下的油气资源汇集于储集岩层中,在一定的圈闭条件下,形成了具有工业开采价值的油气藏。因此,对油气藏储层的研究,是油气田勘探开发研究的基础,也是开发地质研究的核心内容。由于油气储层的空间形态、内部构型和连通性质具有复杂性和多样性,储层的构型、岩性、物性和含流体性质等属性在空间上具有变化性和非均质性,再加上由地表获取地下信息具有一定的限制,因此,对地下油气储层的认识往往具有相当的局限性和探索性,需要不断地通过一套专门的多学科相结合的技术研究过程,即储层表征,由局部到整体、由浅入深地逐步逼近对地下油气储层真实性的认识。

"储层表征"一词来源于英文"reservoir characterization"的翻译,而英文的"reservoir"具有"油藏"和"储层"之意,中文一般翻译成"储层表征",强调在储层表征过程中,主要是研究油气藏储层的静态属性及其特征参数。油气藏流体的动态属性及其参数的表征,则归结为油藏工程分析和油藏数值模拟范畴,而储层表征是油藏动态表征的基础。因此,储层表征的实质就是以储层的特征和成因及其多学科信息的响应原理为基础,用多学科研究相互结合的研究方式,对已获取的相关储层的多种信息资料进行分析和解释,以弄清储层属性变化与分布的控制因素及其相互关系,并运用或设计合理的技术方法和解释模型,预测储层的属性特征和分布规律,建立三维储层地质模型。储层表征主要包含以下几个方面的内容。

首先,储层表征要进行储层结构、属性和物理响应特征的综合识别与分析,主要是根据所获得的岩心、岩样、测井、地震和油藏动态等多种资料,识别、描述和提取关于储层本身客观的特征信息,并以此作为储层研究的基础。例如,钻孔岩心的岩相、沉积相和沉积旋回特征的识别和描述,储层岩样的物性分析数据的统计分析,储层孔隙结构的岩石铸体薄片鉴定与分析,储层岩性、物性和含流体性质的岩石物理测井响应的分析,储层物性参数的测井解释模型建立,以及地震地层反射界面的井—震标定等。

然后,进行储层属性、储层结构和储层分布特征的地质成因、控制因素、物理响应信息提取

—

及其相关关系的综合分析。这是由单一信息到多信息、由局部到整体的关系分析和成因表征的过程,也是进行储层成因预测的重要依据。例如,地层的沉积旋回、层序地层学关键界面与地质分层的关系、开发小层精细划分与地层横向分布的井—震资料综合对比、不同储层的分类与"储层岩相—孔隙结构—储层物性"的关系及其动态表现、碳酸盐岩储层的属性(岩相、溶蚀孔洞、裂缝和物性)与不同的地质成因要素(包括断裂、溶蚀与不整合面、不同时期的地层序列和古地貌等)的关系,以及这些储层属性、成因要素及其相互关系的岩石物理和地球物理探测信息的提取与表征等。

在储层特征识别、属性解释、储层控制因素及其相关物理参数表征的基础上,利用地质、测井和地震相互结合的解释模型或预测方法,对储层属性或相关物理参数的分布规律进行预测,形成单井剖面、多井剖面和平面上的一系列关于地层构造、储层结构、储层岩相和沉积相、物性和相关的物理参数分布的技术图件。这些定量、半定量或定性的成果图件,可为油气勘探和油藏开发评价服务;并且,在此基础上通过储层地质建模建立储层地质模型,为油藏工程分析和油田开发奠定地质基础。

所谓的三维储层地质建模,就是建立储层结构和属性的三维可视化数字模型。它是利用计算机的储存和显示介质,以地质、物理、数学和计算机技术方法相结合的方式,建立地层格架和储层属性参数的三维网格化储层模型(3D gridding reservoirmodels)。每个网格单元(gridding cell)都属于一个地层单元,具有地质层位和物理坐标,并赋有相应的储层属性参数值(如孔隙度、渗透率、饱和度等)。储层建模或储层网格单元的赋值方法,可以在储层成因要素或相关物理参数的控制下,通过确定性或随机建模的方法完成。

储层表征得到的三维储层地质模型,转化成表征油藏流体流动的数值模型,并通过油藏工程分析和油藏数值模拟,进行油藏生产历史拟合、剩余油分布预测,再通过油藏开发设计和生产动态预测,为油田开发和调整方案的设计提供可靠依据。

油田的勘探开发是一个较为漫长的过程,一般要历经十几年或几十年。在这过程中的每个阶段,甚至是每个工作年份,都有可能进行新的储层表征和储层地质模型的完善。由于受到以往资料或认识水平的限制,在油田开发过程中,油藏的动态特征(如油藏压力和产量在空间和时间上的变化、流体在油藏中的产出或吸入的部位等)与储层地质模型所代表的储层属性、规模和连通性等特征,常常会有许多矛盾的地方,需要不断修改储层地质模型。同时,也可能出现一些新的开发任务,如开发动用新的层系或研究新的开发增产技术的适应性等,也需要进行新开发调整设计。这些都需要通过深入的储层地质研究,完善储层地质模型。随着油藏静态和动态资料的不断增加,也为进一步进行储层表征,完善对储层的空间分布和内部细节的认识,建立更加有针对性和精细可靠的储层地质模型创造了良好的条件。

二、油藏描述和储层表征技术的诞生和特点

油藏描述和储层表征技术的产生和发展,都是为了不断地满足现代油藏勘探开发的技术需求,具体地讲,就是为了不断地提高对储层结构特征、潜力油层分布和剩余油分布的认识程度,进一步完善油藏动态的表征和预测能力,提高油藏开发或调整的有效性。

从 20 世纪初,在现代石油工业形成的过程中,人们逐渐地形成了"油藏或储层"的概念。到了 1921 年,第一本《石油地质学》著作问世,标志着对油气藏储层有了一个较为初步的认识(于兴河,2008)。然而,当时石油勘探的核心主要是寻找含油背斜构造,油田的开发主要为了寻找石油构造的高点和有利区域,"抢滩夺地"式地多打采油井,并利用油藏天然能量开采,还

没有对储层分布和内部属性的变化做过系统的研究。

到了 20 世纪 50 年代,二次采油(即油田人工注水开发)已成为油田开发的主体技术,这一历史性的变革导致油田开发获得了与油田勘探同等重要的地位,这就使得人们开始对油藏地质进行研究,促使油矿地质学的产生并逐渐形成一个独立的学科(吴胜和,2010)。原苏联密尔钦科于 1946 年出版的《油矿地质学》和美国 L. W. 里诺于 1949 年编著的《地下地质学》可看作是开发地质学诞生的标志。

在整个油田注水开发的过程中,注采井网会出现各种各样的问题,如产油井的产量、产液剖面、含水率和压力的变化,注水井吸入量和吸入剖面的变化,以及注采井产量在平面分布上的变化等,这些变化都可能与当初的设想不完全一样,反映出对地下油藏储层的认识的局限性。因此,根据新资料和新情况,需要进一步研究油藏,描述油藏各方面的特征。因此,从 20 世纪 60 年代后期到 70 年代,油藏描述(reservoir description)就成为油田开发研究的一个核心内容。如美国泛美石油公司的 Craig(1970)在 *Journal of Petroleum Technology* 上发表了 *Effect of Reservoir Description on Performance Predictions*(《油藏描述对改进油藏动态预测的效果》),该文提到,油藏注水开发后的表现很难用单一的油层去解释,需要用测井和岩心相结合,通过细分层,可改进油藏的动态预测效果。又如,加拿大皇家石油公司的 W. E. Flewitt(1975)在第 16 届测井分析家年会上发表了 *Refined Reservoir Description to Maximize Oil Recovery*(《精细化油藏描述去实现油藏采收率的最大化》)文中用裸眼井确定碳酸盐岩礁滩—潟湖储层和物性,用套管井测井检测注水前缘及其压力响应,以此修改了对油藏的结构和储层物性认识,并且还重新设计了新的注采井网,替代原有的井底周围井注水方式,提高了采收率。

由此可见,在油藏描述技术的形成和发展的过程中,开始都是围绕着勘探或开发井进行的,也就离不开测井和岩心资料的分析。而电缆测井的数字采集、处理和解释是计算机在石油工业应用最早和发展最快的领域之一。因此,油藏描述技术出现不久,就形成了以测井和地质(岩心数据和地质原理)相结合的计算机处理解释的综合研究方式。如英国 BP 石油公司的 Brown(1973)在 *Systematic Reservoir Description by Computers*(计算机化综合油藏描述)一文中认为,计算机环境下的测井与地质(岩心分析数据)结合,进行储量的计算,已成为油公司的通行做法。到了 20 世纪 70 年代末至 80 年代初,斯伦贝谢公司首先推出了一套较为系统的油藏描述服务系统 RDS(Reservoir Description Services),主要包括关键井研究、多井测井资料标准化、储层分析、储层绘图和储层参数集成等,可以看出 RDS 仍然是一套以测井资料解释为核心的油藏描述系统。后来,油藏描述技术被各个油公司应用和发展,已经不再局限于以测井资料为主,而是逐渐转向以储层地质研究为核心,结合了储层地质学、测井地质学、地震地层学和地质统计学等学科,逐步形成了多学科一体化油气藏研究技术。

储层表征(reservoir characterization)这一术语已经出现了很长时间,甚至在早年的一些文章中,油藏表征与油藏描述的概念混用。如阿尔及利亚石油公司的 Tahar(1980)就发表过文章 *Characterization of Hassi R'Mel Reservoir Rocks by An Unconventional Method Using Well Logs and Core Analysis Data*(用测井和岩心分析数据相结合的特殊方法表征哈西阿美储层岩石)。该文用多个测井曲线的聚类分析方法,将储层岩石分成了 13 类,并结合岩心描述和岩样分析数据,对每种储层进行分类和地质解释,以提高油藏纵向分层精度和提高油藏驱替的效率,其实,这就是油藏描述的内容。

到 20 世纪 80 年代中后期,真正意义上的储层表征技术理念来源于油田开发和调整的实际需要,也来源于对油藏描述的更高要求。在长期的油田注水开发过程中,逐步认识到,地下有超过一半的石油本可以被水驱采出,却没有被注入水触及而滞留在储层中(Lucia 等,2003)。这种现象的产生都与储层的空间分布和储层的属性变化有关。同时,计算机性能的迅猛提升和油藏渗流计算技术的不断发展,也为大规模的油藏数值模拟和油藏动态预测创造了条件。因此,如何得到更加客观精细、网格化和数字化的油藏描述的成果,并将这些关于储层结构和属性的网格化的地质成果(储层地质模型)直接转化成油藏流动模型,为油藏工程分析、油藏动态数值模拟、剩余油分布和油藏开发预测分析服务,就成为各个油公司竞相发展的目标。也就是说,储层表征概念正逐渐形成。其中的一个标志性事件是,1985 年 4 月,在美国得克萨斯州召开了第一届国际油藏表征大会,大会主席耐克(Lake)将油藏表征的技术理念阐述为“量化确定油藏物理特征及其在某一储集体内部的非均质性,以及储层空间变化外观形体特征”。这一概念不仅包含了油藏描述的内容,更强调对油藏的定量化研究(即储层网格化数字模型)。从整个油田开发过程看,油藏表征既包括了静态油藏表征(主要是储层的结构构造和内部属性参数表征),也包括动态油藏表征(主要是指油藏开发过程中油藏的温度、压力、产量、含流体饱和度、相态和相对渗透率的变化和分布)。显然,静态油藏表征,即储层表征是基础,而动态油藏表征则属于油藏工程和油藏开发的研究范畴。因此,将英文“reservoir characterization”翻译成“储层表征”主要指开发地质研究范畴,是非常合理的。

由此可见,油藏描述和油藏表征技术密切相关,都是通过地质、岩石物理、地球物理和油藏工程等多学科协同研究,弄清储层属性、结构及其空间分布规律。只不过前者主要得到储层属性和分布的成果数据和技术图件等,形成储层概念模型;而后者则是通过更加丰富和先进的技术,进行储层成因分析和储层控制因素的物理表征,更加定量化地确定储层属性和结构的空间变化,最终建立三维储层属性的网格化数字模型(3D reservoir attribute gridding models),为油藏工程分析和油藏开发动态预测奠定地质基础。

从 20 世纪 90 年代后的 20 多年里,储层表征的核心作用得到不断加强,技术水平不断提高,这是由于深层、复杂和边际油气藏的勘探开发比例在不断增加,其勘探开发的风险不断增大的缘故。同时,世界主要油田经过长期的注水开发后进入了中—高含水期,弄清储层空间结构和属性的变化,是预测剩余油分布和提高油藏采收率的关键。可以说,储层地质模型是油公司进行油藏开发和调整非常重要的依据。

三、储层表征技术的现状和发展趋势

为不断满足复杂条件下油气勘探开发对储层地质模型的精度和预测性的需求,在测井和地震资料采集、处理和解释,以及计算机技术不断提高的推动下,近年来储层表征技术的发展正表现出许多重要的特点和发展趋势。

(1)多学科的储层研究更加紧密结合,逐步向着研究平台统一、技术方法相互融合和成果数据共享的一体化无缝连接发展。如目前市场上占主导地位的几大储层表征综合软件工作平台,在以储层地质建模为核心的框架下,已经融合了测井、地震和油藏工程等专业常用和关键的研究方法,实现了从单井储层解释、多井地层对比、地震构造解释、地震属性提取、储层地质建模、地层裂缝建模、储量计算、井位设计、储层模型转化和油藏数值模拟等相互衔接的一体化工作环境。

(2)提高储层地质模型的精度是在当前复杂油藏开发条件下,对储层表征的更高要求。应当注意到,各种类型的资料的精度是不一致的,储层表征的精度应当兼顾地质、测井和地震资料等响应规模的一致性,这样做不仅可以提高效率,还可以提高储层表征的有效性。例如,

岩石物理电缆测井的精度是很高的,如成像测井纽扣电极的分辨率可以达到0.035m,而密度测井的纵向探测精度也有0.25m。再比如,在进行多井层序地层学研究和地层划分及对比研究时,有人试图进行更高级别(如5级旋回以上)的地层研究,其实在这种高频旋回研究中,有时很难分清是地质体本身的自旋回或随机干扰,还是受到相对海平面影响并可以区域性对比的地层响应旋回。不进行合理分析,采用过高级别旋回的地层研究,往往会受到很多因素的干扰,具有更多的不确定性。同时,过于精细的单井分层研究,也很难在地震上找出明显和稳定的对应特征。因此,储层表征时,至少应当包含一种表征尺度,在这种尺度上,岩石和地层的地质特征、测井响应和地震反射特征具有相互印证和相互传递的特性,在这种尺度的地层框架内再试图提高层内属性的解释精度,这样才能够有效地进行井间或井控制点以外的储层及其属性的分布预测。

(3)岩石物理测井技术的发展及其解释技术的提高,不断为储层综合研究和储层属性解释提供了极为重要的基础资料和技术手段。常规的岩石物理测井与地层岩心资料结合,从微观和井眼宏观上,揭示出极为丰富的储层信息,也是储层地质研究基本和重要的方法。并且,地层声波传播时差测井和地层密度测井,与地球物理地震方法在地层物理响应机理上具有成因联系,在井震储层综合研究和储层预测方面起到了不可缺少的作用。目前,储层孔隙度测井解释的统计误差一般小于1%。多种测井曲线的运用,并结合岩心和生产动态资料,能够识别出丰富的储层岩相特征。新型的成像测井技术提高了电缆测井对储层结构的辨识能力,可有效识别井眼内地层裂缝。核磁共振测井技术的出现为测井评价储层动态参数(可动流体饱和度和渗透率)提供了突破性方法。

(4)三维地震采集、处理和解释技术的发展,提高了地震的分辨率和储层空间分布的探测能力。以三维地震资料为基础,充分利用地质、测井和动态资料,采用丰富的地震处理和解释技术(如叠前深度偏移、地震属性分析、地震相干体分析、井约束地震反演、地震综合解释与可视化、井—震储层属性重构与反演等),对油气开发储层的分布进行预测,是目前油气开发研究最为活跃的技术领域之一,称为开发地震或储层地震学。该学科的研究为储层表征和储层地质建模,提供了丰富的资料。

(5)提高储层地质模型的可靠性和预测能力,建立满足开发需求的三维网格化储层地质预测模型,是开发地质学家不断追求的目标。根据开发地质、岩石物理测井和地球物理地震在储层表征方面的研究成果和资料,运用确定性和随机模拟的方法,是目前建立储层地质模型最常用的方法。这种储层地质建模方法不仅考虑了待估值点储层变量,与周围观测点变量观测值的位置、大小和影响范围,而且还要求变量的估值与周围观测值的差值满足一定的统计特征。因此,储层建模的结果对已知观测点的依赖性很大,很难预测没有被观测点(已知点)所观测到的储层特征。为了增强储层建模的预测性,就应当充分挖掘和利用测井和地震资料中关于储层的地质成因信息,进行储层成因信息约束下的储层地质建模,这种技术流程应当值得重视,是比较有效的储层建模方法。

(6)储层成因单元地震地层学研究方法的提出和应用。为了更有效地进行储层表征,提高储层地质建模的可靠性和预测性,本书提出了储层成因单元地震地层学的方法。它是在遵从地震地层学和层序地层学基本原则的基础上,根据储层地质原理、岩石物理测井和地球物理地震的响应机理,研究高分辨率地震反射结构的组合特征及其空间变化的地质成因,分析不同时期储层成因单元的分布和属性变化的影响与控制因素及其井震资料的表征方法,从而揭示出不同时期与不同储层成因单元结构、序列、成因界面和相关变量对储层分布和属性变化的控制作用,并在此基础上进行地层成因结构和成因变量控制下的储层预测和储层地质建模。在国内外典型碳酸盐岩油气藏的储层表征中,应用储层成因单元地震地层学这一新的研究方法,揭示出极为丰富的储层地质成因信息、储层空间结构和属性分布规律,并与动静态资料很好吻合,展现出崭新的应用前景。

第二节　碳酸盐岩储层表征的主要技术流程和要点

一、碳酸盐岩储层表征的主要技术流程

当今,储层表征大多数是在一系列软件工作平台上进行的,往往是几个主要的专业化软件相协同,通过综合一体化的储层表征与建模软件工作平台共同完成的。这些优秀的软件提供了一系列有关储层信息的数据加载、显示、交互分析、处理计算和成果输出等功能。至于怎么用这些软件功能解决储层表征中具体的问题,如测井和地震的资料校正、地层的划分与对比、储层岩相沉积相的解释、储层属性参数解释和储层控制因素分析、储层分布规律的预测,以及采用合适的流程和参数进行储层属性空间分布的插值或模拟等,都取决于储层研究人员的专业知识、分析与解决实际问题的能力。

储层表征中,所要涉及的专业很广,主要有石油地质学、沉积岩石学、构造地质学、储层地质学、古生物与孢粉学、地震地层学、层序地层学、储层地震地层学、测井地质学、油层物理、油藏工程、地质统计学、计算方法和计算机软件操作技术等。不过,这些与储层表征相关的专业理论和技术涉及方方面面,很多知识并不能直接应用于储层研究中,需要根据研究对象的特点和目的进行取舍、提炼和整合,形成清晰合理的储层表征技术流程。

碳酸盐岩储层具有岩相复杂、多重孔隙结构、储层的属性和分布受到多种因素的控制,因此,许多碳酸盐岩储层的表征一直是个难点。根据储层表征的一般方法,结合碳酸盐岩储层的成因特点和工作实践,可将碳酸盐岩储层表征概括成一套基本的技术流程图(图1-1)。

二、碳酸盐岩储层表征技术流程中各阶段技术工作的特点

从碳酸盐岩储层表征研究的技术过程看,主要可以概括成4个阶段,即相关资料的收集和质量控制、各个专业学科的研究与交叉协同研究、多学科多信息储层属性关系与分布控制因素的综合研究,以及储层地质建模。在该研究流程图中,还有两个研究阶段,即油藏数值模拟与剩余油分布预测、油田开发与调整方案设计。这两项研究内容属于油藏工程专业的工作,但需要开发地质的配合,也可以看成储层表征成果的应用和检验。储层表征工作流程中的4个研究阶段的主要工作特点可以简述如下。

1. 相关资料的收集和质量控制

这个阶段工作提供了整个储层表征研究的基本条件。由于资料的丰富程度和质量,往往对研究成果可能达到的目标和可靠性起着十分重要的影响,因此资料收集不能掉以轻心,应当尽可能多地收集基础资料和前人的研究成果(文献、报告和图件等)。同时,对收集到的资料,还要有质量控制QC(quality control)和交叉检验。比如,各个井的井位坐标和井的补心高度是否存在问题,可以先加载到地质专业软件上(如Petrel、RMS等),检查有无缺失或是否存在异常;岩样的物性分析数据要加载到测井解释软件中(如Geolog、Techlog等),核对它们与测井曲

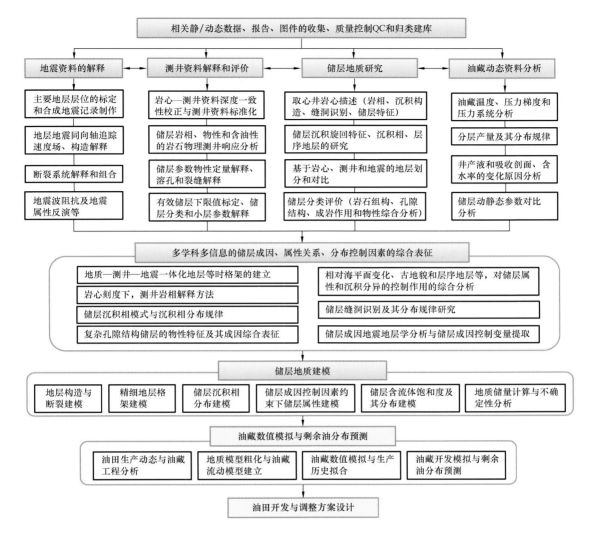

图 1 - 1　碳酸盐岩储层表征主要内容及其研究流程图

线的响应是否一致,深度是否匹配;地震数据是叠加带还是叠后振幅均衡数据(这对储层横向预测会有影响),以及分析地震数据的深度偏移和多次波的影响是否存在。同一口井的各个测井曲线,可能来源于不同的测井系列或不同的公司,要查看彼此深度和响应是否具有一致性。井的生产测试的结果是分层测试还是合层测试,如果出现异常值,是地质原因还是工程原因造成的,都需要分析。

收集到的资料,要分类建立一个数据库,方便大家共享,共同维护和不断完善,可以起到事半功倍的效果。

2. 各个学科的专业研究与交叉协同研究

这个研究阶段是整个储层表征研究全面开展的时期,主要包括了地震资料的处理和解释、测井资料的处理和解释、储层地质研究和油藏动态资料的整理和分析。各学科在储层表征中具体的研究内容和分析技术将在后面章节中详细阐述。

各学科的专业研究,既彼此分工,又相互交叉和协同进行。为保证储层表征工作高质量和平稳地进行,要特别注意各专业之间相互引用和协同的研究成果、数据及其它们的工作进度。其中,最为关键的也是牵涉面最广的就是地层的分层方案,需要尽可能早地确定,应当由粗到细地分阶段尽快确定下来。地质专家应在尽快熟悉油田相关资料后,根据研究项目的要求,与测井和地震资料及专家结合,检查和研究以往的地质分层,然后与油田现场交换意见,明确以往的分层方案是否需要修改,是否需要细化等。这是因为储层的地质分层决定了储层研究方向的正确性,也涉及地震层面追踪和构造解释,对测井解释和小层参数的统计计算也有很大影响。如果研究工作进行了一半,地质家提出分层有问题需要修改,那么相当一部分地震和测井解释工作也得重新再来。可见,储层表征中的地质分层就像行车上路的导航图一样,一定要选择正确的路径,才能够更快更好地达到预定的目标。

其他相互关联的研究成果和数据主要有:(1)提供研究区取心井的岩心描述和岩相分类,可以作为测井分析师进行测井岩相解释的刻度;(2)提供不同岩相识别的敏感测井曲线及其界限值、有效储层物性下限和电性标准、各个井岩心和测井曲线的校正深度,以及小层参数解释数据等,这些信息数据对于地震层位标定、岩相和储层反演非常重要;(3)整理出各个井的测试结果和测试层位,这对于储层解释非常重要;(4)地球物理分析师要提供的构造和断裂系统发育图,这对于地质和测井分析师的综合储层解释很有帮助。

3. 多学科多信息储层属性关系与分布控制因素的综合表征

储层表征的实质就是在分析和认知局部(井眼)储层、岩石物理和地球物理信息的基础上,对全空间的地层结构、构造和储层属性分布,做出足够精度的预测,建立三维储层地质模型。这种由局部到整体,由已知到未知的研究过程,是整个储层表征的中心的内容,也是能否取得预想成果和技术亮点关键所在。由于地下储层的复杂性和隐蔽性、岩石物理与地球物理信息场反演的多解性,不可避免地会导致储层预测成果的局限性,因此,为了提高储层预测的可靠性和预测性,不能仅仅利用井点资料的数学插值,研究储层各个属性及其相关信息变量之间的关系,还要研究控制储层分布和储层属性变化的因素、地质规律,以及这种控制因素和地质规律在测井和地震资料上的表征方法。例如,需要弄清不同地质时期、不同地质条件下,储层的成因和控制因素以及相应的物理信息特征的解释等。进行储层成因综合分析和成因预测,是做出更为合理的储层分布成果的关键,也是本书最主要的特色之一。

针对碳酸盐岩储层综合表征阶段,列出了以下七方面重要的研究内容,其他的储层分析和表征的内容还很多,需要根据具体的情况具体而定。

(1)应当重视建立等时地层格架研究,因为这是进行储层合理预测的必要条件。各段地层都是在各自特定的地质时期内,按照一定控制条件和规律形成和分布。采用地质、测井和地震资料相结合的一体化等时地层格架的建立方法,是保证地层解释成果正确性和预测性的基础。

(2)对于碳酸盐岩储层岩相的测井解释,往往存在一定的难度,这是因为许多不同岩相的碳酸盐岩,其岩石组构的不同,但岩性(即矿物成分)却基本相同或差别不大,然而岩石物理测井曲线往往反映地层的岩性,即对岩性相同而岩石组构不同的响应并不很敏感。因此,采用岩心刻度下的多种岩石物理测井曲线的联合解释,是一个比较可行的方法。

(3)储层沉积相特征、相模式和沉积相分布规律,是进行储层成因分析和成因控制(相控)预测最重要的方法之一。在实际工作中,由于取心井很少,分布也不均匀,造成了沉积相的横向分布,尤其是不同沉积微相的分布和界线难以确定。通常,在少数关键取心井的岩心描述和刻度测井的基础上,利用大量开发井的测井岩相和沉积相的解释,以及可能的地震相特征认识,可以为分析和确定储层沉积模式和沉积相的分布创造良好的条件。

（4）进行储层不同岩相、孔隙结构与物性的关系研究是储层物性解释、储层分类和预测的重要途径之一。在对碳酸盐岩储层研究中，井眼条件下储层的物性一般可以用测井解释的方法确定。比如，在测井曲线解释方法得当的条件下，测井孔隙度解释与岩样的分析孔隙度的平均差值，通常小于1%。对于裂缝不发育的碳酸盐岩储层，可将渗透率参数与储层孔隙度进行关联计算，再结合岩相分类、次生孔隙度指数、动态资料等进行分类修正，就可以建立质量合格的渗透率解释模型。分岩相进行核磁测井的参数解释，也可以求得较好的储层渗透率解释模型。然而，在进行储层物性分布的预测中，尤其是在井网不够均匀和密集的情况下，直接利用各个井的小层孔隙度解释数据进行插值，所得到的储层孔隙度分布往往不能很好地反映实际情况，等到以后有了加密井物性资料，储层孔隙度分布规律可能还要修改。此时，考虑岩相可以反映岩石沉积时的能量和环境，具有成因性，高能量水体下沉积的岩石颗粒粗，其储层孔喉也相对较大，物性往往更好，并且岩相与沉积旋回、沉积相也有着密切的关系，因此，进行井—震岩相预测和分岩相的储层物性预测，是比较合理可行的储层属性分布的表征方法。

（5）碳酸盐岩绝大多数沉积于海相环境中，它是化学作用、水动力机械作用及生物作用共同作用的结果。海水深度和古地貌与当时水体能量及生物生存环境有着密切的关系，因而也对碳酸盐岩沉积的影响很大。通常，随着相对海平面升降和古地貌高低的变化，碳酸盐岩岩相会表现出沉积分异现象，这种岩相的变化不仅影响着储层的物性，还会在测井和地震资料上有所反映。因此，研究相对海平面变化、古地貌、储层岩相、储层物性的物理响应特征以及它们之间的关系，是进行碳酸盐岩储层成因预测的一个重要途径。

（6）基于海相沉积的层序地层学观点认为，在一定的构造条件下，在相对海平面旋回变化中，会有相应的地层响应，如准层序组沉积分布、叠加式样及相应的岩相变化等。对于内源成因的碳酸盐岩地层，相对海平面及其相应的地层层序变化仍然是影响储层沉积与分布的重要因素之一。特别是在不同的时期和不同高频地层旋回中，若发生古地貌的变化，对储层物性的影响更加明显。因此，研究在相对海平面变化中，不同沉积时期或不同层序地层的沉积序列，对储层岩相和物性的变化及其分布的影响关系是非常重要的研究思路。

（7）储层裂缝的发育对相对致密的碳酸盐岩储层十分重要。裂缝相对于基质有较高的渗透率，裂缝发育的储层可以成为高产油层，也可能是开发注入水发生水窜的罪魁祸首，因此裂缝的识别、评价和预测是裂缝性储层评价的一项重要内容。

本书中，除了在个别章节中，为配合主体技术和实例的展开，阐述了测井裂缝识别和风化溶蚀裂缝的识别与预测内容以外，并没有将储层裂缝成因、识别和预测技术专门列为一章进行研究，主要是出于以下三方面考虑：（1）储层裂缝的成因现已基本明确，主要为局部构造裂缝、区域裂缝、收缩裂缝、卸载裂缝、风化溶蚀裂缝和人工诱导裂缝；（2）一般认为，地下储层中的裂缝大多数是构造裂缝、区域裂缝和人工压裂缝，这是一套与碳酸盐岩沉积相对独立和相对成熟的研究内容，需要大量的篇幅阐述，过去已经有了大量的经典文献进行论述；（3）目前，关于裂缝的识别和预测方法也基本相似。裂缝的单井解释主要有岩心地质描述、地层倾角测井（特别是成像测井解释）、常规测井裂缝检测模型解释和生产井的动态测试。裂缝的预测方法主要有多井岩心或测井裂缝解释的地质统计法、地层构造主曲率法、古应力场模拟反演裂缝和多种地震属性的裂缝预测方法，其中地震相干体检测是目前非常重要的裂缝预测方法。以上这些裂缝的解释和预测方法都有功能强大和相对成熟的商业化软件。

对储层裂缝的研究也应当先弄清裂缝的成因，分别采用不同的裂缝评价方法，才能获得比较好的效果。总体上看,目前单井识别和裂缝解释的成功率很高,然而对于裂缝分布的预测结果,在宏观层段和发育区比较合理,但对具体单条裂缝的发育位置和轨迹仍然存在很大的不确定性,需要不断地完善。

在丰富和高精度的岩石物理测井资料以及具有横向连续性的地震资料中,蕴藏着极为丰富的储层成因和控制信息,是"由点到面"进行储层预测必须利用的资料。因此,基于地质成因和物性响应机理的综合储层表征方法,如储层成因单元地震地层学的研究方法,可以明确储层属性变化和分布的具体的控制变量,是进行储层成因预测的有效方法,对储层成因趋势面提取和建立具有预测作用的储层地质模型具有重要的影响。

4. 储层地质建模

储层地质建模主要分为多个功能步骤完成,其目的就是得到关于储层的构造、地层格架和储层属性的三维网格化数值模型(3D gridding reservoir models)。经过多年的不断努力,储层地质建模的计算机软件功能不断丰富和完善,如今,国际上已经有了多种很好的商业化储层表征和储层建模的多学科一体化软件平台,如 Petrel、RMS、SKUA 等。这些专业化软件平台,都有着一套功能相似又各有特色的关于储层研究与建模的工作流程,以及相应的计算模块。它们通常包含的主要功能模块有:数据输入(data import)、地震可视化和层位解释(seismic visualization and horizon interpretation)、断层解释和建模(fault interpretation and modeling)、测井资料处理和对比(well log procession and correlation)、空间/柱状网格化(pilar gridding)、地层层面建模(make horizon)、时深转换(depth conversion)、地层格架网格化(zonation and layering)、沉积相建模(facies modeling)、岩石物理属性建模(petrophysical modeling)、地质成图(ploting)和储量计算(volume calculation)等。应用储层地质建模软件的这些功能模块,结合储层地质、测井和地震的研究和相应的专业软件的解释成果,就可以做出地层构造模型、地层格架模型、沉积相模型和储层属性分布模型。有了这些模型,通过设置各层的油水界面,就可以计算出油藏地质储量和进行模型不确定性分析。

在这些储层地质建模的过程中,每一步都很重要,都需要有专业知识背景、对储层的分析理解和正确的操作。其中,关于储层属性建模部分,是前面解释结果的综合运用,涉及范围广、方法多。关于储层建模方法主要包括确定性数学模型方法和地质统计学方法,以及多种储层随机建模方法。这三大类储层建模方法的具体方法分类也很多,尤其是后两类储层建模方法,包含了许多求解过程比较复杂的数理分析和计算方法。对于储层建模的工程师而言,也许不一定要完全清楚这些复杂建模方法数学算式的推导过程和软件程序的每一个细节,但是应了解这些建模方法的基本原理、特点和使用条件,以及这些建模方法所使用参数的意义和对模拟结果的影响。同时,对储层的成因模式和总体的分布趋势也要有正确的把握。只有这样,在可靠的基础数据、地质构造和地层格架的基础上,选用合适的储层模拟方法,通过数据分析提取合理的计算参数,并尽可能在正确的储层成因要素和分布趋势的约束下,才可以建立具有预测作用的储层地质模型。

第三节　关于储层表征阶段性的认识

一个油田从发现、评价、建产、多次的开发调整,直到最终资源的枯竭,往往要经历几十年甚至近百年的漫长历程。深埋于地下的油藏具有复杂性和非均值性,随着油藏动静态资料的不断丰富,对油藏的认识也会不断深入,开发技术政策和措施也会不断调整,使得开发效果不断完善。由于油田勘探开发是一项高投入和高风险的系统工程,涉及地下和地面的油气开采、处理和集输等整个油气产业链的工业布局,因此,为降低风险,油田的开发和建设需要经过不断研究,逐步展开。相应地,油藏开发的储层表征常常被划分为几个不同的阶段,如油藏开发评价阶段、油藏开发早期阶段和油藏开发中后期调整阶段的储层表征,这三个不同阶段的储层表征的主要目标、任务和技术应用特点见表1-1。

表1-1 油藏不同开发阶段储层表征的主要目标、任务和技术应用特点

	油藏开发评价阶段	油藏开发早期阶段	油藏开发中后期阶段
阶段定义	油田从发现后到投入整体开发	基础井网全部完钻后,油田大规模开发并生产一段时间后,结合生产动态等一大批新资料,对油藏进行再认识	油田从进入整体开发有了相当的采出程度,针对产量和含水等情况,需要加密井调整,到进入高采出程度和高含水阶段
储层表征目的	阐明油藏整体分布特征;提交探明储量和预测可采储量;结合油藏工程研究,为开发可行性评价和预测的生产规模,以及钻采和地面工程设计提供地质依据	落实油藏分布细节和储量复算;为射孔、井别和井层系调整、水驱受效和储量动用分析等油田开发管理,以及确定油层或剩余油分布,提供地质依据	阐明储层精细分布,弄清油藏开发矛盾地质因素;结合油藏工程研究,为确定剩余油分布提供地质基础
储层表征主要内容	研究油藏构造与分布;沉积相类型与分布;储层属性特征及其流体分布和油藏类型;建立储层地质模型	研究储层精细对比;沉积亚相和微相分布;储层构造特征;储层连通性与属性精细分布;分层储量核算;建立储层地质模型和分析剩余油分布	结合开发调整,精细储层分层和对比;研究储层属性,隔、夹层空间分布和构型;建立储层地质模型;综合研究和预测剩余油分布
主体研究技术	在研究精度上,可能受资料限制,储层表征的精度不可能一步到位;采用地质、测井、地震和油藏工程一体化的储层表征方法	随着基础开发井网完成,更多的动静态资料加入,以及部分油藏动态暴露的矛盾,储层研究精度提高,能研究小层的分布和属性变化,研究技术和理论与前一阶段相同	更多的生产动态和新加密井资料加入,储层研究更深入,认识不断完善,并可以针对问题,研究关键目的层的精细空间分布;研究技术和理论与前一阶段相同

然而,通过仔细分析后发现,不管是油藏开发评价阶段,还是后来的开发早期或中后期的储层表征,它们所涉及的理论和技术方法都是相同的,只是受到资料和认识程度限制,储层表征的精度和任务有所不同。因此,西方的文献或专著大多只有储层表征技术术语,很少将精细油藏表征作为一个单独的技术术语。

在具体的油田勘探开发实践中,西方石油公司会根据油田资料、开采现状、项目背景、经济技术指标和国际石油形势等,逐年制定出相应的资料采集、储层表征、油藏工程研究、开发试验、油田开发方案和油藏开发管理及风险控制的方案。以中东地区某大型油田碳酸盐岩油藏开发为例(表1-2),该油田既有砂岩油藏也有碳酸盐岩油藏,两类油藏的储量规模都很大。虽然油田经过近50多年的开采,但由于碳酸盐岩油藏的复杂性,其采出程度只有5%左右。在北部优选区域已经部署了开发基础井网,而在其他地区,只有少量的探井、生产井和监测井。并且,由于碳酸盐岩油藏产量和压力变化很大,再加上特殊的人为因素的破坏,很多油井都处于停产或关闭状态。

表 1 - 2　某巨型油田开发与调整方案研究及其储层表征的近期历程

时间	D1 年	D2 年	D3 年	D4 年	D5 年
油田开发方案代号和英文名称	开发方案 DP1,亦即 RHP 方案（Depleting Planning 1 = Rehabilitating Planning）	开发方案 DP2（Depleting Planning 2）	开发方案 DP3（Depleting Planning 3）	开发方案 DP4,即 ERP 方案（Depleting Planning 4 = Enhanced Redevelopment Planning）	油田整体开发方案 FDP,即（DP5 Field Development Planning Depleting Planning 5）
开发方案的阶段或性质	油田生产恢复方案	开发先导试验区研究方案	增强再开发方案 ERP 准备	增强再开发方案 ERP	油田地下地面一体化方案 FDP
主要工作	收集整理动静态资料;测井曲线数字化;数据库建立;地层和油层对比;井况和井身结构分析;生产设施检修;油井生产恢复方案;三维地震采集设计;先导试验区筛选	三维地震处理解释;总结前期生产恢复方案的经验和教训;开发先导试验区储层表征和油藏工程研究;全区评价井和资料井设计;按照绿色油田要求,优化油田生产和排放	试验区油藏工程和数值模拟研究:直井、水平井、大斜度井适应性研究;注水开发试验;全油田的储层表征;建立油田监测方案;论证生产规模和规划	全油田储层表征;油藏工程、数值模拟、(已动用区)剩余油分布研究;全油田开发地质油藏 ERP 方案;优化开采措施和监测技术;方案实施风险与不确定性分析	综合地质油藏和地面工程的全油田开发方案 FDP;提出详细的建产和稳产预防措施;风险分析和油藏管理方案

　　因此,操作者刚接手该油田后,首先根据合同的要求,制定油藏开发方案 DP1(Depleting Planning),即油田恢复生产方案 RHP(Rehabilitating Planning),主要包括资料的收集、数字化、建数据库,地层和油层的对比,生产井井况、射孔和井身结构分析,生产设施检修等。在这些工作完成以后,尽快制定出一批油井修复或老井补孔方案,力争在规定时限之前达到合同所要求的油田产量值,同时,还要制定出下步地震资料采集设计,进行取资料井井位和开发先导试验区筛选。然后是开发方案 DP2,即开发先导试验区研究方案,它吸收了前期恢复方案实施过程中的经验和教训,结合分片采集处理三维地震资料的成果、老井和少量新井资料,对全油田进行了地层划分和对比,重点对开发先导试验区进行了储层表征和油藏工程研究,还对下步全区评价井和资料井的井位进行了论证,并按照开发绿色油田的要求,优化了油田生产和污水排放。随后,是开发方案 DP3,即增强再开发方案的预备方案,主要进行试验区的油藏工程、数值模拟、不同井型和不同井网的注水开发试验研究,全油田的储层表征,研究油田开发管理的监测方案,以及结合注水水源、国际油价走势和欧佩克生产份额,论证油田的生产规模和计划。开发方案 DP4,即增强开发方案(Enhanced Redevelopment Planning,ERP),主要进行全油田储层表征,油藏工程、数值模拟、(已动用区)剩余油分布预测和全油田地质油藏开发的方案研究,同时优化开采措施和监测技术,进行开发方案实施风险和不确定性分析等。最后,开发方案 DP5 是首次结合地质油藏与地面工程的全油田开发方案(Field Development Planning, FDP),同时还要提出详细的建产与稳产预备措施,制定风险分析和油藏管理方案。

　　由此可以看出,对于一个大型油田的勘探开发,可以是按年份、分区块或分开发方式逐步进行的。同时,作为油田开发的主要依据,储层表征及其储层地质模型也是立足于现有条件和开发任务,分年份、按区块或开发目标不断深入进行,后续的储层表征都是在以往基础上不断优化或细化,所运用的技术基本是相同的。随着对油藏认识的不断提高、资料的增多和开发部署的变化,相应的储层表征也在不断完善。同时,应把开发方案 22 的环境和风险控制,以及油藏监测与管理放在一个重要的位置,而绝不能在没有完全弄清储层和油藏的情况下,就将油田全部投入开发,这样做可以控制开发投入的风险。

第二章 碳酸盐岩储层的基本地质
概念、观点、特征和研究方法

本章的研究内容涉及碳酸盐岩储层表征一系列基本的地质概念、观点、特征及其综合研究方法。

碳酸盐岩研究的历史悠久,有关碳酸盐岩的各种概念、观点和研究方法很多。本章从开发地质研究的角度,先对碳酸盐岩的沉积环境、沉积相带模式、岩相分类和成岩作用等基本地质特征的重要观点和特征进行了梳理,并对它们在储层表征研究中的应用进行评述。然后,对岩心描述的流程、基本地质特征的鉴定和分析方法进行阐述。并且,结合实例,论述碳酸盐岩沉积相的综合识别、岩石微观特征鉴定、岩相与储层物性关系的综合研究方法。最后,结合实际碳酸盐岩地层剖面和油田资料,阐述了碳酸盐岩层序地层的主要特点、高频沉积旋回与岩相,以及岩石物性的关系、地层对比和等时地层格架建立的方法。

第一节 碳酸盐岩主要沉积环境和沉积相带模式、岩相分类、成岩作用和研究方法

一、碳酸盐岩沉积的主要环境——碳酸盐岩台地的主要类型

碳酸盐岩大多沉积于温暖的浅海环境,这种环境通常称为碳酸盐岩台地(carbonate platform)。如果碳酸盐岩台地与大陆相连,也可以称为碳酸盐岩陆架(carbonate shelf)。虽然碳酸盐岩的沉积环境可以包括水体较浅的潮上带和部分较深的盆地区域,但是碳酸盐岩主要的沉积场所并不在这里。由于碳酸盐岩沉积来源于化学作用、生物作用和物理作用,在碳酸盐岩台地顶部相对平缓的区域,水深较浅(通常小于30m),阳光充足,水体清洁和动荡,因此,这里才是碳酸盐岩形成和沉积的主要场所,这个场所也称为碳酸盐岩工厂。

根据现代碳酸盐岩沉积和古代碳酸盐岩地层的研究,有的学者认为,从古至今的碳酸盐岩台地主要可以分为5种类型,即镶边台地(rimmed platform)、非镶边台地(unrimmed platform)、缓坡(ramp)、孤立台地(isolated platform)和陆表海台地(epeiric platform)(James and Kendall,1992)。也有学者认为,碳酸盐岩台地为4种类型,即镶边台地、缓坡、孤立台地和陆表海台地。其中,缓坡包含了非镶边台地,并且认为,缓坡是镶边台地发展的早期形态(Moore,2001)。其实,所谓碳酸盐岩缓坡的坡度也很平缓,通常小于1°(Moore,2001),在实际储层地质研究中是很难区分出缓坡和非镶边台地的。因此,综合分析认为,碳酸盐岩台地分成4种类型比较合理(图2-1)。

二、碳酸盐岩沉积相带模式及其在沉积相研究中的应用

在碳酸盐岩台地的不同区域,由于其物理、化学和生物条件不同,其沉积的碳酸盐岩也就具有相应的岩相、沉积构造、沉积旋回和生物化石等特征。这些岩石特征的综合作为一种地质特征记录,反映了当时的沉积环境,也可称为碳酸盐岩的沉积相。

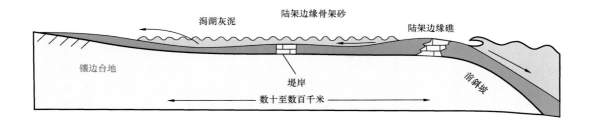

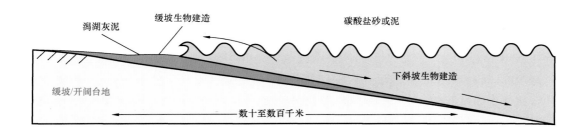

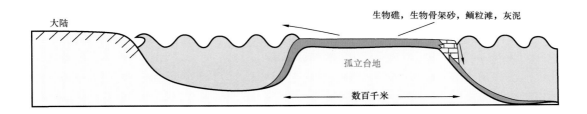

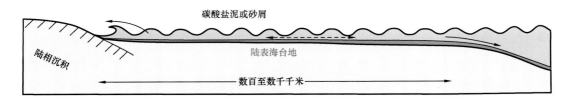

图 2-1 碳酸盐岩台地主要类型的剖面示意图（据 James 等,1992;Wright 等,1996;Clyde,2001,有修改）

箭头方向代表沉积物搬运方向

碳酸盐岩沉积相的类型很多,为了理解和掌握主要碳酸盐岩沉积相的特征、内部单元结构、成因关系和分布特征,人们习惯于从沉积相特征中,概括和提炼出具有代表意义的关于碳酸盐岩沉积微相单元的内部特征、成因关系和分布模式,就是所谓的沉积相模式。因此,碳酸盐岩沉积相模式的研究已经成为研究碳酸盐岩沉积环境、沉积相及其分布规律的重要方法。

从碳酸盐岩沉积相模式的历史发展和重要性来看,目前意义比较重要的碳酸盐岩沉积模式有:欧文的碳酸盐岩 X、Y、Z 三相带模式、威尔逊关于碳酸盐岩镶边台地的相带模式和其他几种主要的碳酸盐岩沉积相带模式。

1. 欧文的碳酸盐岩 X、Y、Z 三相带模式

碳酸盐岩沉积相模式最早由 Shaw 提出,后来由欧文(Lrwin)改进成 X、Y、Z 三相带模式。

欧文根据潮汐和波浪作用的能量,把由广海到滨海范围划分成3个能量带,并分别命名为X、Y、Z相带(图2-2)。

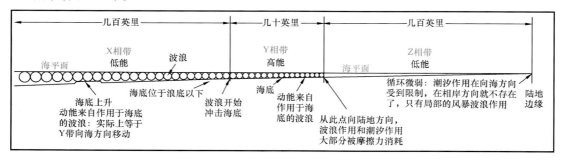

图2-2　欧文陆表海碳酸盐岩沉积相带模式的能量带分布(据Irwin,1965)

X相带:低能带,位于波基面以下的宽广区域。该处很少受到风浪的干扰,沉积物主要为细粒的灰泥。区域的光合作用和氧气供应受限,因而各种海洋底栖生物和藻类不发育,但有大量的浮游生物和漂浮过来的有机物沉积。

Y相带:高能带,从波浪能触及海底,向海岸方向,直到波能被消耗为止。在这个高能相带中,由于阳光充足,营养和氧气丰富和各种海洋生物发育,因此碳酸盐岩的沉积非常频繁,常发育生物礁和生物碎屑滩,是各种碳酸盐岩颗粒灰岩发育的主要场所。

Z相带:低能带,位于Y相带的边部,向海岸方向,到滨岸为止。该相带的海水较浅,水体能量相对较弱,同时该相带的地形平缓,水循环不畅,主要沉积灰泥和少部分从高能相带搬运过来的生物碎屑。若该相带的气候炎热干燥,因为海水蒸发量大和含盐量的增高,会有化学成因的沉积岩发育,如白云岩、硬石膏和石膏等。

欧文的X、Y、Z沉积相带模式的核心是将碳酸盐岩沉积相带划分成低能—高能—低能的三大相区,这也是后来其他改进的相带模式的基础。然而,欧文的沉积相带模式还是过于简单,没有充分体现出各类碳酸盐岩沉积微相及其相应的岩石特征的横向分布和内部变化的关系,因而还不能够满足碳酸盐岩储层表征的需要。

2. 威尔逊关于碳酸盐岩镶边台地的相带模式

威尔逊(1975)在前人沉积相带模式的基础上,根据碳酸盐岩沉积微相环境、岩相和生物群的特点,提出了9个相带的沉积模式(图2-3),即盆地相、开阔陆棚相、碳酸盐岩斜坡角/陆架边缘相、前斜坡相、生物岩隆相、台地边缘砂相、开阔台地/开阔潟湖相、局限台地和潮坪相及台地蒸发相。这9个相带的主要特征如下。

1)盆地相(basin)

属于深水缺氧的沉积环境,因而不利于底栖生物的生长和碳酸盐岩的形成。沉积物主要来自外源注入的黏土和远洋浮游生物的沉落。主要岩石类型呈暗色、薄层状的石灰岩、页岩和粉砂岩,或者它们的互层。

2)开阔陆棚相(open sea shelf)

该相带属于水循环良好的浅海环境。海底位于浪基面以下,但是会受到大风暴的影响。主要岩性常为富含生物化石的石灰岩和灰泥岩互层,虫孔和生物扰动发育。

3)碳酸盐岩斜坡角/陆架边缘相(deep shelf margin)

该相带位于碳酸盐岩台地的末端,也属于浪基面以下,氧化面之上的环境。其沉积物主要

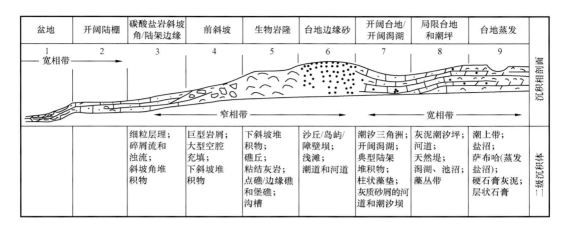

図 2 - 3 碳酸盐岩理想的沉积相带模式(据 Wilson,1975)

来源于相邻台地搬运的细粒碎屑和远洋浮游生物。主要岩性为暗—浅色细粒的石灰岩。

4)前斜坡相(foreslope)

这一相带是深水陆棚与浅水碳酸盐岩台地之间的过渡地带,包含了从浪基面以下、向上到浪基面之上的区域。岩石中,常见到台地前积的碎屑和滑塌的坡积物,化石较为丰富。

5)生物岩隆相(organic build up)

水体较浅,阳光充足,造礁生物发育,因而发育丘状的生物岩隆,尤其是向着广域海的迎风面,生物礁更为发育。然而,在相对海平面振荡的旋回中,由于生物岩隆的顶部水体浅,更容易受到风浪的侵蚀,因此会产生大量的碳酸盐岩碎屑。在实际储层表征中,经常可以看到,该相带属于礁滩复合体,岩心中骨架礁灰岩、(含砾屑)生物碎屑灰岩组合发育。

6)台地边缘砂相(winnowed edge sands)

在此相带中,碳酸盐岩生物碎屑滩发育,它属于水体较浅的高能环境。在岩石中,可以观测到交错层理的砂屑灰岩、鲕粒灰岩发育,并可能有少量的白云化现象出现。尽管该相带的水循环好、含盐度正常,氧气充足,但是由于水底经常动荡,底栖生物并不发育,岩心中的生物扰动也不发育。

7)开阔台地/开阔潟湖相(open shelf or open lagoon)

该相带的水体较浅,水循环中等,海水含盐度接近正常或略偏高,也可以看成是半封闭的开阔潟湖。该环境中,有多种生物生长,因此在岩石中虫孔痕迹较为发育。岩石结构变化较大,从粗粒的石灰岩到灰泥岩都有。

8)局限台地和潮坪相(restricted circulation shelf and tidal flat)

这个相带总体的海水循环不畅,含盐度较高。该相带中的潟湖发育,同时,又可具有潮间带环境,有潮间坪、天然堤和池沼发育,因此此相带的灰泥沉积较为发育。但是,在局部潮汐水道或海滩上,发育有粗颗粒碎屑沉积,还可见到纹理、鸟眼和藻叠层石构造。

9)台地蒸发相(evaporites on sabkhas - salinas)

该相带属于潮上带,经常位于海平面之上,仅在高潮或风暴潮时才被海水淹没,属于蒸发环境的盐沼或萨布哈发育。主要岩石类型有白云岩、石膏和硬石膏,常见到泥裂、藻叠层石典型构造,也可见到陆源碎屑。

这九个相带继承了欧文沉积模式,总体具有低能—高能—低能相带的基本格局。具体讲,相带1、相带2和相带3相当于欧文的X带;部分相带4、相带5和相带6相当于欧文的Y带;部分相带7、相带8和相带9属于欧文的Z带。不过,威尔逊的相带模式更加详细,是碳酸盐岩研究中最常用的相带模式。

然而,威尔逊关于碳酸盐岩的9个沉积相带模式是一个综合性和典型化的理想模式,在实际储层表征中,各个地区具体的条件不同,威尔逊模式中的各个微相单元发育的规模不尽相同,往往不能全部识别出来。这时就应当分析,用什么级别的沉积相单元或组合的研究能体现出储层特征和属性的变化。

3. 其他主要的碳酸盐岩沉积相带模式

在威尔逊提出碳酸盐岩台地沉积相带模式后的多年里,不断有专家和学者根据各自的实际研究资料,对威尔逊的9个沉积相带模式进行了修改和完善。如克纳德(2001)对威尔逊关于镶边台地的9个沉积相带进行了归纳和简化(图2-4)。他将原来的9个相带模式简化为6个相带模式,并对各个相带进行了重新命名,主要变化如下:

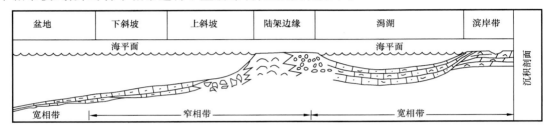

图2-4 克纳德碳酸盐岩镶边台地沉积相带模式(据Wilson,1975,修改)

(1)将威尔逊模式中的相带5与相带6合并为台地边缘相(shelf margin);

(2)将威尔逊模式中的相带2、相带3和相带4合并为两个相带,即下缓坡(lower slope)和上缓坡(upper slope);

(3)将威尔逊模式中的相带7和相带8,合并为一个潟湖相带(lagoon);

(4)将威尔逊模式中的相带9重新命名为碳酸盐岩滨岸复合相带(shore zone complex)。

这样的修改具有一定的实用性,因为在油藏表征中,由于地质资料的局限,往往不足以识别和划分出威尔逊模式中各个精细的相带单元。此外,Tucker和Wright(1990)还给出了碳酸盐岩缓坡台地的沉积相带模式(图2-5)。在该模式中,主要包含4个相带:盆地(basin)、深缓坡(deep ramp)、浅缓坡(shallow ramp)和缓坡后(back ramp)。在这个理想模式中,碳酸盐岩缓坡台地的坡度平缓,小于1°,也没有明显的坡度转折,其中浅水中沿岸发育的高能滩为主的微相单元,最终可能因碳酸盐岩生物建隆的发育,而使得该类缓坡台地转变成了镶边台地。

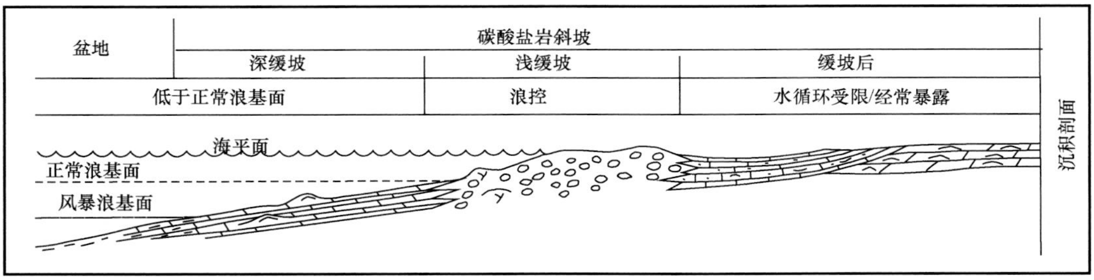

图2-5 碳酸盐岩缓坡台地沉积相带模式(据Tucke and Wright,1990)

4. 关于储层表征中碳酸盐岩沉积相带模式的应用思考

碳酸盐岩标准沉积相带模式展现出在一定的台地条件下，不同的地貌、相对水深和海水能量的环境下，碳酸盐岩沉积微相单元的成因、形态、岩石特征和它们横向分布与递变的规律。这些沉积相带模式，在地质成因和分布形态上，为进行碳酸盐岩沉积相识别和分布规律的研究，提供了一个很好的研究思路。

威尔逊关于碳酸盐岩沉积的 9 个相带模式具有成因分析的思想，具有很好的指导意义。但是，在实际开发地质的研究中，受具体的地质条件和资料的限制，需要把这 9 个相带进行合并描述，如克纳德对威尔逊关于镶边台地的 9 个沉积相带进行的归纳和简化一样。因此，储层表征有一个最重要的原则，就是岩相和沉积微相的研究单元能够具有可描述性，也要能体现对储层属性变化及其分布的控制作用。

威尔逊的镶边台地相带模式与 Tucker 和 Wright 提出的缓坡台地在相带模式、内部单元的划分和命名上并不完全相同，但它们的核心观点是一致的，即体现出随着台地底形、坡度、水深和水体循环条件的变化，从盆地到海岸边缘，沉积相带具有低能—高能—低能的三大相区的变化特征。同时，碳酸盐岩缓坡台地与镶边台地最重要的区别，在于，在缓坡台地的浅滩处，还没有发育成连续和有封闭作用的边礁。

在进行油气藏储层表征中，往往由于取心资料数量、覆盖面和样品分析资料的限制，不一定能钻遇所有的相带，也可能区分不出所有的相带。此时，应当根据实际情况，通过宏观岩心与微观岩石薄片相结合，进行沉积微相组合单元的识别和划分，其划分的精度要能体现出对储层特征和分布的控制作用。在进行具体的相带识别时，往往会具有多解性和不确定性，这时应该综合考虑岩相总体的相变递变规律，还可以结合测井曲线的趋势变化和古地貌恢复、地震反射剖面上的结构变化以及各沉积相带之间的相互关系，综合确定出具体的岩相或岩相组合及其所属的相带单元。

由于地质环境的多样性和碳酸盐岩沉积对于古地貌和水体环境变化的敏感性，实际研究的碳酸盐岩台地环境和沉积相的分布，与标准的相带模式可能有许多不同之处。比如，在研究中东地区白垩系的 Mishrif 组碳酸盐岩储层的过程中，发现在大型的半封闭的镶边台地内，还发育有大型的平行分布的礁滩复合体。同时，在同一开发小层段内，碳酸盐岩礁和滩可能是高频变化和反复叠置的，并且还会随着不同时期发生变化。这些实际资料的多样性和复杂性的特征，应当根据实际情况，做出具体的分析，发现新的规律。

三、碳酸盐岩主要岩相分类

在碳酸盐岩的研究中，曾经出现过许多种岩相分类方法，其中，对储层表征比较实用的是按碳酸盐岩的矿物成分分类和按结构成因分类。

1. 碳酸盐岩的矿物成分分类

碳酸盐岩可以根据其方解石和白云石矿物的相对含量进行分类，50%、25%、5% 为界限值，参考下面的原则，进行岩石的分类命名和记忆，并以此类推。如当碳酸盐岩主要为方解石和白云石两种矿物组成时，具体命名规则如下：

（1）当方解石或白云石中，任何一种矿物含量大于 50% 时，就作为主要矿物命名，如方解石含量大于 50%，称作"××石灰岩"。

（2）当一种矿物，如白云岩，含量小于 50%，并在 25% ~ 50% 之间时，称作"白云质"，此时,方解石的含量为50%~75%,则命名为"白云质石灰岩"。

（3）当一种矿物,如白云岩,含量小于25%,并在5%~25%之间时,称作"含白云的",此时,方解石的含量为75%~95%,则命名为"含白云的石灰岩"。

（4）当一种矿物,如白云岩,含量小于5%,则在岩石命名中不予考虑,此时,方解石的含量大于95%,则命名为"纯石灰岩"。

2. 石灰岩的结构成因分类

目前最具代表性、应用最为广泛的石灰岩结构成因分类,是福克分类和邓哈姆分类。

1）福克分类

福克(1959,1962)突破了石灰岩为纯"化学岩"的传统理念,认为石灰岩的形成除与化学沉淀作用有关外,还受到"异常"的水动力影响。他提出,可先把石灰岩看成3种结构组成:异化颗粒,包括了内碎屑、鲕粒、化石碎屑和球粒;微晶或泥晶方解石;亮晶方解石胶结物。

这样,石灰岩的4种颗粒类型(内碎屑、鲕粒、化石碎屑和球粒)和两种粒间充填物(微晶充填、亮晶胶结物),可分为8种岩石结构。再加上纯的微晶石灰岩、扰动的微晶石灰岩和生物岩3种岩石结构,可将石灰岩分为11种类型:

（1）亮晶胶结物充填:内碎屑亮晶石灰岩、鲕粒亮晶石灰岩、生物碎屑亮晶石灰岩、球粒亮晶石灰岩;

（2）微晶或泥晶充填:内碎屑泥晶石灰岩、鲕粒泥晶石灰岩、生物碎屑泥晶石灰岩、球粒泥晶石灰岩;

（3）无异化颗粒结构:微晶石灰岩、扰动微晶石灰岩;

（4）原地礁岩:生物岩。

2）邓哈姆分类

邓哈姆(1962)的分类既简明扼要又易于操作,是目前最流行的石灰岩结构成因分类。在邓哈姆分类方案中,先将石灰岩(即碳酸盐岩)划分成三大类,即泥岩(指灰泥或泥晶)—颗粒、粘结岩和结晶碳酸盐岩,再根据灰泥与颗粒的相对含量和在岩石结构中的支撑特征,又进一步分为4类,即泥岩、颗粒质泥岩、泥质颗粒岩、颗粒岩(图2-6)。

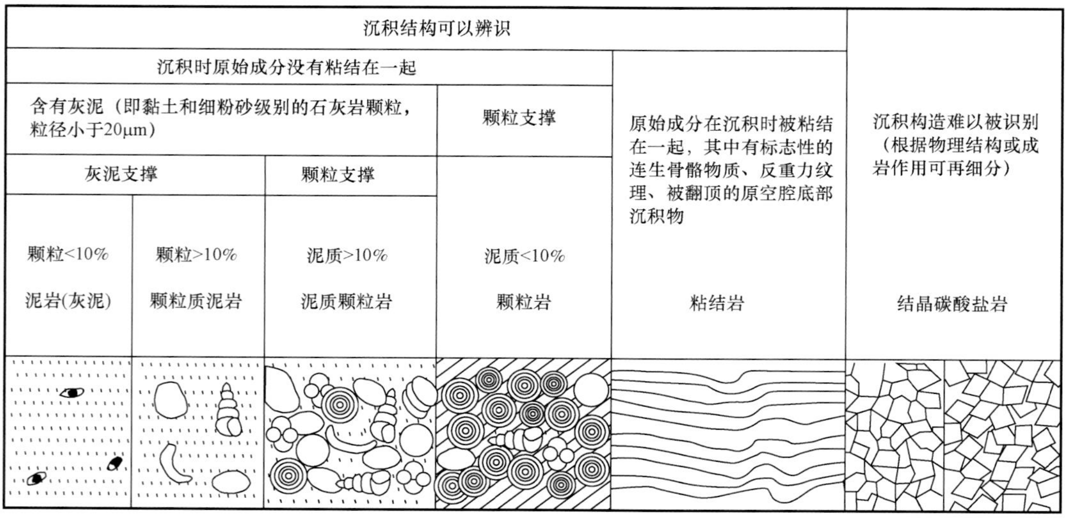

沉积结构可以辨识				原始成分在沉积时被粘结在一起,其中有标志性的连生骨骼物质、反重力纹理、被翻顶的原空腔底部沉积物	沉积构造难以被识别(根据物理结构或成岩作用可再细分)
沉积时原始成分没有粘结在一起					
含有灰泥（即黏土和细粉砂级别的石灰岩颗粒,粒径小于20μm）			颗粒支撑		
灰泥支撑		颗粒支撑			
颗粒<10%	颗粒>10%	泥质>10%	泥质<10%		
泥岩(灰泥)	颗粒质泥岩	泥质颗粒岩	颗粒岩	粘结岩	结晶碳酸盐岩

图2-6 碳酸盐岩结构分类(据Dunham,1962)

可以看出,邓哈姆分类的三大类分法,较全面地涵盖了碳酸盐岩形成的物理作用、生物作用和化学作用,其中对于灰泥—颗粒的二端元分类,反映了沉积时水体能量的大小,也与储层的物性有密切的关系,还对岩石物理测井曲线(如自然伽马测井 GR、声波测井 AC 和中子测井 CNL 等)产生一定的响应关系。因此,邓哈姆分类往往对于碳酸盐岩储层的成因和物性变化具有很好的表征作用。

3)恩布里和克洛范分类

恩布里和克洛范(1971)在邓哈姆结构分类的基础上,做了进一步修改,主要内容如下:

(1)在灰泥支持的岩石中,当砾岩(粒径 >2mm)含量大于 10% 时,命名为漂浮岩(floatstone),则灰泥支持的岩石有泥岩(灰泥岩)、颗粒质泥岩、漂浮岩。

(2)在颗粒支撑的岩石中,当砾岩(粒径 >2mm)含量大于 10% 时,命名为砾岩(rudstone),则颗粒支撑的岩石有泥质颗粒岩、颗粒岩、砾岩。

(3)把邓哈姆分类中的粘结岩(boundstone),按结构分成了 3 种:障积岩(bafflestone),结构为被生物阻挡;黏结岩(bindstone),结构为被生物结壳和黏结;格架岩(framestone),结构中有坚硬的生物骨架。

由此可见,恩布里和克洛范的分类是在邓哈姆分类的基础上,按照颗粒类型和内部结构及成因做了进一步地细化分类,这与储层物性不一定有直接关联,但对于碳酸盐岩储层的成因分析是有益的。

四、碳酸盐岩的成岩作用及其分布特征的研究方法

1. 碳酸盐岩的成岩作用

碳酸盐岩的成岩作用是指碳酸盐岩沉积物的沉积之后,所经历的一系列的物理、化学和生物的作用,以及在这些作用下碳酸盐岩沉积物在岩石组构和成分上所发生的相应的物理和化学变化,这些变化包括岩石颗粒大小、形状、岩石化学成分、晶体结构和孔隙体积等。

碳酸盐岩成岩作用的成因机理包括物理作用、化学作用和生物作用,以及几种成因作用组合。其中,化学成因作用占有很重要的地位,这是因为碳酸盐岩很容易被大气水中的酸性气体所溶解,生成碳酸氢根和钙离子,之后在适合的温压条件下又会释放出二氧化碳,重新沉淀出碳酸钙。这就造成了碳酸盐岩沉积后,在漫长的地质历史时期会被所接触到的流体部分溶蚀,后又会胶结沉淀,从而对碳酸盐岩的物性造成不同的影响,既有建设性作用,又有破坏性作用。

2. 建设性成岩作用

对碳酸盐岩物性有建设性成岩作用主要有溶蚀作用、交代作用和个别的重结晶作用等。

1)溶蚀作用

碳酸盐岩沉积以后,溶蚀作用主要发生在其上部,包括渗流带、潜流带和混合带。在碳酸盐岩地层发育的这些区域中,未饱和并有流动的大气和地层水,经过碳酸盐岩各种孔隙空间时,会对碳酸盐岩矿物和其他成分发生溶解作用,可产生不同类型的溶蚀孔隙,如铸模孔、粒间或粒内溶孔、晶间溶孔、洞穴和溶蚀通道等。地层中未饱和的孔隙水也能够对碳酸盐岩发生一定的溶解作用,溶解部分不稳定的碳酸盐岩成分,形成相对稳定的碳酸盐岩成分,如文石和高镁方解石转变成稳定的低镁方解石等。

2)交代作用

交代作用就是地下流体与岩石相互作用所产生的新的矿物取代了原来的矿物。碳酸盐岩

中常见的交代作用有白云石化、石膏化、硬石膏化和硅化作用,其中对碳酸盐岩储层影响最重要的是白云石化作用。

维尔(1960)认为,从理论上讲,白云岩对于石灰岩的交代作用可以减少骨架体积13%。维尔的这一理论推断获得了普遍的认可。在实际储层研究中,往往发现在具有相同的地层条件下,白云岩一般比石灰岩具有更好的渗透性。在古代碳酸盐岩的研究中发现,在相同的白云石化作用下,当白云石/方解石值小于50%时,碳酸盐岩的晶间孔隙度会减小;而当白云石/方解石值超过50%时,晶间孔隙度却会相应地增大(Murray,1960)。莫瑞(Murray)认为,产生上述的现象原因是高白云石含量的岩石中,残留的方解石被溶蚀。然而,该观点仍然是经验性的,还没有被实验室的一致性结果验证,这就导致产生了多种不同的成因解释。鲁西亚(2000)认为,石灰岩的白云石化交代作用并不能自发地产生13%的孔隙度增量。鲁西亚还认为,由于白云石晶体的颗粒直径通常大于$200\mu m$,而泥晶灰岩的粒径一般小于$20\mu m$,因此,白云石化会明显增加灰泥支撑灰岩的颗粒直径,从而增加其储层的孔喉直径和渗透率。但是,对于颗粒直径较大的颗粒灰岩,白云石化对储层物性的改善作用并不明显。至于白云石含量在什么比例和白云石化在什么条件下,可使得碳酸盐岩储层孔隙度的增加,还没有唯一或普遍接受的答案(Wayne,2008)。

尽管如此,白云石化的交代作用对石灰岩储层物性的改变经常是客观存在的现象。比如,在中国四川盆地和鄂尔多斯盆地古生界中,就大量出现强烈的白云石化和溶蚀共同作用的优质储层。因此,在实际储层表征中,更应注意研究白云石化对于溶蚀和储层物性的相关关系、控制作用和成因条件,识别有利的白云石化发育的层段,预测其分布范围。

3. 破坏性成岩作用

胶结作用、重结晶作用、压实作用和部分交代作用等,一般都会影响碳酸盐岩储层的物性。其中,对碳酸盐岩储层物性影响最为重要的是胶结作用和重结晶作用。

1)胶结作用

碳酸盐岩沉积后,其沉积物的孔隙水通过物理化学作用而沉淀或生长晶体的过程,称为胶结作用。在胶结物的作用下,碳酸盐岩的颗粒和矿物粘结而形成固结的岩石。

现代碳酸盐岩沉积物的孔隙体积约占其单位总体积的40%~70%,而现存的古代石灰岩孔隙度却经常小于10%,一般认为。胶结作用是碳酸盐岩孔隙度降低的重要原因之一。

有多种矿物都可以成为碳酸盐岩胶结物,其中最主要的是碳酸盐类矿物。随着岩石孔隙水成分和周围环境的物理化学条件的变化,碳酸盐岩胶结物的矿物成分和晶体形态也会发生相应的变化。例如:现代海洋潜流带的胶结物为文石或高镁方解石,因为丰富的镁离子有助于文石和镁方解石的沉淀(Wayne,2008)。受大气淡水影响的渗流带和潜流带的方解石胶结物晶体具有斑块状和片状菱形晶体形态,而且渗流带的胶结物会展现出独特的新月形,即胶结物从颗粒下缘悬挂的薄膜流体中析出,形成新月状沉淀。潜流带胶结物的典型特征,是具有围绕颗粒的等厚加大边和孔隙内衬的胶结。在岩石深埋中,如果有方解石胶结物形成,其常见的形态是粗而清晰的晶体,它们充填孔隙间或环绕着周围颗粒并包围孔隙空间。

其他的胶结物相对较少,但它们一旦出现,就会明显减少有效孔隙,如硬石膏和马鞍状镶嵌白云岩胶结物等。

2)重结晶作用

重结晶作用是指在成岩的过程中,胶结物的矿物成分没有改变,而其晶体形态和大小发生了变化(往往是晶体长大的变化)。

常见的重结晶作用是文石或镁方解石转化成方解石作用,也就是福克(1965)称之为的新生变形作用。这种作用通常会减小碳酸盐岩的孔隙度和渗透率,因为文石或镁方解石的晶粒很小,重结晶作用会增大粒径,从而减小粒间孔隙度。

4. 碳酸盐岩分布特征的研究方法

通过岩石薄片和岩心资料的观察分析,识别成岩作用的现象是相对容易的,如溶蚀孔洞的识别、不同时代的胶结物特征等。但是,预测成岩作用分布及其受影响的储层范围,相对要困难得多,这是因为:(1)成岩作用是渐变的,没有明显的边界;(2)成岩作用往往是多期的,而多期的成岩作用的成因不同,作用的范围也不相同;(3)部分成岩作用的范围可能会与先前的岩相或沉积相的范围不完全一致。

因此,在实际储层表征中,最好的方法不是试图直接勾画或预测成岩作用对储层的影响范围,因为这样很难找到关系明确的物理表征信息,而应首先确定影响储层的成岩作用的成因,当存在几种成岩作用时,还应聚焦对储层影响最大的成岩作用成因,然后再确定影响该成因作用相关的地质因素。例如,若研究区的优质油气储层的溶蚀孔发育,表明区内存在建设性的溶蚀成岩作用,这时就要弄清楚这种溶蚀作用的成因和相关因素,如是否与大气淡水和地层暴露面有关,如果答案是肯定的,那么就要研究哪一个地层转换面是这个关键的暴露面,还要进一步弄清横向上储层的暴露与古地貌、沉积相和岩相的关系(即溶蚀作用对储层的岩相是否具有选择性)等,最后从岩心—测井—地震资料上解释和提取这样的关键界面、古地貌形态和岩相的分布特征,进而预测受到溶蚀成岩作用影响的优质储层的分布范围。

第二节　岩心描述和岩心基本地质特征的分析方法

岩心是储层地质研究最重要的基础资料,它包含了地下地层和储层的多种地质信息。通过岩心的观察和描述,可以揭示出储层的岩性、岩相、沉积结构和地层韵律及旋回等丰富的地质特征,为储层表征提供了必不可少的基础地质资料。

一、岩心描述前的基础工作

首先要熟悉以往的资料、文献和主要观点,然后了解岩心的编号、摆放特点、收获率等基本信息,还要对岩心深度进行正确归位,只有这样才能保证岩心描述工作的正常进行。

1. 前期研究资料的收集和调研

在进行岩心描述前,首先要对以往做过的工作和取得的认识有相当的了解。应当充分收集前人关于研究区的文章、报告和图件等,弄清它们对区域沉积背景、目的层及其上下地层的地质特征的认识。对于具体的研究区块,最好还要准备取岩心井的测井曲线综合图和井位分布图。

2. 岩心资料的整理

地下地层的岩心一般不能一次全部取出地面,而是用取岩心筒分多次取出来。每取一次(或现场称每取一筒)岩心筒的长度一般为9~10m,筒中的岩心也不是完整的一块,而是由许多岩心断块组成。岩心取出地面后,从上到下要依次装入1m长的岩心盒中,并且还需要对各个岩心断块进行编号,并标出相应的深度。岩心编号的格式采用类似于代分数的形式(图2-7),整数部分,如5代表第5次取岩心;分母48表示该次取到的岩心共有48块;分子表示当前的岩块为第 7 块;下面的深度段(2200.10~2208.20m)表示该次取到的岩心长度。

在岩心盒中,每块岩心都写一个编号,如果岩心块过长,则每隔20cm 写一个编号。如果岩心破碎,则将岩心碎屑装入塑料袋中,而将其编号贴在相应位置的岩心盒内壁。用红笔从顶到底在岩心上画出箭头线,箭头指向岩心较深的底部。由于现场的岩心可能被各个研究项目或单位描述了多次,因此需要根据岩心编号等基本信息,整理和落实这些岩心断块的摆放次序、上下位置是否正确。

```
  柳34井
      7
   5 ——
      48
2200.10~2208.20m
```

图 2-7 岩心编号
格式的示范图

3. 计算岩心的收获率

由于岩心的断裂和破碎,在实际取到的岩心筒中,并不是百分之百装满岩心的,因此,每次(即每筒)取到的岩心,都有要计算出取岩心的收获率,这对于岩心深度归位和岩心描述很重要。每筒岩心的取心收获率计算公式为

$$岩心收获率 = \frac{本筒岩心的实际长度(m)}{本筒取心的钻井进尺(m)} \times 100\% \qquad (2-1)$$

岩心的收获率不仅仅是钻井工程质量的指标,还是岩心深度归位的基础数据。对碳酸盐岩缝洞型储层而言,低岩心收获率往往是地层缝洞发育的重要指示,可能是高产储层发育的部位,值得重视。

另外,在每筒岩心的顶底都要放置岩心的卡片挡板,上面有关于岩心的多个重要的信息。岩心卡片的样式见表 2-1。

表 2-1 标准岩心卡片的格式

井名			取心筒次	
取心井段		m	取心层位	
取心进尺		m	取心日期	
岩心实际长度		m	整理人	
收获率		%		

4. 岩心的深度归位

由于钻杆和电缆的伸缩系数不同,对于同一地层层位,钻井的进尺深度与电缆测井的深度往往是不一致的,因此,在岩心描述之前,还要对岩心的深度进行归位。岩心的深度需要归位到电缆测井的深度,其主要原因是储层的表征需要依靠大量的电缆测井资料;岩石物理测井的储层物理响应机理与地球物理地震方法有着密切的联系;井震储层预测是目前最主要的储层预测方法。

进行岩心归位的基本方法是,以各次(即各筒)所取的岩心为基础,先找出该次岩心段内特征明显的标志层,如泥质含量高的泥岩段、膏盐层段或某个胶结强的致密段,再结合该筒岩心的取心收获率,算出这些标志层的钻进进尺深度,即

$$标志层钻井深度 = 本筒岩心起始深度 + \frac{岩心顶到标志层的岩心长度}{岩心收获率} \qquad (2-2)$$

然后,在测井曲线图上找出相应的标志层的测井深度,要注意该标志层附近,岩相旋回与测井曲线响应的一致性(图 2-8),这时,可读出的标志层的测井深度,减去标志层的钻井深

度,当结果为正值 +Δh 时,需要将本筒岩心深度加上该绝对值 Δh,就完成了将岩心深度归位成测井深度。

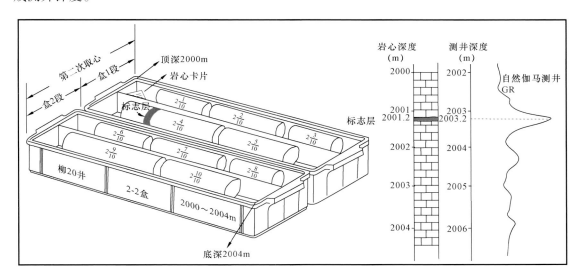

图 2-8　岩心摆放顺序、岩块标识和岩心深度归位(归位到测井深度)方法的示意图

二、岩心基本地质特征的分析方法

岩心描述一般都是从下往上进行,先将如第 2 筒取到的岩心(长度 9~10m)放进多个岩心盒中,先将最下面的那盒岩心的底部深度以 1∶100 的比例标注在记录本或同比例的测井图上,再将盒内的各块岩心的深度也标注在相应的记录本或测井图上,然后按岩心厚度不小于10cm 的相同岩相特征的小段,逐个描述,如此进行下去。

岩心描述的主要内容有岩性、岩相、古生物化石、沉积构造、沉积韵律、沉积相、缝洞特征、储层物性特征和取样计划等。

1. 岩性特征(岩石矿物特征)

碳酸盐地层的岩性主要有石灰岩、白云岩、石灰岩与白云岩过渡岩性,此外还会有硬石膏、泥质、少量的石英砂屑或硅质胶结物。可以根据岩石结构、矿物晶形和测井曲线综合判别,还可用 5%~10% 盐酸点滴岩心,观察与盐酸的反应程度:

(1)剧烈:迅速起大泡,并有"嘶嘶"响声,为石灰岩(方解石含量 >75%),也可以区分灰泥(剧烈)和黏土性质的泥岩(不反应);

(2)中等:迅速起小泡,"嘶嘶"响声较小,跳动小,为白云质灰岩(方解石含量为 50%~75%,白云石含量为 25%~50%)。

(3)微弱:起泡很弱很慢,几乎肉眼看不到,为白云岩(白云石含量为 >75%)或含灰质白云岩;但对于灰质泥岩,反应也很微弱,而且反应后有泥团,不清洁;

(4)无反应:与盐酸作用不起泡,为硬石膏、泥岩、硅质云岩或云质泥岩。

2. 岩相特征(岩石成分和结构特征)

可以根据邓哈姆的岩石结构分类,先分出灰泥—颗粒岩、黏结岩和结晶碳酸盐岩,再根据灰泥与颗粒的相对含量和结构特征,将灰泥—颗粒岩进一步细分出四类,即泥岩(指灰泥)、颗粒质泥岩、泥质颗粒岩、颗粒岩。还可以参考碳酸盐岩其他分类方法的原理,根据颗粒类型和大小,做进一步的分类细化,如根据颗粒灰岩的类型可细化分成生物碎屑灰岩、鲕粒灰岩、球粒灰岩、藻粒灰岩,或砾屑灰岩、漂浮岩等。具体的岩石分类,要以能体现岩石的成因和对储层物性的控制作用为原则。

3. 古生物化石特征

在碳酸盐岩不同的沉积环境中,往往有一群代表性的生物群体及其活动规律,因此古生物化石的分析是确定碳酸盐岩沉积环境的重要依据之一。在岩心描述中,古生物化石主要为微化石和遗迹化石。

古生物微化石包括搬运不远的生物碎屑,它具有一定的环境指向意义。然而,不同地区、不同地质时期的古生物群落是不完全一样的,需要具体分析。例如,中东白垩系、塞诺曼阶到早土伦阶的 Mishrif 组碳酸盐岩,在中远斜坡或开阔潟湖这样相对低能量的沉积环境中,往往底栖有孔虫(*Benthic foraminifera*)最为发育,其次是棘皮类(*Echinoderms*)和双壳贝(*Bivalve*);而在生物碎屑滩这样的高能环境中,一般厚壳蛤碎屑或砾屑(*rudist fragments*)最为发育,其次还有层孔虫(*Stromatoporiod*)、珊瑚碎屑(*coral fragments*)和腹足类(*Gastropod*)发育。

生物遗迹化石或遗迹相主要包括了足迹、移迹、潜穴和生物钻孔等,是本地生物活动遗留下来的痕迹,具有一定古环境指向意义。然而,生物遗迹化石的这种指向意义不是绝对的,在确定具体古环境时,宜粗不宜细,可作为沉积环境综合分析的参考。一般来说,在水浅的海滨或潮间带的高能环境中,为了躲避风浪、干燥、温度和含盐度的变化,垂直形或 U 形潜穴更为发育;在潮下带浅海的低能环境中,垂直的潜穴较少,而水平的潜穴和寻食物痕迹相对发育。

4. 沉积构造特征

碳酸盐岩与碎屑岩一样,也会发育多种沉积构造。这些沉积构造是原地的产物,因此具有环境的标志意义。

在沉积构造中,比较常见和重要的是同沉积的沉积构造,如纹层、交错层理、波痕等。纹层主要发育在低能相带中,如缓坡外、下缓坡或潮上带沉积环境;波状层理主要发生在潮间带和台地缓坡上;交错层理主要发育在浅滩和潮间带环境。

此外,碳酸盐岩还有一些独特的沉积构造,如干缩、鸟眼构造、叠层石、缝合线和示底构造等,它们也具有一定的环境指向意义。

5. 沉积韵律

沉积韵律是指纵向上一段地层内,岩石的颜色、岩性、岩相和沉积结构等所表现出的趋势性和规律性的变化。主要的沉积韵律有:

(1)正韵律,岩石颗粒粒度和岩相向上变细,反映出沉积水体向上变深和能量减弱;

(2)反韵律,岩石颗粒粒度和岩相向上变粗,反映出沉积水体向上变浅和能量增强;

(3)均质韵律,岩石颗粒粒度和岩相在层段内变化不明显,没有趋势性。

沉积韵律的变化特征是研究相对海平面变化和地层旋回的基础。碳酸盐岩具有岩相的复杂性,在进行碳酸盐岩沉积韵律的鉴别时,最好要注意该段测井曲线相应的变化特征,这样得出的结果更加可靠。

6. 沉积相的特征

沉积相应理解为沉积环境及在该环境中形成的沉积岩(物)特征的综合(冯增昭,1993),也就是说,沉积岩的特征是特定沉积环境(也包括成岩环境)中所形成岩石的物质表现,因此,岩心沉积相的鉴定是通过一系列沉积岩石特征分析为依据的。虽然沉积岩的岩性、岩相、古生物化石和沉积结构等都具有一定的相标志作用,但在一般情况下,这些相标志都不是绝对的或精确的,常常出现多解性,因此,岩石的沉积相特征鉴定,往往是一个综合分析和反复认识的过程,要结合多种因素综合判断,包括岩石的组合特征、纵向岩相序列、岩石宏观和微观特征等。

在初次岩心描述时,一般都先给出沉积相的初步判断,然后在一段岩石描述的基础上,综合分析纵向上各个相标志的变化和沉积韵律的变化,并结合碳酸盐岩的沉积相带分布模式,有可能还要参考岩石微观薄片特征,进行综合判别。沉积相的综合研究,还将在后面给出具体的分析实例。

7. 缝洞类型和特征的分类描述及其分类统计

首先通过岩心观察,描述各类缝洞的特征,然后根据缝洞的分类指标,分别统计各类溶洞和裂缝的大小和分布。缝洞主要特征的分类指标有:

(1)溶蚀孔洞的大小:大洞(洞径>10mm)、中洞(洞径为10～5mm)、小洞(洞径为5～2mm)和针孔(洞径<2mm)。

(2)裂缝的产状:直立缝(倾角>75°)、斜交缝(倾角为75°～15°)和水平缝(倾角<15°)。

(3)裂缝的开启程度:张开缝(无充填)、半张开缝(半充填)和闭合缝(全充填或潜在缝)。

(4)孔洞和裂缝的密度:孔洞的密度为溶蚀孔洞个数占整个岩心柱面的百分数,裂缝的密度为单位岩心长度上的裂缝条数。

需要说明的是,碳酸盐岩的缝洞研究,往往是作为一个专题项目研究的,缝洞的岩心描述往往也是作为一个专门的岩心描述项目来进行的。

8. 储层的物性特征和取样分析计划

虽然从储层的岩石结构的粗细可以判断出储层物性的优劣,但是储层物性分析属于定量性的分析问题,需要结合岩样物性实验分析数据进行。并且,进一步的储层物性控制因素的分析,还要结合多种地质、测井和地震资料作综合研究。在岩心描述阶段,主要是观察和分析与储层相关的岩石特征、沉积特征、缝洞发育等各种地质特征,并在此基础上找出能代表不同类型储层的层位,确定有代表性的取样位置和样品分析数量,为进一步的储层综合研究奠定资料基础。

比较常用的岩样实验分析内容有:

(1)岩样物性实验分析:确定岩石样品的孔隙度和渗透率这些最为重要的储层参数。对于目的层段或含油岩心,需要密集的采样,每米10个样品。

(2)常规岩石薄片分析:这是一种最基本的岩石样品的实验方法,是将岩样磨制成0.03mm的薄片,以便于研究人员在显微镜下观测,以确定岩石的矿物成分、岩石结构、压实作用和胶结作用特征。

(3)铸体薄片分析:将染色树脂灌注进岩样的孔隙空间里,等树脂固结以后,再将岩样切割成薄片。这样的做法,可以在显微镜下直接观测到孔隙、喉道及其相互连通的结构,以确定岩石的粒间与溶蚀孔隙类型、喉道类型、孔隙大小和分布、面孔率等。

(4)毛细管压力压汞分析:将非润湿相的水银,连续地注入被抽真空的岩样孔隙系统中。岩样孔隙中有各种粗细的毛细管,毛细管越细,对非润湿相流体的毛细管压力就越大。为克服毛细管压力,注入水银的压力要不断加大,才能进入越来越细的孔隙毛细管中。这样,记录不同的注入压力 p_C(等同于毛细管压力,也代表不同的毛细管半径 r)和在该压力下的水银注入量(注入孔隙的水银饱和度 S_{Hg})数据,做出毛细管压力 p_C(等同毛细管半径 r)与压汞饱和度 S_{Hg} 的关系曲线,即岩样的毛细管压力曲线。它可以反映出岩样的不同孔隙与孔喉的大小及其分布,也能体现岩石颗粒的分选特征,还可以用来计算储层物性下限、估算油藏的油柱高度等。因此,不同储层的毛细管压力曲线是非常重要的储层和油藏参数。

根据上述岩心描述的主要内容,针对所研究的储层的特点、资料的情况和项目的要求,有选择性地做出岩心描述综合图(图2-9)。

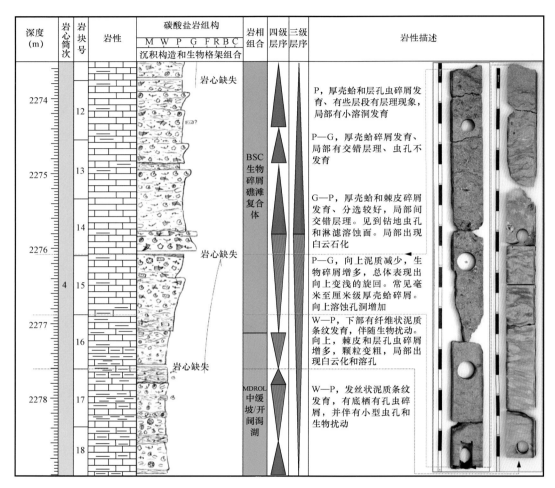

图2-9 关键井碳酸盐岩岩心描述综合图和岩心照片

第三节 沉积相的综合分析

一、沉积相的综合识别方法

沉积相是指在特定的环境中形成的沉积物的特征和条件的总体。因此,沉积相的确定可以通过岩石和地层的一系列关于沉积相的标志,按照一定的方法步骤实现。

岩相特征通常是沉积相标志之一。碳酸盐岩的岩相分类通常采用了邓哈姆、恩布里与克洛范的结构分类方案。这些分类方案主要考虑的因素有碳酸盐岩颗粒的大小、灰泥与颗粒的相对含量、支撑结构和成因类型等特征,它们反映了沉积时的水体能量和沉积环境,因此具有较好的沉积相的标志作用。沉积相的发育应具有一定的规模和一定的持续和变化时间,作为相应环境中形成的地质记录的岩相,也就展现出一定的岩相规模和岩相组合特征。因此,岩心沉积相的识别主要是依据一定厚度的岩相类型与特征、组合以及岩相的纵向变化序列等特征,再结合其他的沉积相标志,如沉积构造、岩石的颜色、古生物碎屑类型和大小、古生物遗迹等,进行综合分析而完成的。

沉积相的研究还要了解以往区域的研究成果,在以往认识的基础上,结合自己项目的要求,制定沉积相描述的目标和精度,同时,还要考虑到纵向上不同层段的沉积相特征的变化和能反映储层发育和分布的变化。另外,还要初步分析所定义的沉积微相单元在测井曲线响应特征上是否具有一定的可识别性,因为系统取岩心井毕竟很少,沉积相和储层的研究需要依靠很多井的测井曲线的解释。

二、碳酸盐岩缓坡—镶边台地沉积微相的综合识别和分析

下面以中东 Mishrif 组碳酸盐岩为例,介绍碳酸盐岩缓坡—镶边台地沉积微相的综合识别和分析。

1. 沉积微相的划分与综合识别

中东白垩系 Mishrif 组碳酸盐岩的储层分布广、油气田多、油气储量大,研究区基础资料丰富,是研究大型碳酸盐岩的典型区域。

从大的沉积背景上看,中东 Mishrif 组碳酸盐岩属于白垩系塞诺曼阶到早土伦阶沉积的地层。这段地层大的沉积环境属于碳酸盐岩缓坡和低缓坡度的镶边台地(Burchette,1993)。但有的文献认为,这段地层主要属于碳酸盐岩缓坡的沉积背景(Aqrawi 等,1998)。

关于 Mishrif 组沉积相的划分和命名较多,不同学者给出了不同的名称(如 Gaddo,1971;Sherwani 等,1993;Aqrawi 等,1998)。其中,Sherwani 和 Mohammed 认为,Mishrif 组可以识别出4 种沉积相:限制性陆架(restricted shelf)、厚壳蛤岩隆(rudist build up)、开阔陆架(open shelf)和次盆地(sub - basinal)。

Mishrif 组含有丰富的厚壳蛤碎屑沉积,也是中东许多大型油田重要的碳酸盐岩储层(Aqrawi 等,1998)。尽管如此,从目前发表的文献看,关于 Mishrif 组的研究主要来自区域上探井资料,阐述了大的沉积背景和沉积相模式。为满足具体的油田开发,还需要对 Mishrif 组储层的岩相和沉积相进行有针对性的精细研究。

该油田的范围较大,横向上有几十千米,纵向上延伸近百千米,因此涉及的沉积相带较广。在前人对相关区域沉积背景和沉积相认识的基础上,根据油田岩心的岩相、颜色、生物碎屑、沉积结构等多种沉积相特征和标志,以及碳酸盐岩沉积相带的递变原理,还考虑到对储层属性和分布研究有利和测井曲线上的可识别的规模,划分并识别出 Mishrif 组的 8 种沉积微相,具体如下(图 2 - 10):

(1)潮间带或潮上带平原(intertidal/superatidal plain,ISP):主要为颗粒质灰泥岩(wacke-stone),少部分为灰泥质颗粒岩(packstone)。具有中等胶结程度。岩心呈淡红—白色。生物碎屑常见有孔虫、腹足类、核心石和轮藻。岩石内部结构具有多样性,有干裂、豆状或角砾状构造、黑色碎屑和微生物扰动等。常发育缝合线、侵蚀面或底面构造;在该相带的沉积序列上部,可见泥质颗粒岩,并发育有大量的窗格孔(鸟眼构造)和钙质充填。

(2)潟湖或礁后(lagoon/back reef,LBR):岩相以颗粒质灰泥岩(wakestone)到灰泥质颗粒岩(packstone)为主,还有部分漂浮岩(floatstone)发育。漂浮岩常夹有较粗的生物碎屑,它们是

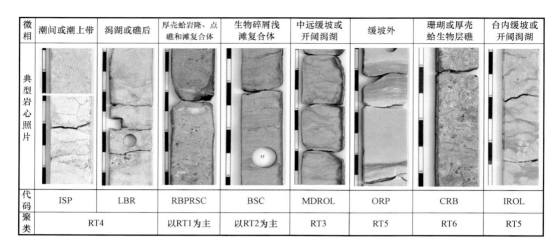

微相	潮间或潮上带	潟湖或礁后	厚壳蛤岩隆、点礁和滩复合体	生物碎屑浅滩复合体	中远缓坡或开阔潟湖	缓坡外	珊瑚或厚壳蛤生物层礁	台内缓坡或开阔潟湖
代码	ISP	LBR	RBPRSC	BSC	MDROL	ORP	CRB	IROL
聚类	RT4	以RT1为主		以RT2为主	RT3	RT5	RT6	RT5

图 2 - 10　研究区白垩系 Mishrif 组缓坡—镶边台地碳酸盐岩典型沉积微相及其岩心特征

来自迎风面的礁滩体破碎和搬运的结果。生物碎屑中含有较大的厚壳蛤碎屑(这是该时期 Mishrif 组碳酸盐岩的典型特征)、底栖有孔虫和腹足类生物等碎屑。常见规模较大的生物扰动,它反映出受到一定风浪遮挡的礁后,环境相对安静,生物活动频繁;其中低角度生物扰动的虫孔和痕迹,后被深色灰泥岩充填,经过压实等成岩作用,容易形成柔变马尾状。在硬底界面下,常见的垂直虫孔发育。偶有厘米级层理发育,岩相的纵向韵律性不明显。

(3)厚壳蛤岩隆、点礁和滩复合体(rudist buildup/patch reef/shoal complex,RBPRSC):以富含厚壳蛤生物碎屑(rudist fragments)的颗粒灰岩(grainstone)、灰泥颗粒灰岩和砾岩(rudstone)为主,有时也含有少量的颗粒灰泥岩或漂浮岩。具有米级的层系厚度,但内部层理不明显,为块状或加积结构。在粗的生物碎屑之间,有相对细粒的基质沉积,但随着生物碎屑变小,由于生物骨架阻挡减小,灰泥成分也会减少。常见沿层面的淋滤现象,并有铸模孔和溶孔发育。这些反映出每一期礁滩体沉积时,因沉积体的顶部接近海平面,在相对海平面的振荡变化中,会有短时间的暴露,受到海浪和大气水的风化与剥蚀作用,从而在不同期次的礁滩体之间,常见冲刷和淋滤面。

(4)生物碎屑浅滩复合体(bioclast shoal complex,BSC):以灰泥质生物碎屑灰岩和颗粒灰岩为主。生物扰动如有孔虫等,仅在灰泥相对发育的细粒的层组中发育。而在粗粒的层组中,肉眼可见到丰富的生物碎屑,其颗粒分选好,显示出孔隙性结构的发育。具有较明显的层理现象,如平行层理或大型板状层理结构,常见到厘米—米级的层组组合的叠置,常具有向上变粗的反韵律。这些现象反映出高能和动荡水体中碳酸盐岩生物碎屑滩的沉积环境。

(5)中远缓坡或开阔潟湖(mid - distal ramp/open lagoon,MDROL):以颗粒质灰泥岩为主,有少量的灰泥质颗粒灰岩。常发育有小于 20cm 级规模的层理,但纵向上并无明显的变化趋势性。生物碎屑不发育,偶见少量的底栖或浮游有孔虫。常有强烈的生物扰动,发育泥质柔细状条纹和似瘤状构造。这些都反映出水体能量较弱,相对安静,适合生物横向活动的环境,综合定为离开礁体的中远缓坡或开阔潟湖的沉积环境。

(6)缓坡外(outer ramp,ORP):主要为灰泥岩和少部分颗粒质灰泥岩。岩性相对致密。偶见细薄的生物碎屑层,但总体不发育。小于 20cm 级的层理,常表现出泥质相对多的深灰色与泥质相对少的浅灰色互层的韵律;且相互渐变过渡,有一定的生物扰动,有丝状柔变形层理构造。总体反映出水体能量较弱,安静的缓坡外沉积环境。

(7)珊瑚或厚壳蛤生物层礁(coral/rudist biostromes,CRB):以富含粗砾状珊瑚或厚壳蛤的生物碎屑的颗粒灰岩或漂浮岩为主,也含有少量的腹足类、层孔虫和棘皮类动物化石碎屑;溶孔和铸模孔发育;没有明显的流动层理结构,纵向韵律也不明显。反映出生物层礁的沉积环境。另外,该沉积微相主要发育在Mishrif组上部的MA段。

(8)台内缓坡或开阔潟湖(intra ramp/open lagoon,IROL):以颗粒灰泥岩—灰泥质颗粒岩(wakestone – packstone)为主。生物碎屑含量较少,主要为底栖有孔虫和介形虫等。2~10cm级层理呈现出深浅颜色互层,反映出泥质含量的相对变化。常有强烈生物扰动,经过成岩作用后,常形成瘤状结构。总体反映出水体能量中等—较弱的缓坡外或开阔潟湖的沉积环境。该相主要发育在Mishrif组上部MA段中。

2. 过井沉积相的剖面分析

在完成多口取岩心井的沉积相的解释以后,可以先在平面上对主要层段的沉积相带的分布做一个大致的分析判断,然后选择垂直或平行沉积相分布趋势的剖面线,进行过井地层剖面的沉积相对比,为进一步的储层成因分析奠定基础。

在对地层剖面进行沉积相对比解释的过程中,要遵从等时地层原则,在等时地层格架内进行沉积相带横向分布的对比;还要服从相序递变的原理,即只有相同或相邻的沉积微相之间才可以对比和连接。如果相邻井的对应层之间,不是相同或相邻的沉积相,就需要做综合分析,是它们的沉积相的解释结果需要修改,还是岩心资料井太稀少,不能够控制到两口井之间的沉积相发生的变化。

根据前面对研究区Mishirif组碳酸盐岩取心井的沉积相研究成果,在该区域的北部,选取了与相带走向垂直的东西向剖面,该剖面长8km,包括了3口取心井(图2-11)。按照等时地层格架和相序递变原则,对该剖面的沉积微相分布进行了研究。

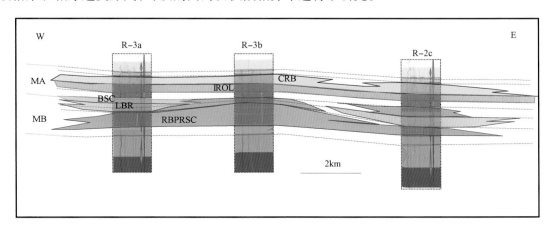

图2-11 研究区北部某东西向剖面

研究显示,在Mishrif组下部的MB段,发育了一条主要的礁滩体。该礁滩体在剖面中部的井R-3b处,厚约50m,至少有两期,向东西两侧逐渐减薄,部分过渡到生物碎屑滩。在该主要礁滩体的两侧,都有潟湖发育,这与目前缓坡或镶边台地碳酸盐岩的沉积相带模式有所不同,反映出碳酸盐岩的沉积具有复杂性。要弄清这个差别的原因,还需要有更多的地质、测井和地震资料进行综合研究,还需要结合本区Mishrif组碳酸盐岩的区域沉积背景进行分析。到了 Mishrif 组上部的 MA 段,沉积相过渡到台内缓坡或开阔潟湖、珊瑚或厚壳蛤生物层礁沉积。初步的剖面分析显示,Mishrif 组的 MB 与 MA 上下两段的沉积既有联系又有些差别。

要弄清 Mishrif 组碳酸盐岩沉积的特征和规律,需要考虑更多的控制因素,如相对海平面变化、不同时期古地貌形态等,并结合更多的地质、测井和地震资料进行综合研究,这些将在后面章节做进一步的阐述。

第四节　碳酸盐岩岩石微观特征和岩石物性变化的相关因素分析

一、岩石微观特征的鉴定分析的作用

在宏观尺度上,岩心岩相和沉积相描述的主要目的,就是要确定岩相和沉积相的特征、空间变化和对储层发育段及其分布的控制作用。而岩石微观特征的鉴定与分析的主要作用有两个方面:一是与宏观岩心描述的认识相结合,确定岩石的岩相、沉积类型;二是与岩样分析数据相结合,研究微观岩石的组构、孔隙结构、孔喉分布和成岩作用,对储层物性的影响。

岩石的微观薄片尤其是铸体薄片的观察分析,是研究储层微观特征的重要手段。所谓的岩石铸体薄片,就是在一定的温度和压力下,先将环氧树脂或有机玻璃与固化剂混合后,注入岩样的孔隙体积中,待固结形成致密的岩石铸体后,再切割和打磨成岩石的铸体薄片。这样,通过显微镜的铸体薄片观察,就可以看到岩石内部的微观精细特征,包括岩石的颗粒与基质的结构、颗粒与古生物碎屑类型、孔隙结构、孔隙间胶结物和溶蚀的特征等,也为储层的岩石类型和环境的鉴定、储层物性成因与相关因素的分析创造了条件。

二、岩石微观鉴定的几个重要特征

岩石颗粒与基质的结构特征是碳酸盐岩最重要的岩相特征,这不仅是因为岩石结构特征最直观,还在于碳酸盐岩的沉积大多数发生在原地或附近,岩相与它们的沉积环境密切相关,岩石颗粒的粗细、颗粒与灰泥的相对含量等,对指示沉积时的水体能量和沉积环境具有重要的意义,且岩石结构特征与岩石的物性也有重要的影响。

由于碳酸盐岩的沉积是生物、物理和化学共同作用的结果,因此,碳酸盐岩的颗粒类型和生物骨架碎屑等组构特征,也具有很强的环境指示意义。例如,鲕粒大多分布于高能水体和动荡的浅滩环境。不同的生物群(如浮游生物和底栖生物或其他典型生物等)、生物骨架、生物骨架碎屑及其大小、厚薄和相对含量等,都可能代表不同的沉积环境。另外,同生或准同生白云岩的出现,大多预示着存在局限性的低能沉积环境或萨布哈蒸发沉积环境。

粒间胶结物的特征、孔隙的溶蚀和充填特征,不仅与沉积和成岩环境有关,还会直接影响岩石物性的变化。亮晶胶结物一般代表清洁或高能的水体环境,因为在这种条件下,灰泥被高能水体淘洗到相对低能和安静的环境中。溶蚀孔洞的发育,对储层物性的增强具有重要作用。如果溶蚀作用发育在浅水和高能量的颗粒灰岩中,并伴有亮晶胶结物溶蚀和部分的白云岩化,则可代表着经常暴露、淋滤和孔隙流体流动的成岩环境,在这种沉积和成岩的条件下往往会形成很好的储层物性。

三、典型碳酸盐岩的岩石微观特征及其物性变化的相关因素分析

不同类型碳酸盐岩的微观特征既有一些共同点,也有很多的变化之处。通过分析典型的碳酸盐岩的沉积相、微观岩石结构、生物碎屑、孔隙结构、胶结物与储层物性变化之间的相互关系,将对于其他类型的碳酸盐岩储层的成因分析具有重要的参考价值。

1. Mishrif 组碳酸盐岩的沉积相带、岩相和生物碎屑的一般特征和相互关系

白垩系 Mishrif 组碳酸盐岩储层是中东最重要的油气储层之一。在区域性的沉积环境上,Mishrif 组属于碳酸盐岩缓坡—镶边台地沉积,随着沉积水深和环境的变化,其岩相、古生物碎屑类型和组合也发生了相应的变化。因此,综合考虑岩石的颗粒和灰泥基质结构特征、主要古生物碎屑特征,具有一定的关于沉积水体能量和沉积环境的指示能力。

对于缓坡外和台地外的开阔深水沉积相带,它们属于较为安静的海底沉积环境,其岩相主要以灰泥岩或部分颗粒质灰泥岩为主。在这部分沉积相带中,部分含有很细的生物碎屑,主要为浮游有孔虫,而当其水体相对变浅时,会含有少量的底栖有孔虫,或漂浮过来的、颗粒很小的厚壳蛤碎屑。

对于中远缓坡或开阔潟湖的这些开阔台地相,主要发育了颗粒质灰泥岩,其中的生物碎屑约占该类沉积物的 10% ~50%（Aqrawi 等,1998）,生物碎屑的主要类型有底栖有孔虫,少量的藻类、棘皮类和一些浮游有孔虫。

在碳酸盐岩礁滩相带中,岩相主要为厚壳蛤砾屑灰岩、厚壳蛤或珊瑚颗粒灰岩和部分灰泥质生物碎屑颗粒岩,以及很少的颗粒质灰泥岩。厚壳蛤碎屑具有典型的环境指示意义,随着其碎屑颗粒由大变小,代表着沉积水体由浅变深,相距礁体由近到远的变化。不过,纯粹厚壳蛤的礁体沉积（包括骨架灰岩、漂浮岩和黏结岩）却很少发生（Aqrawi 等,1998;Sadooni 等,2000; Sadooni,2005）。

对于潮间带或潮上带这样的局限台地沉积相带,其岩相和生物碎屑的变化都比较大。岩相主要为泥灰质颗粒岩和颗粒质灰泥岩。生物碎屑比较杂,主要有底栖有孔虫,并伴有腹足类（*Gastropod*）、介形虫（*Ostracods*）、海绵骨针（*Sponge spicules*）和棘皮类（*Echinoderms*）等。该类沉积相带的判别需要结合岩心观察分析,其中最显著的特征是,在其沉积序列的顶部常出现硬石膏、干裂和窗格孔（fenstral porosity）等。

2. Mishrif 组碳酸盐岩铸体薄片的鉴定与岩石物性控制因素分析

选取了 Mishrif 组碳酸盐岩不同的沉积相带中,典型岩相的铸体薄片进行综合分析,以揭示岩石物性变化的影响因素。

1）不同沉积相带中典型岩相特征分析

（1）厚壳蛤岩隆与点礁滩复合体相带中的颗粒灰岩（图 2 - 12a）。

总体上,主要为含大量的生物碎屑的颗粒支撑,只有少量的灰泥,岩相属于颗粒灰岩,生物碎屑丰富,主要有苔藓虫（*Bryozoan*）、海胆类（*Echinoid*）、双壳类（*Bivalve*）,也可见到有孔虫（如粟孔虫 *Miliolids*）等,因此,该样品应属于台内高能量的沉积环境。岩心中厚壳蛤碎屑颗粒较大,因此薄片没有取到。结合薄片岩相和岩心特征,综合判定为"厚壳蛤岩隆或点礁和滩复合体"相带（RBPRSC）。从胶结物和孔隙结构看,除少部分残存的且充填在粒间的钙质胶结物外,大部分的粒间胶结物被溶蚀掉,还可见少量的菱形白云岩晶体等。这些反映出成岩过程中,孔隙流体的流动并溶蚀了大部分的胶结物,同时还交代了部分胶结物,因而造成了孔隙铸

模孔、粒间溶孔等次生孔隙发育,使得孔隙间连通性很好,并表现出极好的储层物性(孔隙度为25.7%、渗透率为880mD)。

(2)中远缓坡或开阔潟湖中的灰泥质颗粒灰岩(图2-12c)。含有丰富的生物碎屑和大量的泥晶基质,生物碎屑主要有底栖有孔虫,如栗孔虫(Miliolids)等,还有少量的双壳类和一些难以辨认的细小生物碎屑,岩相为灰泥质颗粒灰岩,属于能量较低的中远缓坡或开阔潟湖。有一定的铸模孔或溶孔发育,但孔隙连通性一般,因而表现出高孔隙度和低渗透率特点(孔隙度为28.1%、渗透率为9.7mD)。

(3)礁后潟湖中的颗粒质灰泥岩(图2-12d)。灰泥支撑,含有大量的泥晶和一定的生物碎屑的颗粒质灰泥岩,其中的生物碎屑主要为底栖有孔虫(Miliolids),并含有少量的双壳类、腕足类和介形虫(Ostracods),生物碎屑的壳细薄,综合分析应属于风浪受到一定屏蔽的低能且浅水环境,如礁后的潟湖。从进一步放大的铸体薄片(图2-12k)上,还可以看出钙质胶结物充填于粒内和粒间孔隙,而且孔隙之间的连通性差,因此,储层的物性也很差(孔隙度为3.7%,渗透率为0.02mD)。

(4)中远缓坡或开阔潟湖中的灰泥质颗粒灰岩(图2-12i)。细小的颗粒支撑的灰泥质颗粒灰岩,在颗粒成分中,有生物碎屑(如部分的底栖有孔虫(Benthic foraminifera)和浮游有孔虫),还有藻粒和球类,综合分析应属于中等能量的中远缓坡或开阔潟湖。孔隙类型较为多样,有细小的孔隙、铸模孔、微裂隙和粒间孔,这些孔隙普遍有溶蚀现象,孔隙间还能够看到部分残余的充填钙质。因此,孔隙连通性好,储层物性好(孔隙度为20.3%,渗透率为46mD)。

2)不同岩相及其物性的控制因素分析

将不同样品的铸体薄片和物性数据放在一起,以便做样品的对比分析(图2-12)。除此以外,还对来自更多井的大量的岩样薄片和物性分析数据进行了统计分析,并按照不同岩相的孔隙度和渗透率的平均值和最大值,分别制作了统计直方图(图2-13)。从这些样品的分析和统计结果中,可以得出以下特征和关系:

(1)岩相由粗到细(由颗粒灰岩R/G/P,过渡到灰泥岩W/M),岩样的平均孔隙度逐步减小,但变化不大(由21.4%减小到15.4%),平均孔隙度减少到初值的72%;但岩样的平均渗透率减小明显(由122.7mD减小到0.5mD),渗透率减少到只有初值的0.4%。

(2)颗粒支撑的岩相(R/G/PG/P),平均渗透率要大于10mD;而灰泥支撑的岩相(W/M),平均渗透率小于等于1mD。因此,一般情况下,岩相W或M属于非储层。

(3)不同的沉积相带的主体岩相是不同的,储层的物性也有差别。高能的相带,如厚壳蛤礁滩/点礁复合体和生物碎屑滩复合体等,以颗粒灰岩为主,易于发生溶蚀现象,储层物性好;而低能相带,如潟湖或缓坡外,岩相较细,物性较差。

(4)即使属于同一种岩相,样品物性,尤其是渗透率,可以相差很大。从这些岩样的铸体薄片的特征可以看出,造成它们物性差异的主要原因是成岩作用。例如,岩相为PG的样品(图2-12b、j),由于建设性的溶蚀成岩作用,使其溶孔发育,孔隙连通性好,样品的物性也非常好,其孔隙度为27.8%,渗透率为1213mD。尽管同样属于PG岩相的样品(图2-12h、l),由于破坏性交代和胶结成岩作用,使其孔隙空间几乎被充填,连通性差,岩样物性也就很差,其孔隙度为9%,渗透率为0.05mD。

由此可见,岩相的组构特征,即岩石颗粒的粗细和颗粒与泥质的相对含量,是控制储层物性最基本的因素;粗结构和颗粒支撑的岩相一般形成于高能环境中,也容易发生溶蚀改造。尽

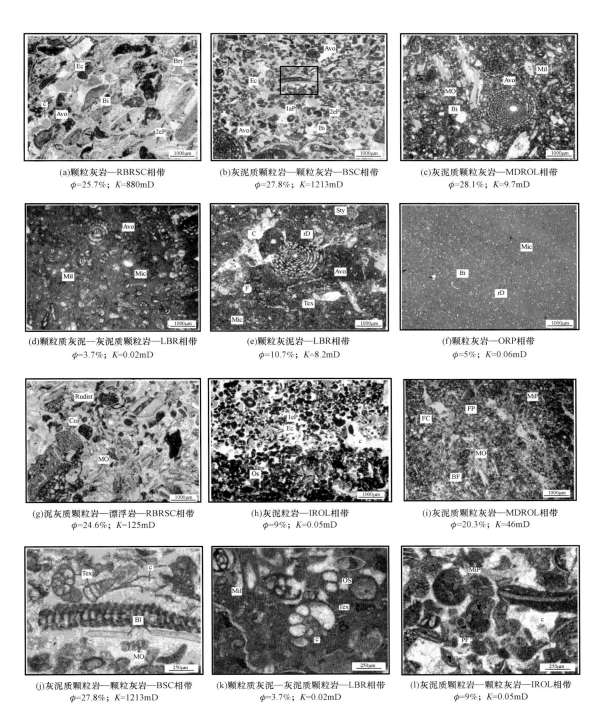

(a)颗粒灰岩—RBRSC相带
ϕ=25.7%；K=880mD

(b)灰泥质颗粒岩—颗粒灰岩—BSC相带
ϕ=27.8%；K=1213mD

(c)灰泥质颗粒灰岩—MDROL相带
ϕ=28.1%；K=9.7mD

(d)颗粒灰泥—灰泥质颗粒岩—LBR相带
ϕ=3.7%；K=0.02mD

(e)颗粒灰泥岩—LBR相带
ϕ=10.7%；K=8.2mD

(f)颗粒灰岩—ORP相带
ϕ=5%；K=0.06mD

(g)泥灰质颗粒岩—漂浮岩—RBRSC相带
ϕ=24.6%；K=125mD

(h)灰泥粒岩—IROL相带
ϕ=9%；K=0.05mD

(i)灰泥质颗粒灰岩—MDROL相带
ϕ=20.3%；K=46mD

(j)灰泥质颗粒岩—颗粒灰岩—BSC相带
ϕ=27.8%；K=1213mD

(k)颗粒灰泥—灰泥质颗粒岩—LBR相带
ϕ=3.7%；K=0.02mD

(l)灰泥质颗粒灰岩—颗粒灰岩—IROL相带
ϕ=9%；K=0.05mD

图2-12　不同岩相和沉积相的碳酸盐岩典型铸体薄片特征(中东白垩系 Mishrif 组)

管如此,还存在破坏性的成岩作用,使得颗粒支撑岩相的物性遭到破坏,形成相对致密的储层。因此,在研究岩相和沉积相同时,还要考虑影响储层物性更多的地质因素及其物理表征方法,才能够更好地对储层物性和分布规律进行表征。

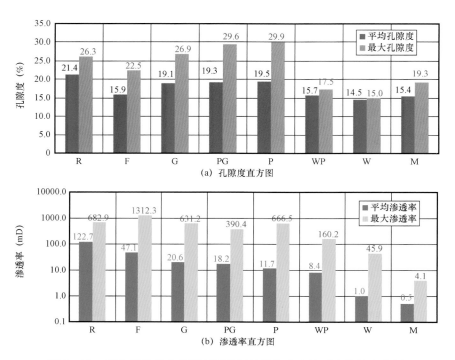

图 2-13　Mishrif 组碳酸盐岩不同岩相的孔隙度和渗透率统计直方图

R—砾屑灰岩；F—漂浮岩；G—颗粒灰岩；PG—灰泥质颗粒岩—颗粒灰岩；

P—灰泥质颗粒灰岩；WP—颗粒质灰泥—灰泥质颗粒岩；W—颗粒质灰泥岩；M—灰泥岩

第五节　碳酸盐岩层序地层特点、高频旋回的作用和等时地层格架的建立

　　建立等时地层格架是一项综合性的研究工作，把该项工作放到第二章讨论，旨在强调其重要性。可以说，建立等时地层格架是储层表征最重要的基础工作，任何关于储层成因和分布规律的研究和预测，都应当建立在等时地层格架的基础上才有意义。

　　当然，谈及等时地层格架时，就会联想到层序地层学，这个 20 世纪末最重要的地学发展。层序地层学建立了全球统一的地层划分和对比方案，并将沉积地层的旋回、叠置与分布归结到几项基本的成因要素。碳酸盐岩层序地层除了具有经典的层序地层学的许多共性特征外，还有着自己的重要特点，只有理解好碳酸盐岩层序地层的这些特点和控制因素对地层的影响，才能够正确地进行碳酸盐岩等时地层对比，建立等时地层格架的方法。

一、经典层序地层学的重要观点

　　经典的层序地层学来源于对三角洲硅质碎屑岩沉积的研究和总结，其最重要的观点认为，以地层不整合面或与其对应的整合面进行划分和对比的地层层序，及其所包含的沉积物的体系域（包括低位体系域、水进体系域和高位体系域）的旋回性、叠加样式（进积、加积和退积）和分布规律，是受到全球海平面变化、构造沉降、气候环境和沉积物供给因素的控制。

　　经典层序地层学另一学派的代表为盖勒维，他在研究墨西哥湾古近—新近系中的三角洲

沉积为主的沉积体系中,认为最大海泛面是最好的地层对比标志层,因而提出了用水进体系域的最大洪泛面作为层序界面,并将这种层序地层称为成因地层层序(genetic sequence)。

二、碳酸盐岩层序地层的特点

在以往碳酸盐岩沉积相带的研究中,碳酸盐岩的沉积可以用缓坡、镶边台地、孤立台地或陆表海台地的沉积相分布模式进行描述。虽然在这些典型的碳酸盐岩沉积相带模式中,也考虑到了相对水深和水体能量等对沉积相带分异的影响,但是它们所描述的碳酸盐岩沉积的环境是相对孤立和静止的,往往并不总能依靠这些碳酸盐岩的沉积相带模式进行地层横向对比和预测。由于地层横向上存在着"同期不同相"或"同相不同期"的特征,因此应当分析怎样根据碳酸盐岩层序地层的特点和原理,进行地层对比并建立等时地层格架。

Handford 和 Loucks(1993)认为,在相对海平面变化中,不同的碳酸盐岩台地类型,会展现出不同的地层响应和层序地层结构。在相对海平面变化中,碳酸盐岩镶边台地的层序地层及其体系域分布与演化的理想化模式可用图 2 – 14 表示。从图中可以看出,碳酸盐岩的层序地层学的研究在很大程度上借鉴了硅质碎屑岩的层序沉积模式,非常类似于大陆边缘经典的碎屑岩层序地层学的沉积分布模式,如低位体系域中发育有低位域前积楔和低位域扇,同时在滨岸线上发育有下切谷(incised valley)。随着相对海平面上升和高位振荡下降,发育有水进体系域和高位体系域等。该碳酸盐岩层序地层学模式与 Posamentier(1988)的经典的碎屑岩层序地层学模式相比,存在一个较为明显的不同点,就是碳酸盐岩的高位体系域的分布区域,有相当一部分处于台地边缘破折线以下,这应该与碳酸盐岩缓坡台地的沉积环境有关。

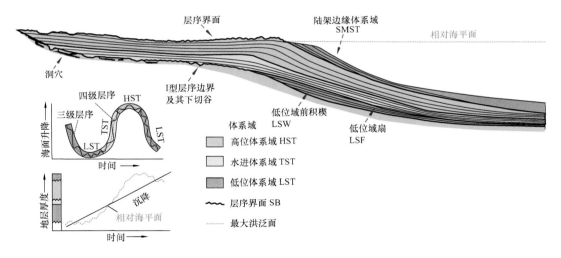

图 2 – 14　热带湿润气候条件下,具有 Ⅰ 型层序边界、镶边台地的碳酸盐岩
沉积层序和体系域叠置的理想化模式图(据 Handford 等,1993)

尽管如此,由于碳酸盐岩与碎屑岩的成因既有相同点,又有许多不同之处,因此,碳酸盐岩的层序地层表现出更多的特点。碳酸盐岩沉积除了也有水动力沉积作用以外,还出现了诸多的新变化:碳酸盐岩的沉积物是内源为主;碳酸盐岩是物理沉积、化学沉积和生物沉积的复合作用;产生碳酸盐岩沉积的主要场所,即碳酸盐岩台地,其水体相对较浅,台地地形又很平缓等。碳酸盐岩沉积的这些因素,在相对海平面的变化中,必然会产生相应的层序地层响应。

以法国南部维尔科斯山区白垩系碳酸盐岩地层 SN3 露头剖面的层序地层与沉积相解释剖面(图 2 - 15)为例,碳酸盐岩层序地层有以下几个明显的特点和变化规律:

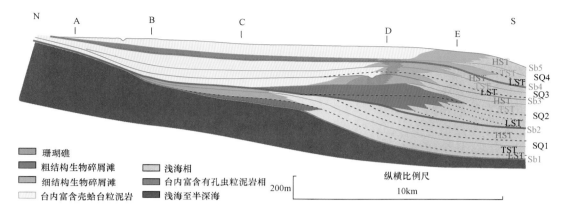

图 2 - 15　法国南部维尔科斯山区白垩系碳酸盐岩地层 SN3 露头剖面的层序地层与沉积相解释剖面

(1)碳酸盐岩层序地层的低位体系域(LST),主要分布在台地边缘及其坡折线以下的区域,其中粗结构的碳酸盐岩主要分布在台地边缘,因为这里海水较浅,水体能量较大,常常发育粗结构的生物碎屑滩的沉积。尤其是当相对海平面明显下降到碳酸盐岩台地边缘的坡折线以下,并产生明显的台地地层剥蚀时,会在台地边缘产生较大规模的粗结构碳酸盐岩沉积,如在层序 SQ2 沉积时,相对海平面下降,发生了前期 SQ1 层序的顶部地层的暴露和削截,使得层序 SQ2 的低位体系域地层及其粗结构碳酸盐岩生物碎屑滩发育。

(2)由于碳酸盐岩台地较为平缓和宽广,在相对海平面的上升和随后的高位振荡中,台地上主要的沉积是水进体系域(TST)和高位体系域(HST)的地层。

(3)碳酸盐岩的台地类型是可以相互转化的,不仅是从通常的缓坡台地到镶边台地的转化,如从层序 SQ1 时的缓坡台地沉积环境转化到层序 SQ2 和 SQ3 时的镶边台地沉积环境;还可以从镶边台地沉积环境,逆向转化成碳酸盐岩缓坡台地的沉积环境,如从 SQ3 的镶边台地转化成 SQ4 的缓坡台地沉积环境。从 SN3 剖面中的层序地层结构分析可以看出,当相对海平面上升到碳酸盐岩台地平台区以上并保持小幅度振荡时,有利于珊瑚礁和滩的岩隆发育。不过,当形成碳酸盐岩台地的镶边以后,若相对海平面发生大规模下降,可能会对碳酸盐岩台地边部的岩隆起破坏作用,又形成缓坡台地沉积环境。

(4)碳酸盐岩台地的底形变化,也会对碳酸盐岩岩相的分布产生影响。如层序 SQ2 和 SQ3 沉积时期,上凸的珊瑚礁两侧伴随着生物碎屑灰岩的发育。尤其是在单斜坡条件下,台地边缘的镶边形成,会对台内碳酸盐岩的岩相产生重要影响,如层序 SQ1 为无镶边发育的缓坡台地,台内发育生物碎屑灰岩,到层序 SQ2 和 SQ3 沉积时期,由于镶边的形成,造成台内水体相对封闭,水体能量减弱,使得台内的富含厚壳蛤的粒泥灰岩发育。

三、碳酸盐岩地层高频层序和高频旋回的作用和等时地层格架的建立

1. 碳酸盐岩高频层序及其高频旋回对地层岩相和物性的控制作用

由前面关于碳酸盐岩层序地层的特点分析可知,相对海平面变化引起了碳酸盐岩沉积旋回和层序的变化,并进一步影响地层岩相的变化。然而,对油气田开发来说,层序乃至体系域级别的地层旋回尺度一般都过大,油藏开发和油藏模拟需要对单旋回和小层级别储层的连通

性以及隔夹层的封闭性进行表征,研究高频旋回和高频层序对储层岩相和物性的控制作用。

相对海平面具有多级次的旋回特征,在地层上也会留下相应的记录。在相对海平面的高频旋回中,海水周期性地淹没和退出碳酸盐岩台地,必然会影响碳酸盐岩地层相应的沉积、剥蚀和分布的变化,形成了地层高频旋回(HFC)。在相对海平面上升中,海水淹没碳酸盐岩台地,台地海水变深,可容纳空间增大,沉积作用面附近的水体能量减弱,沉积了相对细结构的碳酸盐岩。随后,相对海平面处于一个相对稳定期,沉积作用面附近水体能量更弱,也沉积了细结构的碳酸盐岩。然后,在相对海平面下降中,碳酸盐岩台地水深变浅,生物繁殖茂盛,同时水流和风浪作用增强,剥蚀和沉积了粗结构的碳酸盐岩。

重复性和周期性的相对海平面变化,造成了碳酸盐岩地层高频旋回的叠加。在相对海平面上升过程中,形成了水进为主的退积沉积旋回(属于 TST)、加积为主的沉积旋回(属于 HST 的早期)和进积为主的沉积旋回(属于 HST 的晚期)。而当相对海平面下降到台地坡折附近时,还会形成进积为主的沉积层序(属于 LST)。就这样,从 TST 到 HST,再到 LST 的沉积旋回的组合,就形成了高频层序。并且,在这些高频层序及其所包含的地层高频旋回的组合中,形成了碳酸盐岩相应的岩相和物性的分异,如图 2 – 16 所示(Lucia,2007)。

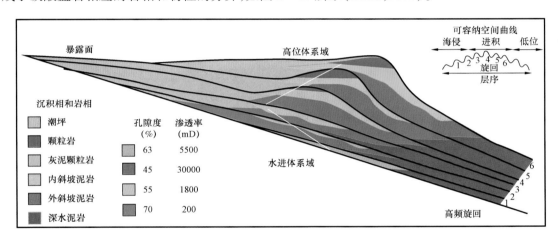

图 2 – 16 相对海平面变化中,碳酸盐岩高频层序及其所包含的地层高频旋回的沉积结构,
以及相应的岩相和物性的沉积分异的示意图(据 Lucia,2007,有修改)

2. 地层对比原则与等时地层格架建立步骤

1)地层对比原则

以对碳酸盐岩层序地层特点和沉积旋回对岩相与物性的控制作用为指导,在进行碳酸盐岩地层对比的过程中,应当遵循以下三个原则:

(1)由于碳酸盐岩台地开阔平缓,层序地层和体系域延展范围很大,它们往往超出了整个油田的范围,因此,在碳酸盐岩的开发地质研究中,关键问题不是追求能划分出完整的体系域分布空间,而是要确定出对储层沉积和分布有控制作用的高频层序,分析和识别这些高频层序及其旋回的界面、特征和成因,然后进行旋回对比。

(2)要弄清楚研究区域性的不整合面和洪泛面的层位和特征,以及这些区域性关键界面与高频层序和旋回的关系。在地层对比中,首先确定好这些关键界面的横向对比关系,再进行下一级的高频层序及其内部旋回的对比。

(3)要研究区域性的不整合面、洪泛面、高频层序界面及其旋回,在岩石物理测井和地球物理地震资料上的物理响应机理、特征和识别方法,进行地质信息刻度下测井和地震多信息的地层对比。

在实际油田的开发地质研究中,有关储层的信息很多,主要来自四个方面:一是钻井的取心资料,特别是连续取心资料,这是研究地下储层特征的最直接的信息;二是岩石物理电缆测井资料,具有测井方法多、物理信息丰富和纵向连续性好的特点;三是地震资料,具有横向连续性好和覆盖范围大的特点;四是地层测试和生产动态资料(主要是油藏压力、流体性质和产量的特征),这是证实地下储层物性、连通性和含油性的直接证据。

2)等时地层格架建立步骤

根据上述有关储层的资料和地层对比的原则,可按照以下主要步骤进行地层对比,并完成研究区的等时地层格架建立:

(1)关键井岩心的沉积旋回的研究。选取油田范围内有取岩心的井,特别是有连续取心井,作为关键井进行研究。研究目的层段及其上下一定延伸范围内地层的岩相、沉积韵律和旋回的变化。从下到上,划分出向上变粗或向上变细的沉积旋回的变化,它们反映出相对海平面向上变浅或变深的信息;还要识别出区域性洪泛面和不整合面以及附近的地层旋回特征。

(2)关键井岩石物理测井曲线响应的研究。选取一组测井曲线,它们对地层的岩相、物性、含油性等属性的变化反应敏感,用于地层对比和储层识别。尽管碳酸盐岩的岩石结构千变万化,但其矿物成分却很简单,主要是碳酸钙(镁),而其中的黏土含量也相对较少,这就会造成许多的测井曲线对碳酸盐岩储层及其岩石结构的响应变化不够明显,再加上碳酸盐岩储层孔隙结构的复杂性,因此需要对测井曲线的探测特性和储层的岩石物理响应机理进行分析,有针对性地选择对储层响应敏感的测井曲线及其组合方式,使得地层对比研究更加有效。表2-2列出了一组最常用的测井曲线及其组合,这些曲线的名称会随着不同的测量年代或不同的测井系列有所变化。对这些测井曲线的左右刻度和叠合方式进行适当地选择,并保持全油田的标准统一,然后对比岩心描述,研究岩相和沉积旋回的岩石物理测井响应特征,再进行关键界面、高频层序和沉积旋回的划分和对比。

表2-2 常用的测井曲线及其组合的地层响应特征和机理

测井名称	常用变量名	储层响应的特征和机理
自然伽马放射性测井	GR	GR 高低反映岩相的粗细和泥质含量高低变化,因为更细的沉积颗粒比表面大,会吸附更多放射性元素,因此具有更强的放射性
地层体积密度测井	DEN/RHOB	反映地层岩石体积密度和地层体积孔隙度的变化。在孔隙度变化不大的条件下,地层岩石密度的变化可以反映一部分岩相的变化
中子测井	CNL/NPHI	通过反映岩石中含氢指数的变化,体现孔隙度的变化;也反映泥质中束缚水和结晶水,即泥质含量的变化
声波速度测井	AC/DT	通过测量沿井壁传播的声波首波的速度,反映岩石中均匀分布的基质孔隙度的变化
长—中源距电阻率测井	RLL/RLLD/RIL/RILD/RILM 等	探测井眼附近的地层电阻率。岩相细、束缚水高,则地层电阻率小,反之电阻率大。同时,岩石孔隙中含油饱和度越高,地层电阻率越高
短—微源距电阻率测井	ML/MLL/SFL/MSFL/SN 等	类似于深电阻率测井,但是其探测深度较浅,主要反映冲洗带和过渡带地层的岩性和含油性变化
深—浅电阻率测井差异	深—浅测井任意组合,如实例中的 RILM - SN	钻井液沿井壁向地层侵入地层,形成冲洗带、过渡带和原状带,深电阻测井反映原状油层高阻,浅电阻测井反映冲洗带低阻。因此,岩性粗和物性好的油层,深—浅电阻差异更加明显

（3）选择相交的过井地层对比剖面线研究。在研究区选择多条过井地层对比剖面，根据关键井的测井曲线的洪泛面、不整合面、高频层序及其沉积旋回的测井响应特点，进行井间的横向对比。在此基础上，根据油藏开发和调整的需要，可能增加新的细分层界线，它们能够区分和体现油层和隔夹层的分布，然后再进行地层的横向对比。

（4）做出与地层对比剖面对应的地震反射剖面，在地震剖面上的井点位置制作合成地震记录，标定出目前的地层界线。分析地震剖面上反射波的同相轴展布及其反射结构的地质意义，检查和修改各井的地质分层层位。

（5）从已知井出发，连接其他井，做出更多的过井地层对比剖面。按上述步骤，完成各井的地层对比。检查各个相互交叉的地层对比剖面上交叉井的地层界线是否一致，需要时进行分层界限的修改，保证其一致性，由此可建立全油田各井和地震资料的等时地层格架。

3. 地层对比与等时地层格架建立的应用实例

按照上述工作步骤，采用岩心、测井和地震资料相结合的方法，对中东某研究区的 Mishrif 组碳酸盐岩进行了小层对比。为了保持沉积旋回所反映的相对海平面变化的完整性，地层对比的范围在目的层（即 Mishrif 组）上下做了一定的延伸。从下至上，各主要地层界面的划分与对比依据如下（图 2-17）：

Tp_Ahmd：Ahmd 层的顶界面，也是本区区域性的洪泛面 MS_K130。有探井钻穿该层，显示为深灰色—黑色的灰泥岩。GR 测井显示极大值，且厚度稳定。在地震反射剖面上，该层界面清晰、分布稳定。

Tp_Rm/Bt_Mish：Rumaila 组（顶）与上覆的 Mishrif 组（底）的分界面，为高频洪泛面。

MZ1_MB：Mishirif 组下部 Z1 段顶界面，也是一个从向上变粗（浅）到向上变细（深）的沉积转换面。该界面也是 Mishirif 组储层最重要的一个成因界面。在该界面下及附近，含厚壳蛤的砾屑灰岩或颗粒灰岩十分发育，层中常见溶孔和溶洞，这些反映出碳酸盐岩礁滩岩隆的顶部在相对海平面振荡中遭受过海水和大气的侵蚀和淋滤作用。由于 Z1 层段上部物性好，在钻井液侵入条件下，围绕着井眼形成明显的钻井液滤液侵入地层的过渡带，形成了地层电阻率垂直于井眼的梯度变化，从而造成了不同探测深度的深浅电阻率测井的差异性（RILM-SN）明显。同时，这种深浅电阻率差异（充填黄色）也是向上变粗（浅）沉积旋回顶部的粗岩相和物性好储层的标志（图 2-17a）。另外，在地震反射剖面上，MZ1_MB 界面的下和上分别有顶部削截和双向下超的反射结构（图 2-17b、c）。

MFS_K140：本区另一个区域性最大洪泛面，可用 GR 测井的局部极大值标识，在横向上有较好的可对比性。层段 MZ3 至 MFS_K140 厚度稳定，岩相较细，物性致密，具有局部物性隔层的作用，把 Mishrif 组分成 MB 和 MA 两大段。

Z6_MA：Mishrif 组的顶部不整合面。由于此时沉积水体很浅并相对封闭，使得水体能量较弱，岩相细，GR 测井值数值较高。

需要说明的是，在油田开发过程中，随着开发井的加密和动态资料的增多，会逐步暴露出以往局部地质分层的问题，也可能与部分动态资料相矛盾。这时，地质分层和对比的方案还需要进行调整和完善。

因此，地层的划分和对比是储层表征的一项最重要的基础工作，直接影响着储层研究结果的可靠性，需要研究者综合、仔细地分析，并不断完善。应当认真研究碳酸盐岩储层的成因，分析储层的测井响应和地球物理响应特征和机理，采用地质、测井和地震资料以及动态资料相互结合的方式进行等时地层对比，才能做出更接近真实地层的对比方案，建立等时地层格架，为储层表征奠定坚实的地质基础。

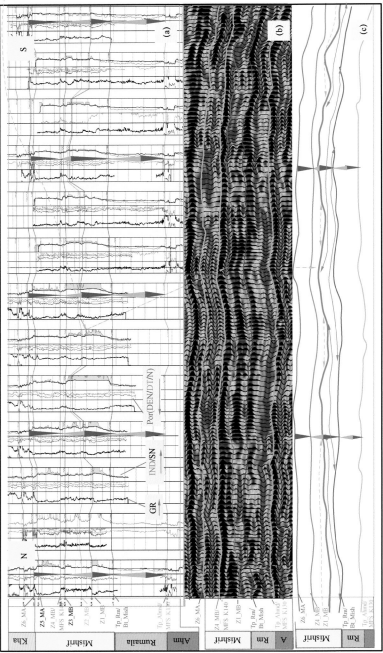

图 2-17　研究区 Mishrif 组目的层多信息地层对比剖面图

(a) 岩心刻度下的多井组合测井曲线 [自然伽马 GR，中子 CNL/密度 DEN/声度 DT、中感应电阻率 IND/短电位 SN 及其差异（黄色）] 小层与沉积旋回对比剖面，其中包括了区域性的洪泛面 MFS_K130 和 MFS_K140，以及有暴露的沉积转换面 Z1_MB；(b) 对应的地震反射波剖面及其层位标定和追踪；(c) 地震剖面上的关键界面和高频旋回界面的地震反射波的结构分析

第三章 碳酸盐岩地层岩石物理测井解释技术

岩石物理测井解释在碳酸盐岩储层表征中起着十分重要的作用,其原因主要表现在两个方面:一是测井资料多,每口探井和开发井中都有,测井资料提供了地层纵向上连续、高分辨率的岩石物理信息;二是测井方法多,它们从声、磁、核、电和放射性等各方面提供了关于储层岩性、物性、孔隙结构和含油性等极为丰富的物理响应信息。

然而,对碳酸盐岩储层的岩石物理测井解释难度较大,这是由于碳酸盐岩岩相复杂、孔隙结构复杂和容易发生成岩改造等。岩石物理测井对不同矿物的响应明确,但对矿物成分相似而其岩石组构复杂多变的碳酸盐岩储层的响应却不够敏感。因此,在碳酸盐岩储层的测井解释中,需要挖掘不同测井方法的岩石物理响应机理,选取或设计有针对性的方法,进行多信息相结合的储层解释。

本章首先分析了碳酸盐岩地层的岩石物理特征和测井响应的定性判别方法。然后,讨论了碳酸盐岩岩相的测井识别方法。在储层参数测井解释的讨论中,抓住了关键和实用的技术方法,并结合探索实践,简要阐述了储层岩性与孔隙度解释、孔隙结构测井响应机理分析与次生孔隙度解释、储层渗透率和饱和度的计算方法。最后,结合实例,概述了常规测井和成像测井的裂缝识别方法,以及有效储层的确定方法。

第一节 碳酸盐岩地层的岩石物理特征和测井响应的定性判别

一、碳酸盐岩地层的岩石物理特征

在岩石物理测井的地层评价中,一般是将地层岩石看成等效的岩石物理体积模型而进行分析和解释的,即将岩石看成由岩石骨架(各种岩石颗粒、灰泥和胶结物)、岩石孔隙(孔、洞和缝)和孔隙中流体(孔隙水和油气)三大部分组成,其中,岩石骨架的岩石物理测井响应是最重要的物质基础。

岩石骨架的物理性质主要取决于其矿物成分。碳酸盐岩的矿物成分主要由方解石和白云石组成,此外,在碳酸盐岩的地层剖面中,经常还会有少量的其他相关的矿物成分,如石膏、硬石膏、岩盐、黄铁矿、黏土矿物和硅质碎屑等。

1. 方解石和白云石的岩石物理特征

方解石的主要成分为碳酸钙($CaCO_3$),在年代较久远的地层中,主要为含有少量的 $MgCO_3$ 矿物的低镁方解石。白云石的分子式为 $CaMg(CO_3)_2$,其中阳离子层与阴离子层相间排列,形成高度的有序结构。在现代碳酸盐岩沉积物中很难见到原生白云岩,基本都是在准同生期或成岩期由含镁方解石转变而来。因此,在自然界中很难找到含 100% 白云石的白云岩,而绝大部分都是含有不同比例方解石的白云岩。

纯方解石和白云石具有明显的岩石物理测井特征(表 3 – 1),在测井曲线上,可以用单个或一组测井曲线进行识别,如方解石的体积密度、声波时差和中子视孔隙度分别为2.71g/cm³、

$46.5\mu s/ft$、0，而白云石的体积密度、声波时差和中子视孔隙度分别为$2.97g/cm^3$、$40\mu s/ft$、2%。在实际的碳酸盐岩地层中，致密纯石灰岩和白云岩的测井值与方解石和白云石接近，然而，如果存在较高的孔隙度和一定的泥质，石灰岩和白云岩的测井值会发生相应的变化，这可以结合其他测井曲线进行综合分析。

表 3 - 1　复杂岩性地层常见矿物的测井特征值

矿物	密度 g/cm³	中子视孔隙度（视石灰岩刻度）（%）	声波时差（μs/ft）	光电系数（b/cm³）
方解石	2.71	0	47.5	5.05
白云石	2.87	1	43.5	3.14
石膏	2.35		52	4
硬石膏	2.96	-2	50	5.08
石英	2.65	-5	51.2	1.81

2. 石膏和硬石膏的岩石物理特征

石膏和硬石膏都属于硫酸盐矿物，但是它们在成因和分布上都与碳酸盐岩地层有着密切的联系。往往在碳酸盐岩向上变浅的沉积序列的顶部，在蒸发台地沉积环境，如潮上带盐坪或蒸发盐湖中的蒸发岩发育。

硬石膏矿物成分为无水硫酸钙，与石膏的不同之处在于它由于地层压实而不含结晶水。它们也有明显的岩石物理特征值（表 3 - 1），可作为测井曲线识别的标志。由于石膏和硬石膏既是重要沉积旋回和沉积相的标志层，也是重要的油气盖层或开发隔层，因此，从测井曲线中识别出石膏和硬石膏具有重要的意义。

3. 黏土矿物的岩石物理特征

碳酸盐岩中的黏土矿物含量相对较少，但对储层物性的影响相对较大，黏土矿物的存在也是储层成因分析的重要判据。因此，黏土矿物的岩石物理特征也应值得注意。

黏土矿物是一种含水的铝硅酸盐，一般常见的有高岭石（$2Al_2O_3 \cdot 4SiO_2 \cdot 4H_2O$）、蒙皂石$[(Al_2，Mg_3)Si_4O_{10}[OH]_2 \cdot nH_2O]$、伊利石（$K_{<1}Al_2[(Si，Al)_4 \cdot O_{10}[OH]_2 \cdot nH_2O$）。黏土矿物会对岩石的电阻率、自然放射性和快中子的减速能力产生明显的影响，这是由黏土矿物本身的成分和结构所决定的。

（1）对岩石电阻率的影响。黏土矿物的颗粒表面带负电荷，当它处于盐溶液中时，将吸附一部分阳离子而形成"吸附层"，还有一部分阳离子在该吸附层之外，形成相对松散的"扩散层"。因此，在外电场作用下，扩散层中这些松散的阳离子，将在黏土颗粒表面相继交换位置而形成电流，这就是黏土颗粒表面的阳离子导电机理。

（2）对岩石自然放射性的影响。由于黏土矿物颗粒小，比表面积大，且有较大的晶格结构，因此在其沉积的过程中会吸附放射性元素的离子，使得含黏土矿物的岩石具有较高的放射性。

（3）对岩石中子减速特性的影响。物质对快中子的减速特性，主要取决于物质中的含氢量。由于黏土矿物的分子结构中含有大量的结晶水和束缚水，因此黏土矿物的减速特性（对中子测井的影响）明显增大，而表现出相对较高的中子测井读值（视中子孔隙度）。

二、碳酸盐岩地层的测井响应判别

1. 碳酸盐岩地层测井响应判别难点

碳酸盐岩地层的岩石物理测井响应的判别要比通常的碎屑岩地层困难许多,这主要表现在许多常用的岩石物理测井曲线在碳酸盐岩地层的测井剖面上表现得不够明显。

最为常用的自然伽马测井,对碎屑岩地层中的石英砂岩、泥质砂岩和纯泥岩会表现出明显的幅值差异。然而,在碳酸盐岩地层中,纯黏土层很少,泥质含量一般也较少,不同岩相的变化主要表现在岩石颗粒的粗细和相对含量的变化,而它们的岩性基本相同,一般都为不同组构的石灰岩或白云岩。因此,它们的自然伽马测井的差异性不明显。

自然电位曲线主要依靠砂泥岩不同电动势产生的自然电位差来识别岩相。而在碳酸盐岩地层中,由于黏土矿物含量较少,岩石化学成分多为碳酸钙,其扩散电动势和扩散吸附电动势均不能显著区分出不同粒度的岩石,因此自然电位曲线不能很好地反映出碳酸盐岩岩相的变化。

在碎屑岩地层中,纯泥岩层易于吸收钻井液滤液,随后还会发生膨胀和井壁破碎,很容易用井径曲线的扩大而识别出泥岩层段。而在碳酸盐岩地层中,纯泥岩段很少,不同岩相段的井径变化也不明显。

2. 碳酸盐岩地层测井响应判别方法

碳酸盐岩地层的岩相和储层的判别最好要结合测井曲线综合图、测井变量交会图和岩石物理测井响应机理的综合分析,由简到难逐步进行,过程如下:

(1)区分出泥质(黏土)含量较多的泥岩段。由于黏土矿物具有较高的放射性和较高的中子减速特性,在测井曲线综合图上,泥岩层段的自然伽马测井与中子测井都具有较高的读值,且表现出同步效应,即自然伽马测井增大(向右),对应于中子测井增大(向左),如测井曲线综合图上的 L1 岩性段(图 3 – 1a)。并且,碳酸盐岩剖面上泥岩段的岩性一般不纯,测井曲线值的变化范围较大,分布区域较广,如中子与密度测井变量交会图上的 L1 分布区(图 3 – 1b、c)。

(2)找出低自然伽马测井值和低孔隙度测井(指中子、密度或声波测井)的致密层段,读出测井曲线平均值,并结合测井变量交会图判断岩性。如 L2 岩性段的自然伽马测井值很小,表明岩性纯和含泥质成分少,并且声波测井值约为 $50\mu s/ft$、密度测井值约为 $2.75g/cm^3$、中子测井值接近 0(图 3 – 1a),这些都接近测井变量交会图上的纯石灰岩(NPHI = 0,RHOB = 2.71)至纯白云岩的骨架点(图 3 – 1b、c),因此可以判断,L2 岩性段为物性致密的纯石灰岩至白云质灰岩段。

(3)从测井变量交会图上,判断测井地层剖面主要的岩性段。如,可以从中子—密度—自然伽马交会图上可判断出,该段地层主要为纯石灰岩和白云质灰岩(图 3 – 1b)。

(4)从测井曲线变化的对应关系上,判断岩石结构的变化。从测井曲线上可以看出,L3 与 L4 岩性段的自然伽马测井值相对增大时,中子测井值并没有相应的增加,表明这两个层段的泥质(黏土)含量并没有增加,而是岩石结构的变细,即灰泥成分的增加。

(5)对于通常的碳酸盐岩地层,可以从测井曲线的"一低两高"特征中寻找相对好的储层段。"一低"就是寻找自然伽马 GR 测井值相对低的层段,"两高"就是该层段还同时具备孔隙度测井(如 DT 或 ϕ_D)值高和电阻率测井值高的特点。如图 3 – 1 中的 L5 和 L6 层段。其中,ϕ_D 为密度 RHOB 测井计算的孔隙度,即

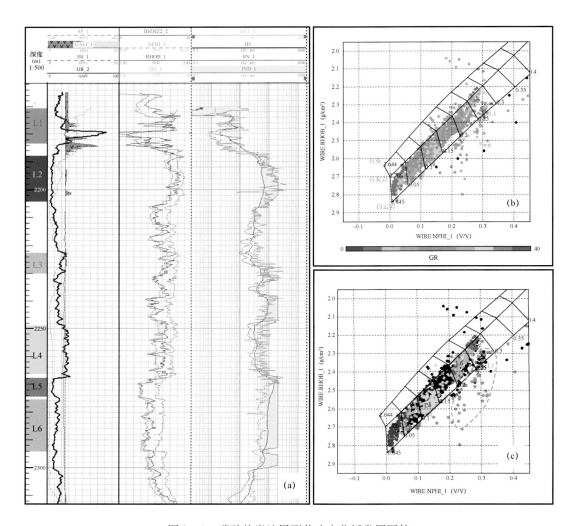

图 3-1 碳酸盐岩地层测井响应分析常用图件

（a）测井曲线综合图；（b）中子—密度—自然伽马测井交会图；（c）中子—密度测井分类交会图。

$$\phi_{\mathrm{D}} = \frac{\rho_{\mathrm{b}} - \rho_{\mathrm{ma}}}{\rho_{\mathrm{f}} - \rho_{\mathrm{ma}}} = \frac{\rho_{\mathrm{ma}} - \mathrm{RHOB}}{\rho_{\mathrm{ma}} - \rho_{\mathrm{f}}} \qquad (3-1)$$

式中　ρ_{b}——密度测井的读值；

　　　ρ_{ma}——纯碳酸盐岩的密度 RHOB 测井骨架值；

　　　ρ_{f}——地层水的密度 RHOB 测井骨架值。

可见，密度孔隙度 ϕ_{D} 的增高，等效于低 RHOB 测井值。

（6）对于特殊的低电阻碳酸盐岩地层，可以用"一低一高"（相对低的自然伽马测井值和相对高的孔隙度测井值）和结合其他的测井曲线组合特征来判断可能的油层。

由于该类碳酸盐岩的岩石结构较细，主要为粒泥—泥粒灰岩束缚水饱和度较高，岩石的孔隙结构较为复杂，在油柱高度较低的情况下，岩石的细孔和微孔内很难充注油气，尤其是当地层水为矿化度很高的咸水时会造成此类石灰岩的电阻率表现为明显的低阻现象。

以中东阿布扎比地区为例，很多碳酸盐岩油田的地层水矿化度为超过 $10^5\,\mathrm{mg/L}$，使得这些油层的电阻率很低,甚至与水层的电阻率差别很小(图3－2)。对这种低阻油层,可以先寻找出低自然伽马和高孔隙度(低密度)的层段,然后用中子与密度测井曲线重叠绘制的方法,通过不同的差异性来判别油水层。因为在中子和密度测井的标准绘图刻度下,对于充满纯孔隙水的纯石灰岩层段,这两条曲线应当重合。但是,当石灰岩孔隙流体发生了变化,这两条曲线的幅度差也会发生相应的变化:当密度 ROHB 小于中子 NPHI,表明岩石孔隙含轻质的油气,使得 ROHB 减小;当密度 ROHB 大于中子 NPHI,表明岩石孔隙含高矿化度咸水,使得 ROHB 增大。

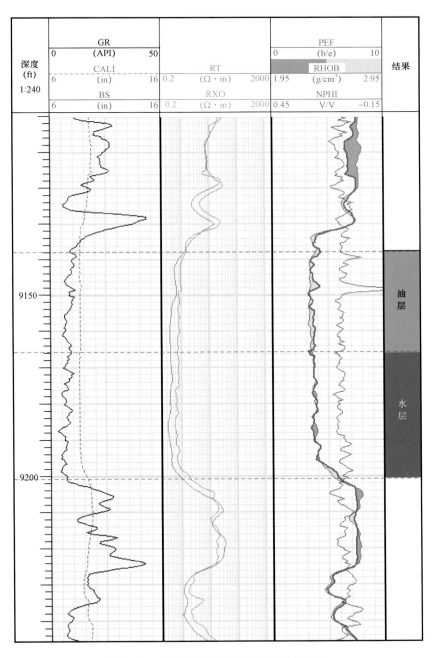

图3－2　碳酸盐岩低阻油层的测井解释图

第二节　碳酸盐岩岩相的岩石物理测井识别方法

由于岩石物理测井主要对岩石的矿物成分较为敏感,而碳酸盐岩却具有矿物成分的单一和岩石组构复杂的特点,因此,用单一的岩石物理测井曲线识别碳酸盐岩岩相的难度大。比如,为区分岩心描述的 5 种岩相,即礁灰岩(或砾屑灰岩)、普通石灰岩(颗粒灰岩)、白垩灰岩(粒泥灰岩)、泥灰岩、泥岩(黏土岩),选用自然伽马 GR、中子 CNL、声波时差 DT、密度 DEN、深感应电阻率 RT 及短电位电阻率 SN 测井曲线组成的六角星形图(图 3 - 3)进行考察,发现不同的岩相在各个单一的测井曲线柱子上不仅分布范围变化较大,而且经常相互重叠,说明用单一的测井曲线识别碳酸盐岩岩相的多解性较大。

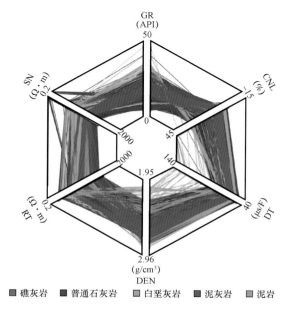

图 3 - 3　碳酸盐岩 5 种不同岩相的 6 测井曲线星形图

若将单一测井曲线扩展到两条测井曲线,采用二维测井曲线的频率交会图的分析方法,则对碳酸盐岩岩相的识别能力会有很大的提高。

采用自然伽马 GR、中子 CNL、声波时差 DT、密度 DEN、深感应电阻率 RT 及短电位电阻率 SN 这 6 条测井曲线进行两两交会,斜对角线为该曲线的频率分布直方图(图 3 - 4)。从这些交会图组合中可以看出,两两一组的测井曲线交会图对不同岩相的点群都有一定的区分度,也有一定的相互重叠部分,但要比单一的测井曲线识别岩相的能力强。其中,相对而言,短电位 SN 与声波时差 DT 的交会图对岩相的识别效果更好,该图能区分礁灰岩、白垩灰岩和泥岩,但对泥灰岩和普通石灰岩区分度要差。

若将曲线信息的利用率进一步扩大,即将识别方法由二维拓展到三维甚至多维测井信息,识别准确率会进一步提高。在不同岩相的三维测井交会图中,各类岩相都有相对集中的分布中心,也具有相互交织又可分辨的边界(图 3 - 5)。对于这种复杂的情况,需要用多维变量的聚类分析方法进行岩相的分类解释。

聚类分析方法是根据各测井曲线的响应特征,对相对同质的特征值进行分类,将其分别归类,从而达到判别样品类别的目的。聚类分析分为监管聚类分析和非监管聚类分析,下面采用的是非监管聚类分析方法。

非监管聚类分析方法对分类的信息不进行人为监管和干预,可提供原始数据的一些不常见的内在信息。在地学研究中,通常采用的基于图形的多分辨率聚类方法(MRGC)。该方法是基于非参数 K 邻近结点算法及图形数据来进行多维度点模式识别的方法,在岩相识别应用中效果较好。

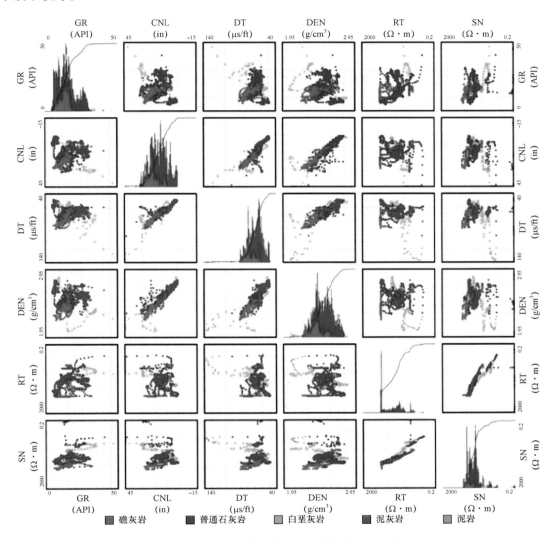

图 3 - 4   不同的测井曲线分岩相的频率交会图

以中东某礁滩型灰岩储层为例,选用了 3 种对岩相比较敏感的测井曲线,即自然伽马 GR、声波时差 DT 和深感应电阻率 RT,采用非监管的聚类分析方法,共识别出 5 套岩相分类方案(模型),它们分别是 9、14、16、22、28 种测井特征相分类。考虑到聚类数太少则不能有效地区分岩石类别,而聚类数太多又可导致数据过于杂乱无序,通过综合分析,选择了聚类数为 16 的分类模型进行岩相解释(图 3 - 6a)。然后,根据对岩心描述结果的学习,将 16 种测井特征相归并成 6 种碳酸盐岩岩相类型,即礁砾屑灰岩、厚壳蛤颗粒灰岩、泥粒灰岩、粒泥灰岩、泥晶灰岩和泥岩(图 3 -6b)。最后,根据 6 种岩相的聚类分析解释模型,对各口井的测井曲线进行解释,就得到了该研究区碳酸盐岩岩相解释结果(图 3 -6c)。

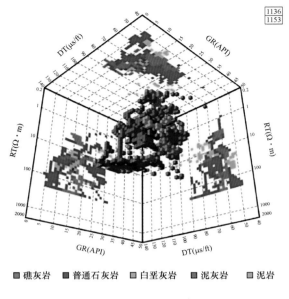

■ 礁灰岩　　■ 普通石灰岩　　■ 白垩灰岩　　■ 泥灰岩　　■ 泥岩

图 3 -5　不同岩相的三维测井曲线交会图

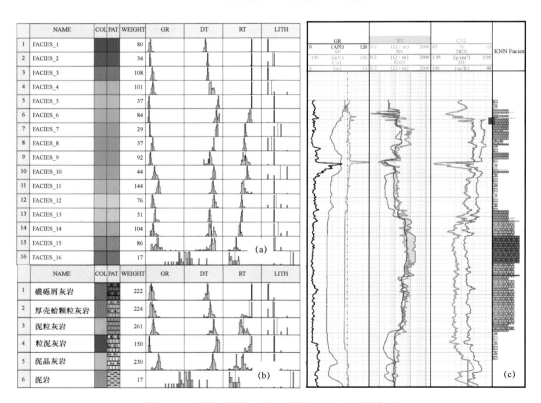

图 3 -6　聚类分析方法识别碳酸盐岩岩相综合图

(a)16 种岩石物理测井特征相的特征统计分析图;(b)6 种碳酸盐岩岩相的特征统计分析图;(c)测井岩相解释成果图

第三节　储层参数的测井解释方法

一、测井响应的岩石体积模型和孔隙度测井解释模型

1. 测井响应的岩石体积模型

岩石的体积模型是岩石物理测井解释的基础,它是将岩石看成岩石骨架和岩石孔隙等若干个组成部分,其中的每一部分都具有特定的岩石物理测井响应特征值,而岩石对某种岩石物理测井(如声波、密度或中子等)的物理总响应为组成岩石各部分的分响应之和(图3-7)。

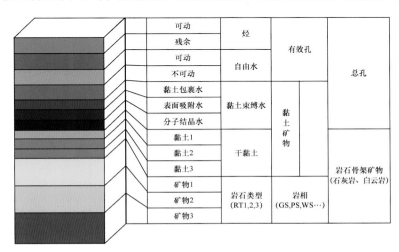

图3-7　一般条件下的岩石物理体积模型

2. 纯岩性和纯水岩石的测井响应方程及其孔隙度解释模型

首先,对一般条件下的岩石物理体积模型进行简化,即将岩石看成由单一岩性的岩石骨架和总孔隙度组成,而总孔隙度中饱含着地层水,就可以得到纯岩性和纯水的岩石体积模型,该模型的岩石物理测井响应方程可以表达为

$$LR_{all} = LR_m \times (1 - \phi) + LR_f \times \phi \qquad (3-2)$$

式中　LR_{all}——总岩石物理测井响应;

LR_m——岩石骨架的岩石测井物理响应特征值;

LR_f——岩石孔隙水的岩石物理测井响应特征值;

ϕ——岩石的总孔隙度。

按照公式(3-2),对于声波 DT(表示成 Δt)测井的岩石物理测井响应方程为

$$\Delta t = \Delta t_m \times (1 - \phi) + \Delta t_f \times \phi \qquad (3-3)$$

对于密度 RHOB(表示成 ρ_b)测井的岩石物理测井响应方程为

$$\rho_b = \rho_m \times (1 - \phi) + \rho_f \times \phi \qquad (3-4)$$

对中子 NPHI(表示成 Φ_N)测井的岩石物理测井响应方程为

$$\Phi_N = \Phi_{Nm} \times (1 - \phi) + \Phi_{Nf} \times \phi \qquad (3-5)$$

若将式(3-3)提取出孔隙度ϕ,进行公式变换,就可以得纯岩性岩石的声波测井孔隙度解释模型:

$$\phi = \frac{\Delta t - \Delta t_m}{\Delta t_f - \Delta t_m} \qquad (3-6)$$

式中　Δt——声波测井实测值;

　　　Δt_m——岩石骨架声波测井特征值;

　　　Δt_f——孔隙水声波测井特征值。

类似地,若将式(3-4)提取出孔隙度ϕ,进行公式变换,也可以得纯岩性岩石的密度测井孔隙度解释模型,即公式(3-1)。同样地,也可以通过公式(3-5)的变换,得到中子测井的孔隙度解释模型。

3. 含泥质岩石的测井响应方程

对于含泥质和单一岩性的岩石,由于黏土矿物特殊的结构特征,黏土矿物中微小的孔隙中一般为不可动的束缚水,因此,需要将泥质与岩石骨架进行区分,此时的岩石物理测井响应方程为

$$LR_{all} = LR_m \times (1 - \phi - V_{cl}) + LR_f \times \phi + LR_{cl} V_{cl} \qquad (3-7)$$

式中　V_{cl}——黏土矿物的含量,可以用自然伽马测井求得;

　　　LR_{cl}——黏土的某种测井响应特征值。

而其他的参数意义同公式(3-2)。这样,就可以利用式(3-7)求得含泥质单岩性碳酸盐岩地层的孔隙度。

4. 双矿物岩石的测井响应方程及其孔隙度解释模型

对于许多碳酸盐岩地层,泥质含量一般较少,岩石往往由1~2种矿物组成,如石灰岩为主的地层,往往在某些层段还有一定的白云石化,形成白云质灰岩等。此时,除地层孔隙度是未知变量以外,两种矿物的含量也是未知变量。在这种情况下,就要根据岩石物理体积模型和两个测井响应方程,建立3个联立方程组,去求解3个未知变量。以最常用的中子Φ_N、密度ρ_b测井为例,其双矿物岩石的测井响应方程组为

$$\begin{cases} \rho_b = \phi \times \rho_f + V_1 \times \rho_{m1} + V_2 \times \rho_{m2} \\ \Phi_N = \phi + V_1 \times \Phi_{N1} + V_2 \times \Phi_{N2} \\ 1 = \phi + V_1 + V_2 \end{cases} \qquad (3-8)$$

式中　ρ_f、ρ_{m1}、ρ_{m1}——孔隙水、矿物1和矿物2密度测井特征值;

　　　Φ_{N1}、Φ_{N2}——矿物1和矿物2中子测井特征值。

通过方程组(3-8)的联立求解,可以求得地层孔隙度ϕ、两种矿物的单位体积含量V_1与V_2。

5. 核磁共振测井孔隙度

核磁共振测井孔隙度(以CMR为例)是根据T_2谱积分得到的孔隙度,它反映了地层所有孔隙空间的孔隙信息,且不受黏土、岩石骨架的岩性因素影响,相当于地层总孔隙度。但是,当

地层孔隙空间中含天然气时,受天然气扩散弛豫的影响,核磁共振测井孔隙度会小于总孔隙度(图3－8)。

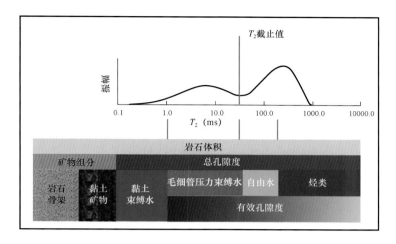

图3－8　核磁共振测井 T_2 谱与各孔隙空间的关系图

用核磁共振测井与密度测井计算储层(特别是气层)孔隙度,类似于中子—密度交会法计算孔隙度,但又优于中子—密度交会法。当地层在井壁附近含气时,气体使得密度测井测量的地层体积密度减小,密度测井孔隙度偏高,过高地估计了地层的孔隙度;但是气体的存在对核磁共振测井(以 CMR 为例)总孔隙度测井曲线的影响正好相反,这是由于气氢指数低、气体纵向弛豫时间长,地层极化不彻底,导致 TCMR 偏低,过低地估计了地层的总孔隙度。因此,把核磁共振测井和密度测井联合起来,可以比较准确地求取经气校正的总孔隙度。

二、碳酸盐岩次生孔隙度的测井响应机理和解释

1. 碳酸盐岩次生孔隙度的测井响应机理

对于碳酸盐岩储层而言,不仅发育有粒间孔和晶间孔等这些原生的孔隙,还会发育有溶蚀孔洞和裂缝这样的次生孔隙。次生孔隙的发育程度往往是碳酸盐岩储层优劣的重要指标之一。

用岩石物理测井资料解释碳酸盐岩储层次生孔隙度的大小,需要认识到各种测井方法的探测特性和岩石物理测井响应机理。当碳酸盐岩储层中发育有溶蚀孔洞时,声波、密度和中子这3种测井方法的探测特性和响应机理是不一样的(图3－9)。

声波测井震源发出声波信号以后,会向井眼和地层扩散传播,其探头被触发和接收的信号是传播速度最快的"首波",而且可以证明这个首波信号就是沿井壁滑行、成井壁管状传播的纵波首波(图3－9a)。当地层内部有非均匀分布的溶蚀孔洞时,声波测井是探测不到的,即使溶蚀孔洞局部被井眼切割,也被部分管状纵波穿过(如图3－9a 中右边红线指示的纵波),而没有穿过溶蚀孔洞的纵波速度更快,会首先触发声波测井的探头,造成声波测井并没有察觉到溶蚀孔洞的存在。因此,声波测井探测的是地层中均匀分布的孔隙度大小,而对于非均匀分布的次生孔隙响应不敏感,只有当溶蚀孔洞足够大,切割整个井眼直径的范围,才能够被声波测井探测到。

密度测井的探测范围是以探测极距为直径的半球空间,其物理响应机理是这半球探测空

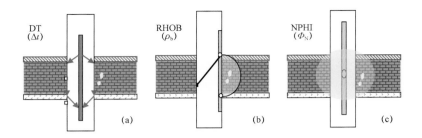

图 3 - 9　声波(DT)、密度(RHOB)和中子(NPHI)测井的探测特性和
对溶蚀孔洞的测井响应机理示意图

间中地层的电子密度大小,与岩石的体积密度成正比,与地层的孔隙度成反比。概括地讲,密度测井探测的是半球空间中地层总孔隙度的大小(图 3 - 9b)。

中子测井的探测区域是距离探头一定范围内全空间地层中含氢指数的大小(图 3 - 9c)。这些含氢指数主要与充满流体的各种孔隙有关,也会受到黏土中结晶水和束缚水含氢指数的影响。此外,中子测井还受流体性质的影响,当岩石孔隙中含有天然气时,中子测井会产生"挖掘效应",导致中子测井孔隙度小于实际的地层孔隙度。因此,经过泥质和含气校正以后,中子测井可以反映地层总孔隙度大小。

2. 碳酸盐岩次生孔隙度的测井解释

根据 3 种孔隙度测井的探测特性和对地层孔隙度的岩石物理测井响应机理分析,可以将碳酸盐岩次生孔隙度的解释模型定义为

$$\phi_{vug} = \phi - \phi_s \tag{3 - 9}$$

式中　ϕ_{vug}——井径尺寸以下、小规模的次生孔洞孔隙度;

　　　ϕ——岩石的总有效孔隙度,通常由密度测井或中子测井求得,也可以用中子—密度测井交会等,求取的孔隙度由式(3 - 8)求取;

　　　ϕ_s——声波测井孔隙度,可以式(3 - 6)求取。

如果地层中的泥质含量较多,则需要对计算的地层总孔隙度作泥质校正后,才能代入式(3 - 9)计算地层次生孔隙度,即

$$\phi = \phi(1 - V_{cl}) \tag{3 - 10}$$

式中　V_{cl}——地层泥质含量,可以由自然伽马测井经过岩样黏土含量校正后求取。

三、储层渗透率的解释

由于碳酸盐岩的岩石组构和孔隙结构的复杂性,使得不同类型碳酸盐岩储层的渗透率变化很大,因此,碳酸盐岩储层渗透率的解释一直是个世界性难题。目前比较常用的碳酸盐岩储层渗透率解释方法主要为孔渗交会法、岩石与孔喉参数分类解释法。

1. 孔渗交会法

孔渗交会是最基本也是最常用的储层渗透率求取方法。该方法主要依据常规岩样的孔隙度和渗透率分析测定数据,在交会图上建立两者之间的关系模型,其中,孔隙度通常采用线性坐标,渗透率采用对数坐标,并采用回归拟合的方式确定孔隙度和渗透率的关系模型。然后,依据岩样建立的孔渗参数的关系模型,就可以利用测井计算的储层孔隙度来直接计算相应的

渗透率值。

对于复杂条件下的碳酸盐岩,储层的孔隙结构差异较大,导致相同孔隙度储层所对应的渗透率可能相差数个数量级,如果采用统一的孔渗交会法来计算储层的渗透率可能会产生较大的误差(图3-10a)。在这种情况下,采用分岩相进行岩样孔渗分析数据的回归分析,分别建立不同岩相储层的孔隙度与渗透率的关系模型,会取得相对比较好的效果(图3-10b)。

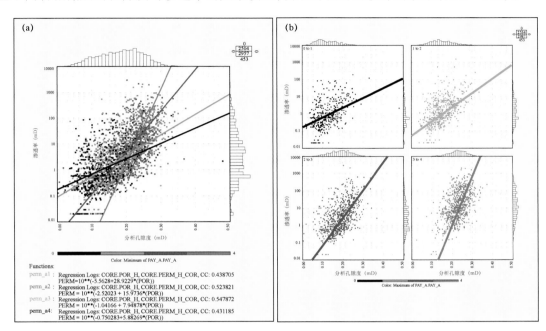

图3-10 典型碳酸盐岩孔渗关系以及分岩相的孔渗回归关系图

2. 岩石与孔喉参数分类解释法

在研究复杂地层条件下储层渗透率解释的过程中,还出现了用油层物理参数和岩石孔喉特征参数的分类表征去建立储层渗透率与相关参数的回归分析的解释方法,可称为岩石与孔喉参数分类的渗透率解释法。目前,比较常用和有代表性的该类方法主要有 Winland R_{35} 图版法、Pitman 图版法和流动指数 FZI 分类法。

Winland R_{35} 图版法是 Winland 基于毛细管压力曲线的表征,而建立的一种关于渗透率、孔隙度和孔隙结构特征参数的回归方程(图3-11)。该方法认为,在岩石毛细管压力曲线中,当进汞饱和度为35%时的毛细管压力所对应的孔喉半径,代表着该岩石孔喉的平均特征,也代表了岩石的渗透率特征,因此,Winland 通过大量样本的回归分析,建立了不同类型孔喉半径下,岩样渗透率的回归方程,即

$$\lg R_{35} = 0.732 + 0.588 \times \lg K_{air} - 0.864 \times \phi \qquad (3-11)$$

式中 R_{35}——进汞饱和度为35%时所对应的孔喉半径;

K_{air}——气测渗透率;

ϕ——岩石孔隙度。

因此,当有了岩样的毛细管压力曲线,可根据求出的特征值 R_{35} 将储层进行分类,然后由储层的孔隙度求得其对应的渗透率参数值。

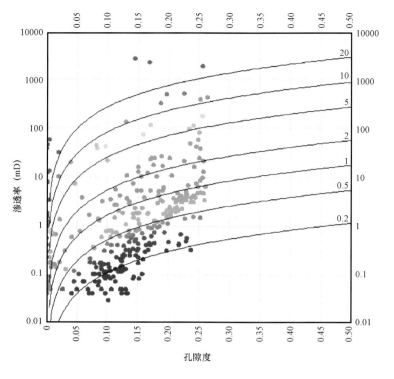

图 3 – 11　岩石分类 Winland R_{35} 图版

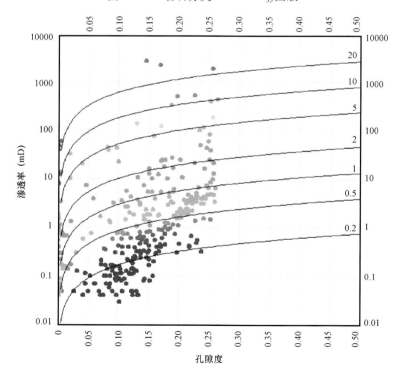

图 3 – 12　岩石分类 Pitman 图版

Pitman 图版法(图 3 – 12)是 Pittman(1992)在 Winland 方法的基础上采用了更多岩样,并修改了 Winland 公式后得到的一种方法,其回归方程为

$$\lg R_{35} = 0.225 + 0.565 \times \lg K_{air} - 0.523 \times \lg \phi \qquad (3-12)$$

该表达式与 Winland R_{35}的表达式极为相似,式中的参数意义与式(3 – 11)相同。

其实,不管是 Winland R_{35}图版还是 Pitman 图版法,都提供了一个重要的研究思路,即不同类型储层的渗透率与孔隙度的关系还与岩石代表性的孔喉参数R_{35}有关。因此,在实际储层表征的过程中,我们也可以用进汞饱和度50%所对应的孔喉半径R_{50}来分类建立类似的渗透率、孔隙度和R_{50}回归方程,并且与 Pitman 图版法或 Pitman 图版法的方程做比较,从中优选出最适合现场的渗透率表达式。

流动指数 FZI 图版法(图 3 – 13)是埃米尔福(1993)提出的一种方法,他依据科泽尼—卡尔曼(Kozeny – Carman)方程推导出了两个新的岩石品质表征参数,即岩石品质因子 RQI(rock quality index)和流动单元指数 FZI(flow zone indicator),用其来描述岩石的孔隙结构,其表达式为

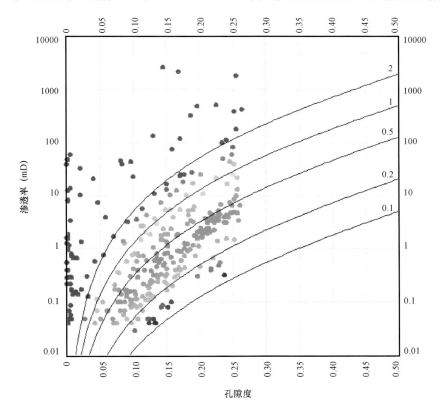

图 3 – 13　岩石分类 FZI 图版

$$RQI = 0.0314 \times \sqrt{\frac{K}{\phi}} \qquad (3-13)$$

$$\phi_z = \frac{\phi}{1-\phi} \qquad (3-14)$$

$$\lg RQI = \lg \phi_z + \lg FZI \qquad (3-15)$$

式中　K——渗透率；

　　　ϕ——孔隙度；

　　　ϕ_z——标准化的孔隙度。

由此可见,如果能通过岩样分析数据求取不同岩石的流动单元指数 FZI,就可以求得不同的 FZI 岩石的孔渗关系式。

四、储层饱和度解释

目前储层饱和度的计算方法主要有两类:一类是岩石物理测井饱和度模型解释方法;另一类是建立在岩石毛细管压力曲线统计分析基础上的饱和度高度模型方法。

1. 岩石物理测井饱和度模型解释方法

阿尔奇(1952)通过研究不同孔隙结构岩石的物性参数与其岩电参数之间的关系,提出了著名的阿尔奇公式,即

$$S_w = \sqrt[n]{\frac{abR_w}{\phi^m R_t}} \tag{3-16}$$

式中　a——岩性系数；

　　　b——与岩性有关的常数；

　　　m——胶结指数；

　　　n——饱和度指数；

　　　R_w——地层水电阻率；

　　　R_t——岩石的电阻率；

　　　ϕ——岩石的孔隙度。

阿尔奇公式揭示了岩石的含水饱和度与岩石孔隙度、孔隙结构、地层水电阻率和岩石电阻率之间的关系,是解释纯岩性储层含流体饱和度的一个基础方程。

以阿尔奇公式为基础,并将岩石中的泥质与岩石骨架看成并联电路,后人又扩展了多个含泥质岩石的饱和度解释方程,其中,比较常用的是西门杜方程和印度尼西亚方程等。

西门杜方程为

$$S_w = \frac{1}{\phi}\left(\sqrt{\frac{0.81R_w}{R_t}} - \frac{R_w V_{sh}}{0.4R_{sh}}\right) \tag{3-17}$$

式中　V_{sh}——泥质含量；

　　　R_{sh}——泥岩电阻率；

　　　其他与阿尔奇公式相同。

当泥质含量 V_{sh} 降为 0 时,该方程即为胶结指数 $m=2$ 的阿尔奇公式。

印度尼西亚方程为

$$S_w = \left\{\left[\left(\frac{V_{sh}^{2-V_{sh}}}{R_{sh}}\right)^{\frac{1}{2}} + \left(\frac{\phi_e^m}{R_w}\right)^{\frac{1}{2}}\right]^2 R_t\right\}^{-1/n} \tag{3-18}$$

式中　V_{sh}——泥质含量；

　　　R_{sh}——泥岩电阻率；

ϕ_e——岩石有效孔隙度;

其他参数与阿尔奇公式相同。

当泥质含量 V_{sh} 降为 0 时,该方程为阿尔奇公式。

在实际应用中,应根据碳酸盐岩储层的特点,结合岩电实验参数及岩心饱和度测量结果,选择最合适的储层饱和度计算模型。

2. 饱和度高度模型方法

饱和度高度模型是基于油层物理和岩石毛细管压力曲线分析而建立的储层饱和度与自由水面以上高度以及储层物性的关系模型。该模型的优点是饱和度计算不依赖储层电阻率曲线,而且在油藏中任意位置的储层单元都可以进行饱和度的计算,因此,它符合动态模型初始化要求,常用于三维储层地质模型中的饱和度场计算。

如果油藏储层是由同一类孔隙结构的岩石组成,并可用代表性的毛细管压力曲线来描述储层岩石的毛细管压力与润湿性流体饱和度的关系(图 3 – 14a),那么,由于岩石孔隙中毛细管压力的作用,油藏中的地层水会沿等效的岩石孔喉毛细管上升到自由水面以上一定的高度,从而使得油藏中不同高度上具有不同的含水饱和度的分布(图 3 – 14b)。

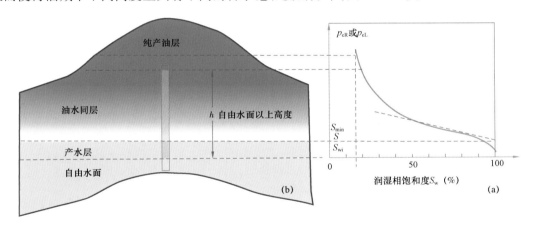

图 3 – 14　毛细管压力曲线与润湿相流体饱和度以及油藏中油水分布关系的示意图

岩石的毛细管压力曲线可以表示为

$$p_{cR} = \frac{2\sigma_R \cos\theta_R}{r} \tag{3 – 19}$$

式中　p_{cR}——油藏条件下的毛细管压力;

　　　σ_R——油藏条件下流体界面张力;

　　　θ_R——油藏条件下不同流体界面的润湿角;

　　　r——岩石孔喉毛细管半径。

在油藏中,岩石的毛细管压力等于等效孔喉毛细管中自由水面以上的液体重量,即

$$p_{cR} = (\rho_w - \rho_o)gh \tag{3 – 20}$$

式中　ρ_w 和 ρ_o——地层水和油的密度;

　　　g——重力加速度;

　　　h——毛细管中自由水面以上的水面高度。

在实际中,岩石中的毛细管压力曲线 p_{cL} 是在实验室中测试的,它是关于润湿相饱和度 S_w 的函数曲线 $p_{cL}(S_w)$,它与油藏条件下的毛细管压力 p_{cR} 所使用的流体体系和相关参数是不同的,两者之间要经过换算,由(3-19)式可以推得

$$p_{cL} = \frac{\sigma_L \cos\theta_L}{\sigma_R \cos\theta_R} p_{cR} \qquad (3-21)$$

式中 σ_L——实验室条件下的流体界面张力;

θ_L——实验室条件下不同流体界面的润湿角。

因此,当知道油藏中某处离油水界面以上的高度 h,就可以通过式(3-20)求得油藏条件下的毛细管压力 p_{cR},也就可由式(3-21)求得实验室条件下的毛细管压力 p_{cL},从而可由毛细管压力曲线 $p_{cL}(S_w)$(图3-14a)求得相应的润湿相流体的饱和度 S_w。

然而,实际油藏中的储层是由多种类型的岩石组成的,它们的毛细管压力曲线形态也是多种多样的。即使在相同的高度上,不同的毛细管压力曲线所对应的含流体饱和度也是不同的。因此,在实际油藏的饱和度计算过程中,要收集各种不同类型岩石的油层物理参数,包括毛细管压力曲线、不同流体密度、油藏条件下的流体表面张力、润湿角、样品的孔隙度和渗透率等。其中,对于毛细管压力曲线还应当做相应的校正工作,主要包括闭合校正和覆压校正等。然后,按照孔隙结构(即毛细管压力曲线形态)分为不同的岩石类型,分别求取不同高度 h 上,油藏条件下的毛细管压力曲线的特征值,如毛细管压力 p_c、含水饱和度 S_w 等,再按岩石类型分别进行回归分析,以建立饱和度高度模型。

目前,饱和度高度模型有多种函数类型,常用的有 Lambda 公式、Leverett J 公式(即 J 函数公式)、Brooks-Corey 公式、Thomeer 公式等。

Lambda 公式的表达式为

$$S_w = S_{wi} + A p_c^{-N} \qquad (3-22)$$

式中 S_w——含水饱和度;

S_{wi}——束缚水饱和度;

A——拟合系数;

p_c——毛细管压力;

N——决定毛管压力曲线形态的系数。

这里的 A、S_{wi} 和 N 均可用物性参数来拟合,而物性参数可为孔隙度、渗透率或岩石品质因子(渗透率与孔隙度的比值),拟合关系可为线性、对数、乘方、指数,甚至其他任意公式。通常来说,拟合时趋向于采用更简单的表达式。

Leverett J 公式的表达式为

$$S_w = S_{wi} + (1 - S_{wi}) \times A \times \left(p_c \times \sqrt{\frac{K}{\phi}} \right)^{-N} \qquad (3-23)$$

式中 K——渗透率;

ϕ——孔隙度;

其他参数与 Lambda 公式相同。

Brooks-Corey 公式的表达式为

$$S_{\mathrm{w}} = S_{\mathrm{wi}} + (1 - S_{\mathrm{wi}}) \times \left(\frac{p_{\mathrm{ce}}}{p_{\mathrm{c}}}\right)^{1/N} \qquad (3-24)$$

Thomeer 公式的表达式为

$$S_{\mathrm{w}} = S_{\mathrm{wi}} + (1 - S_{\mathrm{wi}}) \times \left[1 - \mathrm{e}^{\frac{N}{\lg(p_{\mathrm{ce}}/p_{\mathrm{c}})}}\right] \qquad (3-25)$$

在式(3-24)和式(3-25)中,引入了初始进汞压力 p_{ce} 作为拟合参数之一, p_{ce} 也可用物性参数进行拟合。该公式在碳酸盐岩中也较为常见(图3-15)。

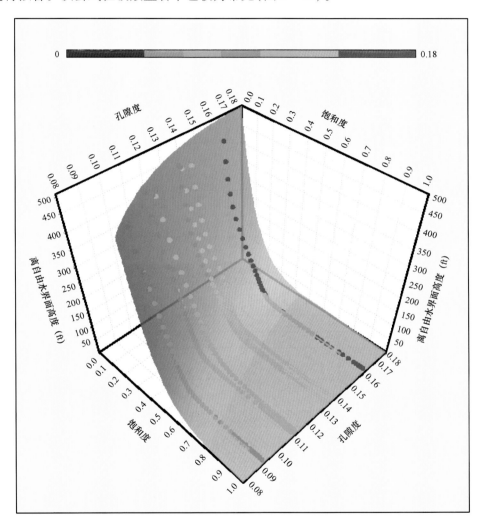

图 3-15 基于 Brooks-Corey 公式拟合的不同类型岩石的饱和度高度模型

拟合之后的饱和度高度模型还需作进一步的验证。验证的方法是将物性代入,观察其毛细管压力是否与实验室数据相匹配,以及将物性与离自由水界面高度代入后,与相应高度上的测井解释饱和度的结果进行比较(图3-16)。当结果符合预期时,便可用其进行饱和度计算。

在将饱和度高度模型应用到数值模拟时,通常还需利用各类岩石的平均物性参数,将饱和度高度模型简化为不包含物性参数的饱和度高度剖面。以便在数值模拟动态模型中实现初始饱和度场的平衡。该步骤计算较为简单,不做详细介绍。

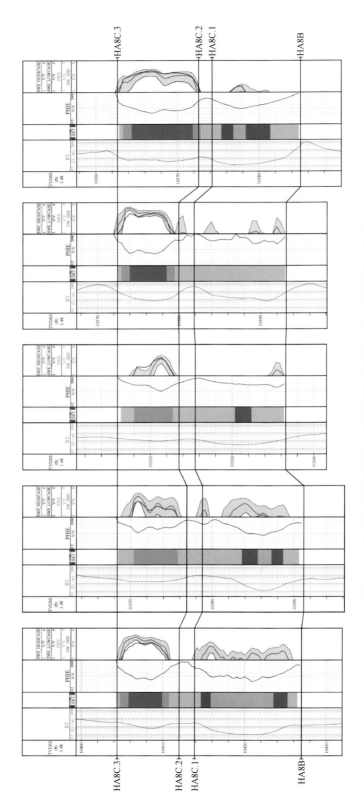

图 3 - 16　饱和度高度模型(红色线)与测井曲线饱和度解释结果的多井对比

第四节　裂缝的测井识别和解释

测井资料解释裂缝有很多种方法,主要分为常规测井裂缝解释方法和成像测井裂缝解释方法。

一、常规测井裂缝解释方法

一般来说,很多常规测井曲线在特定的条件下,都有可能对地层中的裂缝产生一定的响应,成为解释裂缝的信息。如裂缝破碎带的井眼垮塌,导致井径曲线 CAL 异常扩大;低角度或网状裂缝发育到一定程度,会对声波测井产生明显的影响;致密地层中的高角度张开缝会引起深浅双侧向电阻率测井的差异性等。常规测井识别裂缝方法的优点是,资料多,可以在大量的开发井应用。然而,常规测井对裂缝的响应往往与岩性及物性等的测井响应混在一起,具有一定的隐蔽性,需要一定的测井曲线的分析能力去鉴别。在实际工作中,测井与地质专家给出一些较为有效的常规测井裂缝解释模型,可以作为较为明确的裂缝发育程度的检测指标,它们在实际应用中,也取得了较好的效果,例如双侧向测井裂缝孔隙度解释模型和裂缝异常导电性解释模型等。

通过高阻地层中的裂缝测井解释发现,深浅双侧向电阻率的差异与高角度裂缝的发育程度有关,因此,20 世纪 80 年代,提出了一个反映裂缝孔隙度指数的半定量公式(廖明书,1980):

$$\phi_f = \sqrt[m_f]{a_f R_{mf}(C_{lls} - C_{lld})} \tag{3-26}$$

式中　m_f——裂缝性地层胶结指数;

　　　a_f——裂缝性地层岩性系数;

　　　R_{mf}——钻井液滤液电阻率;

　　　C_{lls}、C_{lld}——浅、深电阻率测井值的倒数。

通过实际地层裂缝解释和裂缝测井响应机理分析,我们曾经提出了一个裂缝附加导电性检测的裂缝发育指数模型:

$$Id_{Frc2} = A \mid \Delta R_f(R) \mid + B \tag{3-27}$$

式中　ΔR_f——根据电阻率测井和岩石体积模型计算出的裂缝附加导电性,它们与岩石物性和电阻率有关;

　　　A、B——待定常数。

二、成像测井裂缝解释方法

成像测井的裂缝解释方法主要是微电阻率成像测井。它是 20 世纪 80 年代中后期,在地层倾角测井技术的基础上发展起来的一种高分辨率的电阻率测井仪器。目前,国内外广泛使用的微电阻率成像测井仪器有斯伦贝谢公司的 FMI、阿特拉斯公司的 STAR、哈里伯顿公司的 EMI 等。

微电阻率成像测井信息经过处理和解释后,可得到地层倾角和裂缝的矢量图以及反映井壁地质特征的静、动态图像。微电阻率成像测井资料具有图像直观、分辨率高的特点,在碳酸盐岩地层的缝洞解释和地质分析中作用很大。同时应当注意到,成像测井探测深度很浅,缝洞识别也具有一定的局限性。

在成像测井资料解释中,要结合实际岩心和常规测井的特征,建立各种地质现象的成像测井识别标准。在识别地层裂缝的过程中,要能够区分地层层面、泥质条带和诱导缝等(图 3-17)。

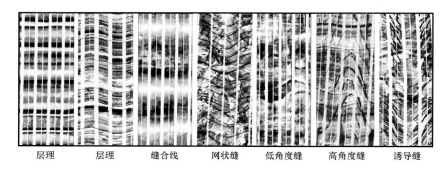

| 层理 | 层理 | 缝合线 | 网状缝 | 低角度缝 | 高角度缝 | 诱导缝 |

图 3-17　典型地质现象的成像测井的图像识别

地层层面常常是一组相互平行或接近平行的电导率异常,各个层面的组合具有韵律性,横向上分布也相对稳定。而裂缝可以切割任何介质,相邻裂缝之间的电导率异常一般既不平行,又不规则。

泥质条带的高电导率异常一般平行于地层层面且较规则,仅当构造运动强烈而发生地层柔性变形时,才出现剧烈弯曲。另外,在常规测井曲线上,泥质条带的去铀自然伽马测井曲线值高;而在裂缝面上,往往是随地下水流动和沉积的铀放射性元素所造成的自然伽马测井曲线值高。

井下地层中的诱导裂缝,是在钻井过程中钻具振动形成的机械破碎,或是钻井造成的地层应力不平衡性释放的结果。一般来说,诱导缝具有规模小、密度大、排列整齐的特点;而天然裂缝具有规模大,裂缝面常遭受不规则溶蚀的特点,且天然裂缝延伸大,在双侧向电阻率测井上有较明显的响应。

第五节　有效储层确定方法

由于碳酸盐岩储层的岩相、润湿性和孔隙结构的复杂性,使得碳酸盐岩储层的有效厚度不仅难以划分,甚至传统的效厚度概念对于缝洞发育的碳酸盐岩也变得具有不确定性。比如,物性很低的碳酸盐岩或泥灰岩,可能通过压裂改造获得一定的油气流。

本书将根据行业标准,按照一般裂缝不发育的孔隙型碳酸盐岩储层,讨论有效储层物性和含油性下限的确定方法。

根据 1988 年 1 月国家发布的石油和天然气储量规范(GBn269—88 和 GBn270—88),储层有效厚度是指储层中具有工业产油气能力的那部分厚度,即工业油气井内具有可动油气的储层厚度。这就要求有效储层必须具有储集和生产工业油气的能力。一般情况下,只有当储层的孔隙度、含油气饱和度和渗透率达到一定的数值后,油气层才具有开采价值,低于这个数值的油气层很难获得开采价值,这些参数值就是油气层有效厚度的下限值,国外称为有效厚度下限截止值。

研究油气层的有效厚度一般要以单层试油资料为基础,结合岩心资料和样品分析数据以及测井资料解释和统计交会技术,制定出储层有效厚度参数的下限标准。目前,有效储层物性下限确定方法主要有经验统计法、饱和度与孔隙度关系法、孔隙度—渗透率交会法、试油法、分布函数法、甩尾法,含油产状法,钻井液侵入法,泥质含量法等等。

一、有效孔隙度下限值的确定

1. 经验统计法

当没有取得相当数量的单层油气测试资料时,很难确切地确定出物性下限,此时可使用经验统计法来确定下限值。

具体的实施过程是:(1)做出全部取心井的样品物性分析数据的直方图;(2)下限值一般取在物性数据累计频率的10%左右(图3-18),可以看出,该累计频率所对应的岩心孔隙度约为10%,此时对应的累计频率曲线也有一拐点,说明可将有效储层的孔隙度下限值划定在10%左右。

统计样品数/总样品数

$\frac{1426}{1427}$

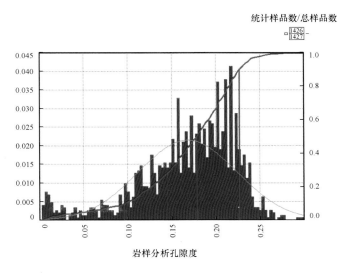

图 3-18　经验统计法确定孔隙度下限

2. 最优趋势法

最优趋势法是利用每米采油指数与相应的物性参数的交会分析,确定出有效储层的物性下限。

图3-19为某油田储层的孔隙度与相应每米采油指数的交会图,其中的每米采油指数来源于PLT生产测井的产量数据,孔隙度和每米采油指数划归到单个射孔层段。从图中可以看出,交会图中的数据点较为分散,这是因为每米采油指数不仅受孔隙度的影响,还与渗透率、含油饱和度等因素密切相关。然而,每个孔隙度都可以找出对应的每米采油指数的最大极限值,表示在此孔隙度下每米每天能采出的极限油量,此值也代表在其他影响因素有利的情况下,孔隙度值对每米

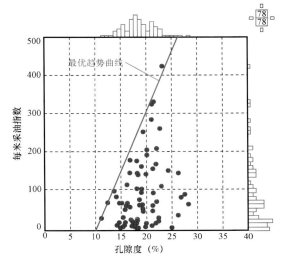

图 3-19　最优趋势法确定有效储层的物性下限

采油指数的影响。因此,可将所有点分布区域的上边界的孔隙度值与每米采油指数的关系曲

线,确定为最优趋势曲线。最优趋势线右侧即为有效储层的孔隙度分布范围,结合每米采油指数的零点位置即可判断出有效储层孔隙度的下限值为 10%。

最优趋势曲线方法得到的下限值比较准确可靠,但该方法需建立在单层试油结果较多的条件下,其对数据点数量的要求较高。

二、渗透率下限值的确定

除可以用与孔隙度类似的经验统计法来确定渗透率下限值外,还可以通过建立孔隙度与渗透率的关系曲线,在确定有效孔隙度下限的基础上,进一步确定渗透率的下限值。利用该方法求得渗透率下限值为绝对渗透率的下限值。

三、含油饱和度下限值的确定

含油饱和度下限值的确定,一般要参考油藏工程中相对渗透率曲线的实验结果。

以油水两相相对渗透率曲线为例(图 3 – 20)。当含水饱和度 S_w 很小,即 $S_w \leqslant S_{wi}$(束缚水饱和度),此时,岩石的孔喉通道基本被油占领,油的相对渗透率 K_{ro} 大于 0.8,而水的相对渗透率 K_{rw} 等于 0。

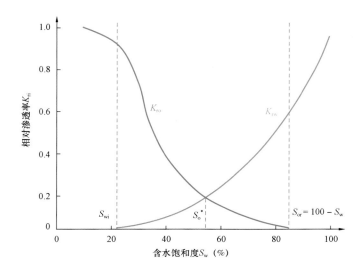

图 3 – 20   油水两相相对渗透率与含水饱和度关系曲线

随着 S_w 的增加,K_{ro} 明显下降,而 K_{rw} 上升,出现了油水两相同流区域。当含水饱和度 S_w 增加到一定程度,水占据了几乎所有的孔喉导流通道,导致油的相对渗透率 $K_{ro} = 0$,此时的含油饱和度就定义为残余油饱和度 S_{or},用下式确定:

$$S_{or} = 100 - S_w \qquad (3 - 28)$$

S_{or} 可以看成油层物理实验确定的含油饱和度的理论下限,在实际油藏开发中,当油层的含油饱和度 S_o 可能在大于 S_{or} 的某个值,就出纯水了。

因此,由相对渗透率曲线确定的 S_{or} 可以当成含油饱和度下限的理论参考值,实际油层的含油饱和度下限可能在油水相对渗透率相等(即 $K_{ro} = K_{rw}$)时的含油饱和度 S_o^* 与残余油饱和度 S_{or} 之间,可以结合相渗曲线特征值、测井曲线饱和度解释和实际生产层试油结果的回归得到。

第四章 碳酸盐岩储层沉积相分布、复杂孔隙结构分类、物性特征的成因分析以及综合表征

在不同的沉积微相环境下,岩相组合与分布特征是碳酸盐岩储层成因的反映。进行不同岩相组合的地质与测井的综合识别,进而研究不同时期沉积微相分布的剖面模型,是揭示碳酸盐岩储层成因的重要手段。不同的储层成因条件下,往往具有不同的储层孔隙结构及其物性特征,因此,对储层微观孔隙的分类和储层物性关系的研究,也要与宏观地层单元和储层类型结合起来,才能对储层属性分布的研究有指导意义。

本章首先分析了碳酸盐岩岩相的岩石物理测井解释的意义和难点,并结合实例,展现了地质与测井相结合的碳酸盐岩岩相的识别方法。然后,根据不同沉积微相单元的岩相组合的测井解释和等时地层对比原理,建立了储层沉积微相剖面模型,揭示了储层沉积和演化的成因规律。在此基础上,结合区域地质背景和横向上储层变化特征,进一步研究了复杂台地条件下碳酸盐岩沉积相带立体分布的概念模型。随后,分析和评价了碳酸盐岩不同孔隙结构分类及其对储层物性研究的作用。最后,结合实例,展现了碳酸盐岩复杂孔隙结构、物性特征和储层成因关系的综合表征方法。

第一节 碳酸盐岩岩相的地质与测井综合解释、沉积相模型的表征及其成因规律

一、碳酸盐岩岩相的地质与测井综合解释

1. 碳酸盐岩岩相测井解释的意义和难点

在取心井的岩心描述和地质分析完成以后,需要对不同岩相的岩石物理测井响应机理进行分析,研究其测井解释方法,以实现利用岩石物理测井曲线解释不同的岩相类型,这样才可能利用大量的探井和开发井网的测井资料,对全油田范围内各井的岩相进行识别,为建立精细的岩相和沉积相模型和成因分析,奠定基础。

在碎屑岩岩相的测井解释中,通常使用一两条测井曲线和不同岩相的测井曲线特征值,进行测井岩相解释,如利用自然伽马测井及其一组特征界限值,来区分纯砂岩、泥质砂岩和纯泥岩,因为岩石物理测井主要对不同的岩石矿物响应敏感,而碎屑岩的这些不同的岩性,如砂岩(石英)、泥岩(黏土矿物)等,本身就是有不同的岩石矿物。然而,如果用单一的自然伽马测井曲线和特征界限值来识别碳酸盐岩的岩相,往往会遇到很多困难。因为除少数含黏土较多的泥质碳酸盐岩以外,大多数碳酸盐岩的自然伽马测井值都比较低,且彼此的测井值也差别不大。碳酸盐岩岩相的分类都是依据它们不同的岩石组构特征,然而这些丰富多样的岩石组构的矿物成分却比较单一,主要为石灰岩($CaCO_3$)或白云岩[$CaMg(CO_3)_2$],因此,用单一的测井曲线往往很难进行碳酸盐岩的岩相识别。例如,颗粒灰岩(grainstone)、砾屑灰岩(rudstone)和灰泥岩(mudstone)的主要差别是颗粒类型、颗粒大小、颗粒与灰泥的相对含量以及支撑结构

的不同,但是它们的矿物成分都是碳酸钙,其岩石骨架的密度测井值都在 $2.71g/cm^3$ 附近,这就造成了仅利用体积密度测井曲线往往难以区分这些不同组构的碳酸盐岩。

另外,有些岩相类型,诸如颗粒质灰泥岩与灰泥质颗粒岩,只是岩石微观结构(即颗粒与灰泥相对含量)的细微差别,纵向上相互之间的变化可能很快,如果将碳酸盐岩的岩相识别类型划分得很细,不仅空间上岩相分布不稳定,它们在测井曲线上识别的可靠性也降低了。更重要的是,碳酸盐岩储层的发育往往与一组岩相关系密切。

2. 地质与测井解释碳酸盐岩岩相的基本思路和方法

鉴于上述情况,在进行碳酸盐岩岩相的测井解释时,可以选用多条对岩石类型响应敏感的测井曲线进行组合运用。这就需要对不同测井曲线的岩石物理响应机理有一定的了解。例如,一般情况下,自然伽马测井、地层体积密度测井和中子测井,对不同岩性、岩石结构和孔隙结构都比较敏感,是最常用的测井曲线。同时,还可以增加深浅电阻率测井系列,用以表征在钻井液压力大于储层流体压力的条件下,渗透性油层和非渗透性致密层,由于其岩石结构和物性的差异,造成了钻井液侵入各自地层不同的深度,从而表现出深浅电阻率测井的差异性不同。另外,还要通过问题的分析,挑选出更多的测井曲线参与岩相识别。

根据取心井的岩心描述,对比多条敏感的测井曲线的岩石物理测井响应特征,考察岩相的分类与测井响应的对应性。此外,还要从储层成因的角度,去定义岩相组合的类型,使得这些岩相组合不仅与储层的发育有关,而且还具有地质成因上的联系(如按沉积微相单元进行岩相组合)。这样解释的岩相组合,既有一定的测井可识别性,还具有空间分布的地质成因规律性,适合于后面对岩相和沉积相空间分布的预测。

在用多条测井曲线进行多维属性空间的交会分析中,确定出要聚类的岩相类型的数量,一般初始设定的岩相类型要大于最终的岩相组合类型的数量;同时,标定出所定义的各个岩相组合的特征值。在此基础上,进行最优的聚类分析,得出初步岩相的分类结果。然后,通过与取心井的岩相特征比较,也要考虑对储层的控制作用,进行岩相类型的合并或分解,从而确定出基于多条测井曲线特征聚类分析的岩相及其组合的解释模型。

最后,将上述岩相解释模型,应用到研究区其他井中,完成对全区各井的碳酸盐岩岩相的测井解释。

3. 地质与测井解释碳酸盐岩岩相的应用实例

在中东 R 油田的研究中,针对其中的 Mishrif 组碳酸盐岩的岩相解释,选取了 4 种敏感的岩石物理测井曲线,它们分别是自然伽马测井、地层密度测井、中子测井和感应电阻率测井。通过 4 维岩石物理测井属性的交会和聚类分析,初始获得了 9 种类型的属性特征群,再通过优化归类,形成了 6 种岩石物理属性类型(RT1,RT2,…,RT6)。然后在对应的岩心描述的井段上,将这 6 种岩石物理属性类型进行岩心的岩相组合标定,最终确定了岩石物理属性类型与沉积微相单元的岩相组合的对应关系(图 4-1)。

从上面的地质与测井相结合的岩相解释结果可以看出:(1)岩石物理测井属性类型与沉积微相单元的岩相组合,可以有较好的对应关系,如岩石物理类型 RT6 对应于 CRB,RT3 对应于 MDROL 等。(2)通过肉眼岩心观察和描述所确定的沉积微相代表着一定规模的岩相的总体特征,然而在这些岩心的岩相内部,岩石的特征并不是均匀的,是有变化的,这种变化在岩石物理属性特征上会有更精细的反映。如 RBPRSC 与 BSC 的岩石物理测井特征点群,在属性空间上分布得非常接近,在纵向上这两个岩相组合也是相互叠置并反复出现的,在地质成因上,

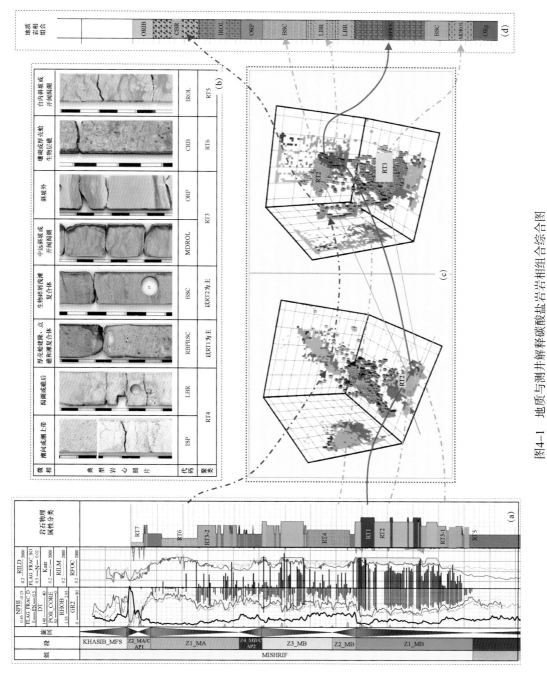

图4-1 地质与测井解释碳酸盐岩岩相组合综合图

（a）关键取心井的岩相测井解释；（b）典型微相单元的岩相组合；（c）不同岩相的多维测井属性空间的交会图；（d）岩心描述的岩相段

它们确实具有很亲近的关系。(3)有些微相单元的岩相组合的测井解释仍然存在多解性。如RT3 可能是 MDROL,也可能为 IROR 的岩相组合,RT4 可能 LBR 或 ISP 的岩相组合。在这种情况下,就要根据不同的地质年代和不同的地层条件做进一步区分。

有了合理的岩相组合的成因分类及其岩石物理测井解释模型,就可以对研究区内开发井网上大量的测井资料进行解释,极大地扩展了关于储层岩相分布和储层成因的地质信息,为进一步的储层成因表征创造了条件。

二、碳酸盐岩沉积相剖面模型的精细表征与成因规律

当有了碳酸盐岩沉积微相单元的岩组合的测井解释,并通过多信息地层对比建立了全区等时地层格架后,就可以根据碳酸盐岩沉积原理和相变递变规律,建立精细的碳酸盐岩沉积微相的剖面模型。通过对该剖面模型的分析,可以揭示不同时期相对海平面变化过程中碳酸盐岩沉积相的分布、叠置和演化规律,结合测井和油层生产动态资料,还可以分析优质储层发育和控制因素。

仍然以中东研究区的 Mishrif 组碳酸盐岩为例。在前面研究工作的基础上,用 13 口井的测井和岩心(其中两口井有连续取心资料)的沉积微相的解释成果,在等时地层格架内,建立起东西向沉积微相分布的剖面模型(图 4 – 2)。该模型包含了从下部的 Rumaila 组到上部的 Mishrif 组,揭示了 9 种沉积微相分布与演化过程。从该模型可以看出:在同一时期的地层中,不同沉积微相单元的岩相随着古地貌产生了沉积的分异;在不同时期的地层中,随相对海平面的变化,碳酸盐岩礁滩复合体发生了相应的进积和退积迁移;沉积相带类型和分布还受到周围环境的影响,展现出更加丰富的沉积相带分布特征;结合测井溶蚀缝解释曲线 FLAG_F 和生产测井的测试剖面(OILB/FD 曲线道),不仅展示了高渗透层的分布,还揭示了优质高产储层的成因机理和发育位置。从下到上,具体分析如下:

(1)下伏 Rumaila 组,主要为低能量、陆架外的开阔海沉积(Flugel,1982)。主要发育一套细粒的灰泥岩和白垩纪灰岩。

(2)Rumaila 组与上覆的 Mishrif 组界线不是很明显,但可以从自然伽马测井和电阻率测井的变化趋势上,综合解释一个洪泛面(K135_MFS),并定义为这两组地层的分界线。从 Rumaila 组顶,向上至 Mishrif 组的顶部,岩相、自然伽马测井、电阻率测井曲线及其深浅电阻率差异等,都表现为振荡变浅的中期旋回,还可以进一步划分出 6 个短期旋回。

(3)MZ1 层位于 Mishrif 组下段 MB 层的早期,是一套向上变浅的沉积旋回,表现出沉积微相从 MDROL 逐渐过渡到 BSC 和 RBPRSC。但在剖面的不同位置,各个沉积微相的分布和叠置是不同的。在剖面中部 R08 井附近,处于相对高的古地貌环境,这里的 RBPRSC(具有粗岩相结构)最厚,也最早发育。这个现象反映出,古地貌高点处,由于水体较浅、阳光和氧分充足,是造礁生物最先生长的理想之地。同时,在浅水和高能环境下,在相对海平面振荡的过程中,海水和风浪的侵蚀使得礁滩体遭受剥蚀和破碎,以后又沉积并成岩,使得粗结构的碳酸盐岩发育。

横向上沿等时地层界面可以看出,在 MZ1 段相对海平面下降的过程中,粗岩相的 RBPRSC 逐步向两侧的相对低部位进积分布,并产生由近到远、由粗到细的岩相分异。

在相对海平面的振荡下降中,古地貌高部位的礁滩体(R05 井、R08 井和 R09 井)会不断向上生长并接近海平面,出现经常性的短期暴露,接受风浪和雨水的溶蚀和淋滤,使该层段上部的溶蚀孔隙发育,还会出现异常高渗的溶蚀薄层段(Hperm)的发育。R09 井的生产测井

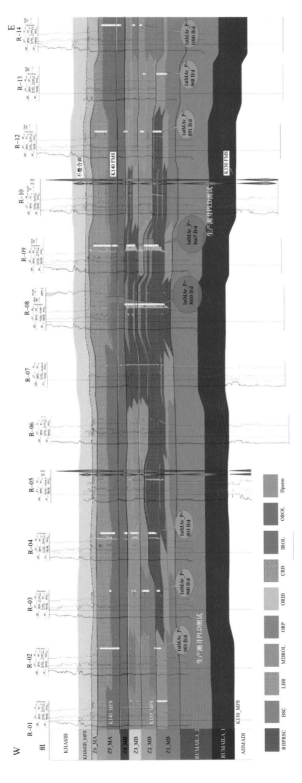

图4-2 Mishrif组碳酸盐岩沉积微相精细剖面模型

RBPRSC为厚壳蛤建隆，点礁和滩复合体；BSC为生物碎屑浅滩复合体；LBR为潟湖或礁后；MDROL为中远斜坡或开阔潟湖的台内灰泥沉积；CRB为厚壳蛤生物层礁；IROL为台内缓坡或厚壳蛤生物层礁；OROL为斜坡外或开阔潟湖；ORP为斜坡外；ORIB为富含有机质的台内远斜坡或开阔潟湖。Hperm为溶蚀孔洞发育的高渗透层段。可以看出，在同一时期的地层中，不同的沉积微相单元的岩相均低产生了由粗到细的沉积的分异；在不同时期的地层中，随相对海平面的变化，碳酸盐岩礁滩复合体发生了相应的进积和退积迁移，沉积相带类型和分布还受到周围环境的影响，展现出更加丰富的沉积相带分布模式。结合测井溶蚀缝释曲线FLAG_F和生产测井的沉积剖面（OILB/FD曲线道），不仅展示了高渗透层的分布，还揭示了优质高产储层的成因机理和发育位置

— 71 —

显示,MZ1顶部的两层溶蚀高渗透层,是该井产量的主要贡献层段。

(4)MZ2层以向上变深的高频沉积旋回为主,其沉积微相向上,转变成水体更深的沉积相带。在MZ2的地震反射剖面上,具有上超的反射结构,既佐证了岩心上覆的MZ2层与下伏的MZ1层为Mishrif组内的不整合接触,又反映出在相对海平面上升过程中沉积中心的迁移。沉积相剖面模型清楚地揭示出一个重要的现象,就是早期形成的厚壳蛤礁滩岩隆在MZ2沉积时期向剖面中部萎缩。而在礁滩岩隆的两侧,都发育有潟湖沉积,这与威尔逊等标准的碳酸盐岩沉积相带模式有所不同。出现这种现象的原因是,在剖面的周围地区,也发育有其他的碳酸盐岩礁滩岩隆、点礁和滩的复合体,它们的协同作用会对水体有封闭作用。由此表明,实际的碳酸盐岩沉积相带分布往往具有多样性和复杂性。

MZ3层主要为向上变浅的高频沉积旋回。剖面中部(R08井)的礁滩复合体又恢复了向东西两侧的扩张。而在该主礁滩岩隆的顶部,由于水体浅和相对海平面的高低振荡,经常处于短时的暴露,接受风浪和大气的侵蚀和淋滤,使其顶部的高渗透溶蚀层发育。生产测井显示,MZ3层沉积时期礁滩岩隆的顶部,溶蚀面高渗透层发育,是主要的高产层段,生产测试的产油量大于3000bbl/d。

Z4_MA层为区域性最大洪泛面K140_MFS附近,整体属于缓坡外或开阔潟湖沉积环境。该层的岩相较细,储层物性差,主要起到分隔Mishrif组下段MB与上段MA的隔层作用。

Z5_MA层为Mishrif组上段MA的主要储层段,为一套向上变浅的沉积旋回。其下部为台内缓坡沉积,向上演化成CRB。MA层的沉积相与下部的MB层沉积的最大不同点是MA层的碳酸盐岩生物碎屑滩不发育。并且,在局部低洼地区(如R05井Z5_MA层上部),岩心可观测到强烈的白色钙质和石膏胶结现象;在测井曲线上,表现出最低的自然伽马测井值和致密的孔隙度测井值。这些反映出,随着相对海平面的下降,到了Z5_MA层,水体很浅和能量相对较小,并导致在局部低洼处水体相对封闭,出现了准同生的蒸发成岩环境。

Z6_MA层为Mishrif组顶部的细粒薄层,岩相主要为富含有机质的灰泥岩,属于台内低能量的沉积环境。此时,出现这种低能量的沉积环境可能与区域上Mishrif组台地边缘出现了镶边台地的封闭性有关。该层的顶面,以自然伽马测井曲线GR表现为薄层和尖峰状高值为特征。

在此以后,Mishrif组顶部为不整合面,缺失了Kifi组,而直接被Khasib组覆盖。

二、复杂台地类型碳酸盐岩沉积相带的立体分布模型与成因规律

前人关于碳酸盐岩理想的沉积相带模式,为分析和理解碳酸盐岩沉积相的分布提供了很好的指导。更值得深入思考的是,能够认识到这些相带分布模式所隐含的关于碳酸盐岩沉积和分布的成因机制,即碳酸盐岩沉积和分布是在相对水深(反映水动力)、海底地形(即古地貌)和生物礁体(碳酸盐岩重要来源)的共同作用下,产生的沉积分异的结果。因此,应当结合研究区具体的情况进行分析,不断完善和发展碳酸盐岩沉积相的分布模式和成因规律。

碳酸盐岩沉积相的立体概念模型是对碳酸盐岩沉积体系、沉积背景(台地)和沉积相分布与演化的高度概括,对碳酸盐岩储层的成因和分布规律的分析具有重要的指导意义。要建好这样的沉积相立体概念模型,需要深刻理解碳酸盐岩沉积原理和沉积相带分布规律、沉积台地的结构和研究区碳酸盐岩沉积物的特征。

在法国南部威尔科尔山区碳酸盐岩野外露头剖面的描述和分析中,已经认识到碳酸盐岩缓坡和镶边台地相互转化的成因机制,即当相对海平面在台地破折以上振荡时,容易产生镶边台地的沉积环境;当相对海平面下降到台地破折线以下振荡时,会出现台地的暴露和对已有的

镶边沉积的剥蚀。

另外，中东 Mishrif 组碳酸盐岩的岩心描述和沉积微相精细剖面模型已经揭示出，碳酸盐岩的礁与滩不仅是相邻的沉积微相单元，而往往是相互叠置和交织在一起的，形成礁滩建隆。在碳酸盐岩主要的礁滩建隆两侧，都可能发育生物碎屑滩和半封闭的潟湖。碳酸盐岩沉积出现的这种新情况，主要由以下两方面原因造成：

（1）Mishrif 组碳酸盐岩的造礁生物以厚壳蛤为主，伴生少量的珊瑚和海绵等。虽然每一期厚壳蛤集群可以定殖生长，但不同期次的厚壳蛤群体之间的骨架链接却不十分紧密。因此，在风浪的作用下，厚壳蛤的礁体（集群）更加容易破碎；且在相对海平面振荡中，随着碳酸盐岩沉积相带的迁移，厚壳蛤礁和滩往往是相互叠置的。这种现象从 Mishrif 组碳酸盐岩的岩心描述和沉积微相剖面模型中都可以得到证实，如 RBPRSC、BSC。

（2）本研究区位于中东米索不达米亚盆地（Mesopotamian Basin）。Mishrif 组碳酸盐岩沉积于白垩系中一个大型的碳酸盐岩浅水台地环境（图 4 - 3）。该台地有两个古高地及其相应的高能相带（Aqrawi 等，1998），总体呈北西—南东分布。其中的一个高能相带，位于台地东部的边缘的阿偌玛（High Arama）古高地。此处有厚约 300 ~ 400m 的 Mishrif 组碳酸盐岩地层，也发育有类似的厚壳蛤礁滩复合体。另一个高能相带位于台地西部，近似平行于古海岸线分布，该相带的西部临近潮上带的蒸发台地环境。本研究区属于第二个高能相带，位于从井 WQ - 1 至井 R - 131 之间约 240km² 的范围内；距离台地东部的第一个高能相带约 150 ~ 200km。在台地的北面，还有一浅水开阔海，其东北部与深海相连，南部与研究区的北西侧相连。

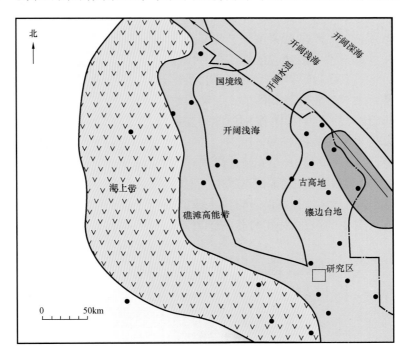

图 4 - 3　米索不达米亚盆地及其碳酸盐岩台地的古地理沉积环境图（据 Aqrawi 等，1998）

根据本区关于 Mishrif 组碳酸盐岩岩相、沉积相和沉积微相分布剖面等的研究成果，并在区域沉积环境上，参考关于 Mishrif 组沉积时期碳酸盐岩台地特征的文献，建立了 Mishrif 组沉积早期（MB 段）的碳酸盐岩沉积相立体概念模型（图 4 - 4）。

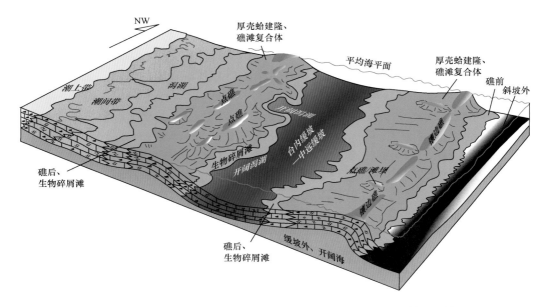

图 4 - 4　复杂台地类型的 Mishrif 组（MB 段）碳酸盐岩沉积相立体概念模型

　　由该立体概念模型可见,在 Mishrif 组碳酸盐岩沉积时期,由于古地貌的影响,在台地东部和西部的两高地区域,分别发育了两组厚壳蛤建隆和点礁滩复合体的沉积体系。东部高地的沉积体系靠近台地的边缘,发育规模更大,产生的沉积微相包括厚壳蛤建隆和礁滩复合体、点礁和滩坝、纵向滩坝、礁前/斜坡和斜坡外。西部高地的沉积体系也发育了厚壳蛤建隆、点礁滩复合体,点礁和生物碎屑滩等。值得注意的是,台地西部发育的潮下带/潟湖沉积微相,比较接近经典潟湖相带的发育区。而台地中部的台内缓坡/开阔潟湖相带的发育受到两方面作用的结果:一是受到东部台缘生物建隆和礁滩体镶边的封闭影响;二是被台地北部的开阔浅海所连通。由于北部开阔浅海的连通作用,海水循环和能量的作用增强,在西部厚壳蛤建隆和点礁滩复合体的两侧,都发育了生物碎屑滩。

　　在相对海平面下降的过程中,厚壳蛤建隆和礁滩复合体向两侧发生了进积作用,随着古地貌的高低和海水能量的强弱变化,岩相也发生了由粗到细的沉积分异作用根据 Mishrif 组碳酸盐岩沉积微相剖面模型。高地顶部的点礁体水深很浅,在相对海平面的振荡中,会出现短时的暴露,接受风浪和大气水的风化,使得带状的碎屑滩发育。

第二节　碳酸盐岩储层复杂孔隙结构的分类、物性特征的成因分析和综合表征

一、碳酸盐岩储层孔隙类型和孔隙结构分类研究的原则

　　碳酸盐岩岩石往往具有多种孔隙类型和复杂的孔隙结构,这是由碳酸盐岩岩石本身的物理化学性质及其地质成因所决定的。通过岩心观察和岩石薄片的鉴定,可以识别出碳酸盐岩岩石的多种孔隙类型,如粒间孔、粒间溶孔、晶间孔、晶间溶孔、粒内控、铸模孔、生物骨架溶孔、窗格孔、不同规模的溶蚀孔洞和裂缝等。这些不同类型和不同尺寸孔隙的分布,以及与相应喉

道的配置,可以组成碳酸盐岩复杂的孔隙结构。

不同孔隙类型的碳酸盐岩往往具有不同的岩石物理特征,研究碳酸盐岩孔隙空间的分类、孔隙参数表征、孔渗关系模型等,是岩石物理和石油地质专家们不断努力的目标。

岩石的孔隙空间及其孔隙结构,总体上属于微观空间范畴,它们是在碳酸盐岩的沉积和成岩过程中产生的,与碳酸盐岩的岩相与沉积相类型、成岩环境以及不同时期的地层都可能有着密切的关系。因此,在碳酸盐岩储层的孔隙类型和孔隙结构的研究中,既要能够结合储层物性的表征,又要与宏观储层单元联系起来,才能够有利于储层岩石物理测井与地震的表征,才能够进行油藏尺度的储层分布预测研究。

二、碳酸盐岩不同孔隙类型的划分及其对储层物性的控制作用

1. 阿尔奇的岩石结构和孔隙空间的分类及其对储层物性研究的作用

对于研究岩石物理及其测井解释的技术专家来说,印象最为深刻的莫过于阿尔奇的饱和度响应方程(Archie's saturation equation)。这一方程揭示了储层岩石的饱和度、孔隙度和孔隙度指数等与岩石电阻增大率之间的响应关系;也是岩石物理测井解释的一个十分重要的基础方程。在这个成果的研究过程中,阿尔奇(1952)也成为最早将不同的岩石基质、孔隙类型与岩石的物理特性进行关联研究的先驱。

阿尔奇将碳酸盐岩基质结构与孔隙空间分成了 4 种类型,包括肉眼看不见的 3 种类型(类型 I、类型 II 和类型 III)和可见的第 4 种类型(类型 IV)。其中,类型 I 碳酸盐岩在 10 倍的双筒显微镜下,能显示出其基质的晶粒呈相互致密排列,看不到明显的晶间孔隙空间,该岩石类型相当于现今岩石分类的灰泥岩(mudstone)或泥晶白云岩(dolomudstone)。类型 II 岩石在显微镜下可以分辨出 1 ~ 10μm 的孔隙空间,其基质的颗粒直径也小于 50μm,具有"土壤状"或"白垩状"结构。类型 III 碳酸盐岩具有"砂糖状"的颗粒结构,其孔隙空间大于 10μm,小于钻井岩屑(约 2000μm),相当于部分颗粒碳酸盐岩(grainstone)或灰泥质颗粒碳酸盐岩(packstone)。在类型 IV 的岩石中,肉眼可观测到孔隙空间,包括大于钻井岩屑直径的溶蚀孔洞。

阿尔奇研究了这些不同类型岩石的基质结构、孔隙大小等岩石物理属性以及与电学性质的关系,成功地建立了不同条件下,即不同的导电孔隙空间弯曲度(孔隙度指数 m)的情况下,岩电属性参数的响应方程。尽管如此,阿尔奇的这些岩石和孔隙的分类并不等同于岩石与孔隙的地质成因分类。例如,同样满类型 III 岩石孔隙类型的生物碎屑灰岩、鲕粒灰岩或晶粒白云岩,可能具有不同的沉积和成因环境。因此,往往出现这样的情况,同一种阿尔奇岩石与孔隙的类型,其岩石类型分界与储层成因边界并不同,也分不清,也就不能进行井间类型对比,以及做出储层空间的分布预测。

2. 乔奎特—普瑞岩石孔隙成因分类及其特点分析

乔奎特—普瑞(1970)通过研究碳酸盐岩孔隙的成因及其与岩石组构的关系,提出了一种更加精细的碳酸盐岩孔隙空间的表述与分类方案(图 4 - 5)。他们的孔隙类型的分类方案给出了 15 种基本的孔隙空间类型,根据孔隙与岩石的组构是否有选择性关系,还将这些孔隙空间归并成 3 个组合类型,即岩石组构选择性孔隙、岩石组构非选择性孔隙,以及岩石组构选择或非选择性孔隙类型。

可以认为,乔奎特—普瑞的孔隙类型的表述和分类方案体现了碳酸盐岩孔隙的成因、形态的多样性和复杂性,这对于碳酸盐岩及其孔隙成因的研究也十分重要。这个岩石孔隙类型的

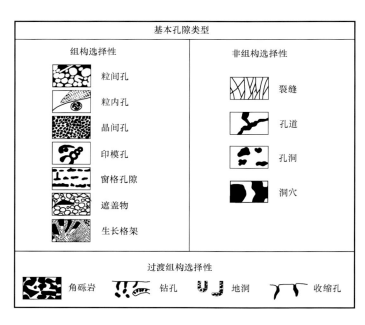

图 4 - 5　乔奎特—普瑞岩石孔隙成因分类

分类方案一直在碳酸盐岩的储层研究中得到广泛的应用。

应当注意到,乔奎特—普瑞关于碳酸盐岩孔隙类型的概念和分类方案是分析和认识碳酸盐岩孔隙成因的重要思路,然而用于碳酸盐岩储层表征还存在一定的局限性。

首先,乔奎特—普瑞的碳酸盐岩孔隙分类并不能够体现不同孔隙类型对储层物理性质的控制作用。不管是岩石组构选择性还是非选择性的孔隙,都不能断定其对储层物性一定是好还是不好。即使是同一种组构选择性的孔隙类型,如粒间孔、铸模孔或窗格孔,可能具有不同的孔渗变化特性,需要分开研究。当用阿尔奇方程来表征时,如果储层的孔隙度一定,那么细结构的碳酸盐岩要比粗结构的碳酸盐岩具有更长和更弯曲的导电孔隙路径。因此,在阿尔奇饱和度公式有更大的孔隙度指数 m。

其次,很难以乔奎特—普瑞的孔隙类型进行井与井之间的地层对比,或进行储层空间分布的预测。这是因为对于同一段储层,往往具有多种孔隙类型和复杂的孔隙结构,往往不能够将孔隙类型单独分开来,也不能够区分其不同孔隙类型的边界。即使像粒间孔、晶间孔和铸模孔这样同一类组构选择性孔隙类型,也具有不同的地质成因、分布特征和控制因素。

3. 卢西亚的孔隙空间分类及其与物性关系的研究

卢西亚(1983)认为,最具实用性的岩石孔隙空间的分类是粒子间孔隙(interparticle porosity)和溶蚀孔隙(vuggy porosity)。其中,粒子间孔隙包括粒间孔隙(intergrain porosity)和晶间孔隙(intercrystal porosity),而溶蚀孔隙又进一步可分成相互连通的溶蚀孔隙(touching vug)和仅通过基质连通的溶蚀孔隙(separated vug)。

从储层的岩石物理性质分析,碳酸盐岩的骨架颗粒是不良导电体,具有很高的电阻率。而连通的粒间孔或晶间孔,因地层水含有丰富的离子,是良好的导电体。不管是粒间孔还是晶间孔,都具有相似的导电特性,因此都可以归结为粒子间孔隙。而卢西亚分类把溶蚀孔隙定义为明显地大于粒子间孔隙,包括了粒间溶孔、晶间溶孔、铸模孔、生物骨架孔和更大规模的溶蚀孔洞。这些溶蚀孔隙的特征和其本身的连通性,决定了它们的孔渗关系、导电性能和毛细管压力都与粒子间孔隙的性质不同。裂缝一般为非沉积或成岩的成因,也包含在溶蚀孔隙类型中,主要是考虑到裂缝的岩石物理特性与粒子间孔隙的不同。由此可见,卢西亚的孔隙分类主要也是为了表征不同的岩石结构和孔隙类型,及其所具有的不同的岩石物理特性。该分类与阿尔奇分类的关系很密切,对储层物性的解释很有帮助。

更进一步,卢西亚还通过不同地区油田实际资料的分析,得到了在溶蚀孔隙不发育的条件下不同晶粒大小的岩石,其孔渗关系分布也具有明显的分带性(图4-6)。卢西亚的这个实验结果是根据白云岩储层的物性分析得到的,它反映出,不同晶粒大小的岩石,其孔隙空间与孔隙喉道的尺寸不同,因此,造成了岩石的渗透率与孔隙度的关系也不同。后来,这一孔渗关系实验,又推广到颗粒灰岩储层中,得出了类似的结论。

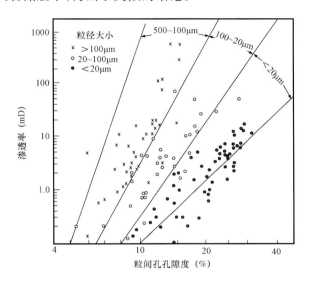

图4-6　溶蚀孔隙不发育条件下不同粒径碳酸盐岩的孔渗交会图(据 Lucia,1983)

与前面阿尔奇的岩石基质与孔隙结构的分类方法类似,卢西亚关于碳酸盐岩孔隙的分类方法对建立储层的孔渗关系模型很有利。在实际储层的物性表征中,经常需要结合不同地质时期和不同类型的储层,进行储层孔隙分类和物性关系的研究。

三、碳酸盐岩复杂孔隙结构储层物性的成因分析和综合表征

1. 储层物性特征分类表征的 Rock Typing 方法

埃米尔福(1993)提出了一种根据储层物性品质分类的物性表征方法。他提出的一组表征储层品质的计算公式包括储层质量指数 RQI、标准化(单位体积)的有效孔隙度占比 ϕ_z 和层流动指数 FZI(式3-13、式3-14和式3-15)。从这些储层品质的定义公式可以看出,RQI 的物理意义与单位有效孔隙度的渗透率有关,反映的是孔隙联通的有效性,也与孔隙喉道特征有关。而 FZI 又可以表示成 $FZI = RQI/\phi_z$,它与 RQI 的物理量纲相同,也与单位岩石体积中有效孔隙度的渗透性或孔喉的几何特征有关。

如果将实际取心井的岩样分析数据带入式(3-15)中,有 $\lg RQI = \lg \phi_z + \lg FZI$,可做出不同的 FZI 条件下(相当于不同的孔喉几何特征)储层品质参数的关系图版,即在双对数坐标上,RQI 与标准化的有效孔隙度占比 ϕ_z 为一组平行斜线(图4-7a)。对于不同的 FZI,渗透率对数与孔隙度的交会图为一组近似平行的变化曲线(图4-7b)。

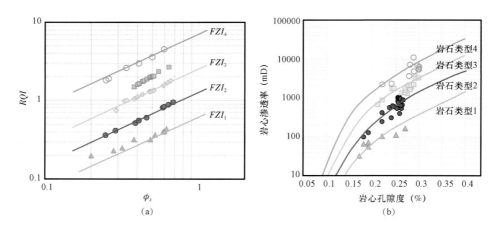

图 4-7 不同 *FZI*(不同的孔喉几何特征)条件下储层品质参数之间的关系图版示意图
(a) *RQI* 与 ϕ_z 的双对数交会图;(b)孔隙度与渗透率的对数交会图

由此可见,如果按照 Rock Typing 方法的定义公式,用岩石孔渗数据对岩石进行分类,并计算出不同类型岩石的层流动指数,则可以建立不同类型岩石的孔隙度与渗透率的关系曲线(图 4-7b)。在实际储层表征中,储层孔隙度的求取问题已经基本解决,用测井曲线解释的储层孔隙度与样品分析孔隙度的统计误差一般在 1% 以内。尽管如此,储层渗透率参数一般都不能用测井曲线直接求取,通常是通过岩样渗透率分析数据与孔隙度数据建立回归模型,或是用岩样渗透率数据刻度特殊的核磁测井,以求得岩石的渗透率。如果想用 Rock Typing 方法,建立不同岩石的渗透率解释模型,就需要知道不同类型岩石的层流动指数,但层流动指数本身就需要用未知的渗透率数据计算出来。这样,只能通过其他的途径来近似地确定 *FZI*。例如,可以根据有岩样物性分析数据的井先计算出 *FZI*,再将各个样品的 *FZI* 与同深度点上的一组测井曲线进行聚类分析,建立用测井曲线计算 *FZI* 的解释模型,将该解释模型应用于没有岩样分析数据井的测井曲线,求出不同深度上的 *FZI*。最后,根据解释图版,由孔隙度求取相应的渗透率。

综上所述,根据物性数据分类进行储层参数表征的 Rock Typing 方法,有着明确的岩石物理意义,能建立不同孔隙类型(不同的 *FZI*)储层的孔渗变化关系模型。然而,在某些复杂储层条件下,这种方法对于不同类型储层的评价和分布规律的预测也会遇到困难,这是因为在复杂储层条件下,不同深度段上储层的层流动指数的变化可能非常快,甚至在很短的井段上可呈现跳跃变化,这些不规则的变化超出了地震数据的识别精度,也就很难进行井—震的储层分类识别和储层分布预测。

  2. 碳酸盐岩复杂孔隙结构储层物性的成因分析与表征方法

从前面的分析可以看出,对于碳酸盐岩复杂孔隙结构储层的研究,既不能局限于纯粹的孔隙类型的成因分类,而缺乏相应的物性的表征方法;又不能局限于不同类型物性参数的研究,而难以进行地质成因单元上的储层横向对比。因此,围绕着储层预测和储层地质建模的根本目的,任何一种碳酸盐岩复杂孔隙结构储层的物性研究,应满足三个原则:(1)应考虑实际条件下,不同孔隙结构岩石的物性特征及其参数表征;(2)具有地质成因单元上的可对比性和进行空间分布规律的研究;(3)能够用岩石物理测井进行分析计算,并且可以进行地质—测井—地震一体化的储层单元的分布预测。根据这三个原则,结合碳酸盐岩油气藏的实际资料,将碳酸盐岩复杂孔隙结构储层的研究分成 4 个步骤。

1) 不同孔隙结构储层段的孔渗特征分析

在大多数实际情况下，某一段碳酸盐岩储层都是以某种类型的孔隙结构为主、其他孔隙结构为辅，因此，在研究中应当抓住代表性孔隙类型的物性特征这个主要矛盾，兼顾储层的地质成因段划分，进行综合储层成因分析及其物性参数计算。

以我国新疆塔里木盆地塔中 Z 油田的石炭系 C_{II} 油组的碳酸盐岩储层为例（图 4-8、图 4-9）。从总体上看，该储层段的孔渗数据点分布很散，不具备单一趋势的孔渗分布规律，这也是复杂孔隙结构碳酸盐岩储层孔渗关系的常见现象。然而，将孔渗交会图上的数据点逆向追寻到实际测井曲线剖面的储层段上，并结合地质资料分析后发现，不同孔隙结构的储层具有不同的孔渗关系，并具有特有的地质特征。

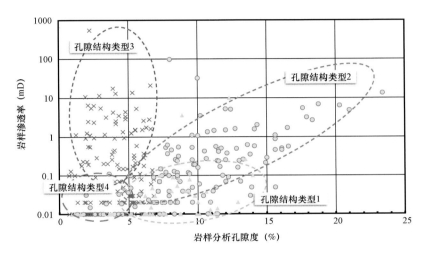

图 4-8 不同孔隙结构碳酸盐岩储层的不同的孔渗关系交会图

（1）孔隙结构类型 1，为中—低孔隙度、低渗透率型。该类储层物性最大的特点就是储层孔隙度的增加对其渗透率的影响很小，说明该类储层的孔隙空间相互被低渗透率的岩石基质孤立，孔隙之间的连通性很差，造成储层孔隙度的增加时，其渗透率并没有相应的增加，且渗透率数值低，在本例中渗透率大多小于 0.1mD。

（2）孔隙结构类型 2，为中—高孔隙度、相对高渗透率型。该类储层的一个最显著的特点就是当储层孔隙度的增加，对应的渗透率也随着明显增加，说明该类储层孔隙空间相互之间的连通性好，储层孔隙度增加，孔喉几何尺寸也增加，导致储层渗透率增加。通过孔渗数据回归分析，可以建立相关系数较高的孔渗关系数学模型。

（3）孔隙结构类型 3，为低孔隙度、相对高渗透率型。尽管该类储层的孔隙度一般小于 6%，但其渗率却相对较高，且渗透率的增加趋势具有随机性，与储层孔隙度变化关系不明显。

（4）孔隙结构类型 4，为低孔隙度低渗透率型。该类储层具有极低的孔隙度（一般小于 5%）和极低的渗透率（一般小于 0.1mD），实际上为非储层，代表着物性致密的岩石基质部分。

2) 不同孔隙结构储层的地质成因分析

分析不同孔渗关系储层的分布位置及其地质成因，是进一步认识储层的基础，也是进行储层识别和预测的重要依据。可以将孔渗数据按照采样深度映射到相应的测井综合解释剖面上，以便进行深入地综合分析和验证（图 4-9）。

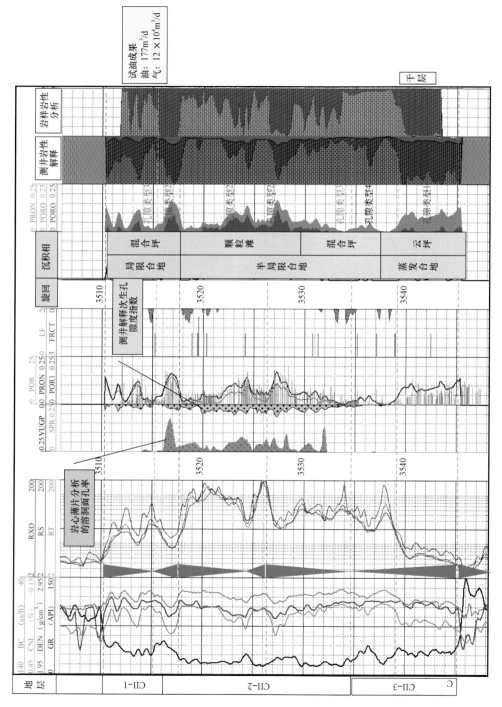

图4-9 碳酸盐岩复杂孔隙结构储层的测井与地质综合解释剖面（塔中Z油田C$_{II}$油组）

孔隙结构类型1的储层主要发育在 C_{II} 油组层段的底部,厚度约为 6m。其岩相为泥晶白云岩(俗称土状云岩),属于蒸发台地上的云坪沉积环境。在此高盐度的沉积环境下,主要形成含膏质泥晶白云岩、藻纹层泥晶—细粉晶白云岩等。白云岩晶体较细小,多呈半自形—他形,且受到风沙和灰尘影响,晶体较浑浊,边界不清,还常含有细粒的陆源碎屑(图 4 - 10a)。有的岩石薄片上还可以观测到少量的泥裂或膏质充填的泥裂构造。这些现象的出现,标志着干旱和高盐度的蒸发白云化环境。相对于石灰岩,尽管白云化能使储层的孔隙度增加,但是这种微细的泥晶间的孔隙空间很小,又没有明显的溶蚀孔发育,还有陆源泥质杂质,所以其储层孔隙空间的连通性很差,渗透率很低。分层试油证实,该类储层基本为干层。

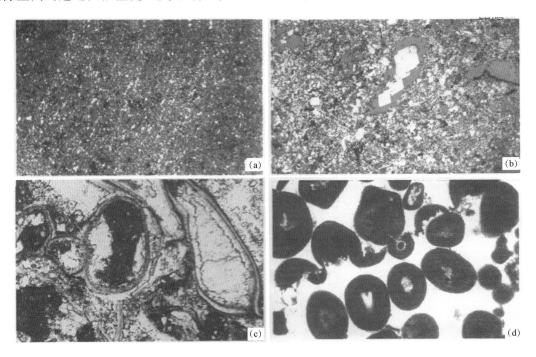

图 4 - 10　不同岩相和孔隙结构的碳酸盐岩岩石铸体薄片

(a)泥晶白云岩,晶间微孔(肉红色),伴有陆源碎屑(白色);(b)泥粉晶白云岩、细晶白云岩,晶间孔和溶孔发育(红色);(c)亮晶生屑灰岩,多期胶结,第一世代马牙状方解石胶结物,围绕生屑外缘或孔隙边缘生长,后期等轴状的硬石膏胶结,充填于孔隙中;(d)亮晶鲕粒灰岩,鲕粒同心层不清晰,见压溶缝

孔隙结构类型2的储层主要发育在 C_{II} 层段的中上部。在岩心上可观测到大量的针孔或小溶洞发育。岩石薄片鉴定有灰质粉晶白云岩、含生屑粉晶白云岩和白云质鲕粒灰岩等。其中,常可见到泥晶基质被交代成白云石化,并伴随着大量的生屑铸模孔和晶间溶孔(图 4 - 10b),还可见到部分隐晶质石膏、针状石膏和膏模孔等。这些现象可以解释为,在半局限台地的浅滩或潮坪环境中,石灰岩经历了蒸发泵白云石化、渗透回流白云石化的作用,且在相对海平面振荡过程中有过暴露大气水成岩环境,在渗流带和潜流带上部的淋滤溶蚀作用下形成大量的对碳酸盐岩结构的选择性溶蚀。因此,该类储层最显著的特点,就是发育各种非均匀分布的溶蚀孔洞和铸模孔。

由于 C_{II} 油组碳酸盐岩埋藏较深和地质年代较老,经历了埋藏压实和胶结等多期强烈的成岩作用。如图 4 - 10(c)所示,储层经历了多期胶结作用,第一世代为马牙状或短柱状方解石胶结物,围绕着颗粒外缘或孔隙周边生长,后又有第二世代硬石膏胶结物,几乎充填于整个孔隙之中。又如图4-10(d)所示,尽管为相对高能的鲕粒滩沉积环境,但是经过胶结和强烈压实作用,使得鲕粒压溶和破碎,出现了颗粒缝合线这样的压溶构造。因此,对于孔隙类型3和4这类的白云化和溶蚀作用不发育的石灰岩层段,其储层的物性很差,只不过孔隙类型3的储层发育了一些裂缝,改善了储层的物性。

3)不同孔隙结构储层的岩石物理测井响应机理及其解释方法

当认识到不同孔隙结构储层的物性特征和成因规律之后,还要能够落实到岩石物理测井的解释上,才有进一步储层表征的意义。为此,需要研究不同孔隙结构的岩石物理测井响应机理和解释方法。

溶蚀孔洞的发育常常是优质碳酸盐岩储层的特征标志。如 C$_{II}$ 油组的孔隙结构类型2的储层,就是本区最好的储层,具有很好的孔隙度和渗透性,动态测试一般获得高产油气流。根据地质成因分析,溶蚀孔洞具有岩石组构的选择性,且具有非均匀分布的特点,不像细小的泥晶间的孔隙,到处都有。因此,根据岩石物理测井的响应机理,密度测井的探测空间是以发射源到接收器的极距为直径的半球形地层体积,探测的是此体积范围内地层中电子密度(正比体积密度)的变化,反映出此范围内储层总孔隙度的大小(图4-11a)。而声波测井的探测范围,是沿井壁地层滑行的首波,反映的是均匀分布的孔隙度,主要是基质孔隙度(图4-11b)。这样,将密度测井得出的孔隙度,减去声波测井得出的孔隙度,总体反映出储层总孔隙度与基质孔隙度的差值的相对变化,可称作溶蚀孔洞孔隙度指数,可以用式(3-9)计算,或者简化成如下的公式计算,即溶蚀孔洞孔隙度指数 VUGP 为

$$VUGP = \phi_{DEN} - \phi_{AC} \approx \phi_{总} - \phi_{基质} \qquad (4-1)$$

式中　ϕ_{DEN}——密度测井计算的孔隙度;

　　　ϕ_{AC}——声波 AC 测井计算的孔隙度。

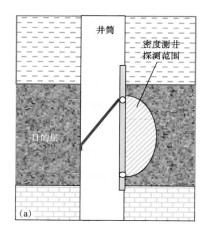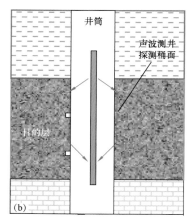

图4-11　不同岩石物理测井响应机理示意图

(a)密度测井探测范围;(b)声波测井探测范围

从实际测井解释效果看(图4-9),测井解释的溶蚀孔洞孔隙度指数与岩心描述的溶蚀孔洞面孔率的分布层段基本一致,说明测井解释的 VUGP 确实反映出岩心上溶蚀孔洞的发育强度和分布范围。测井解释的 VUGP 还与该层段的白云岩化的强度关系密切,体现出白云岩化

和溶蚀孔洞发育,具有成因上的关联性。

这样一来,可以从不同孔隙结构储层的物性关系分类到相应的储层单元的地质成因分析,再归结到测井响应机理分析和物性参数的解释模型的建立,然后可以用一组特征参数的条件判断,从测井曲线上识别出不同孔隙类型的储层段,还为井震储层预测奠定了基础。如本例中,在用溶蚀孔洞孔隙度指数大于零指标,识别出孔隙结构类型 2 的储层后,再根据孔隙度小于 5% 判定为孔隙结构类型 4 的非储层,对于剩下的层段,可由白云岩含量不小于 75% 和裂缝指标是否大于零这两项指标,分别判断是否属于孔隙结构类型 1 还是孔隙结构类型 3 储层。

第五章　地震信息分类、波阻抗反演、储层属性重构和储层成因单元地震地层学的方法

从通常意义上讲,地球物理勘探方法包括了重力、磁法、电法、反射或折射地震、测井等。不过,对于目前大多数油公司而言,地球物理勘探就是指应用最广泛的反射地震学的勘探,简称地震勘探。

地震勘探资料中,蕴藏着极为丰富的关于地下地层和油气储层的信息,是储层表征必不可少的基础资料之一。对地震资料进行地质解释,属于地球物理场的反演问题。由于地震信号一般为多层地层、复杂岩性和不同物性岩石的传播和反射信号的叠加,再加上噪声的干扰,就造成了地震信息的地质解释,尤其是从单一的地球物理学科领域进行的地质解释,往往存在多解性和不确定性。因此,进行地质、测井和地震等多学科的综合解释,就成为提高地震地质解释成功率的一个有效途径。实践表明,要进一步提高复杂地质条件下地震的解释效果,不要仅仅局限在地质、测井和地震等各个学科解释数据接口的简单对接,而是应该从储层的地质成因出发,弄清控制储层地质成因的物理响应机理和表征方法,进行多学科融合的储层成因表征和预测,才能够得到更多更好的储层表征方法,取得更好的地质解释效果。

本章首先分析了地震勘探的原理和信息采集的特点,对各类地震信息及其与储层地质信息的关系进行了分类归纳,并强调了地震反射波属性场空间分布结构信息的重要性。然后,结合实例,简要分析了测井约束下地震波阻抗反演的方法和提高储层预测效果的条件。在弄清储层地质成因的基础上,研究了岩石物理测井响应机理及其表征方法,通过测井与地震资料的储层属性重构,对复杂岩性储层的分布进行了预测。最后,分析了地震地层学和层序地层学的发展、基本原理和储层表征的特点。在遵从地震地层学和层序地层学基本原则的基础上,系统提出了储层成因单元地震地层学的概念、方法和应用实例,展现出储层成因表征和成因预测的新方法。

第一节　地震勘探原理和信息采集特点、地震波属性分类及其与地质信息的关系

一、地震勘探原理和信息采集特点

在油气地震勘探中,所要采集的最主要信息是经地层传播和反射的地震波信号,它是由人工激发的脉冲地震波,经过地下地层介质的传播和衰减,再由不同的地震波阻抗界面反射到地面,被地震检波器接收。具体过程简述如下:

设地下有 i 层地震波阻抗反射界面 R_1、$R_2 \cdots R_i (i=1,2,\cdots,n)$,在地面由 O_1、O_2 和 O_3 点分别激发地震波 $\delta(t)$,如图 5−1(a)所示。这些激发的地震波向下传入地层,经过不同的地层波阻抗反射界面 $R_i (i=1,2\cdots,n)$ 又反射回到地面,并分别由地面位置的检波器 X_1、X_2 和 X_3 接收到。这三组发射与接收组合对 O_1—X_1、O_2—X_2 和 O_3—X_3,具有对称性,即对称于地层共中心

点 CMP 处的法线。而接收点 X_1,距离 CMP 的法线最近,可以称这三个接收点 X_1、X_2 和 X_3 为 X_1 的共中心点地震道。

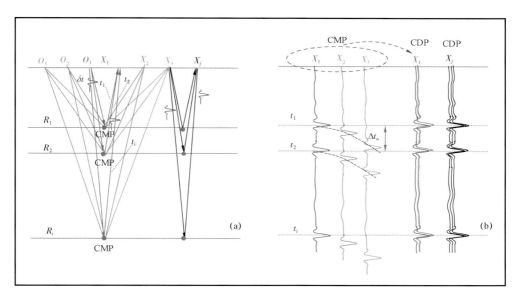

图 5-1 地震勘探信号采集与校正原理的示意图

在 O_1—X_1 发射和接收的组合对中,X_1 点检测到的地震波为时间的振动函数 $X_1(t)$(蓝色),其中,反射尖峰波分别来自地下反射界面 R_1、$R_2 \cdots R_i$,相应的时间为 t_1、$t_2 \cdots t_i$(图 5-1b)。而在其他发射—接收对的地震记录中,如 O_2—X_2 的 $X_2(t)$(绿色)和 O_3—X_3 的 $X_3(t)$(桃红色)。由于从地震波发射—CMP 点反射—地面检波器(X_2 和 X_3)接收时,地震波所运行的路径不断加长,所以在相应的地震记录 $X_2(t)$ 和 $X_3(t)$ 中,界面 R_1、$R_2 \cdots R_n$ 的反射波出现的时间比 $X_1(t)$ 也要越来越长,根据增加的距离除以速度,可算出增加的时间 Δt_n。

在地震室内处理工作中,将从野外组合检波器中抽出这些具有共中心点 CMP 的地震道集,称为解编。然后,选择适当的地震速度,求出各个检波器地震记录的时差 Δt_n,进行动校正。经过校正,各个具有共 CMP 点地震道记录[如本例的 $X_1(t)$、$X_2(t)$ 和 $X_3(t)$],对于各个地层波阻抗界面 R_i 的反射波出现的时间相同。将它们水平叠加,就形成了共深度点 CDP 地震道集记录,记作 $\mathrm{CDP}X_1(t)$。

由于人工炮点在测线上是逐个移动和不断激发的,因此,同 X_1 接收点一样,对于测线上其他位置的检波器 X_j,也可以抽取对应于 X_j 点的地层共中心点 CMP 点法线的各个地震记录道信号,经过动校正和水平叠加后,就得到相应 X_j 位置的共深度点 CDP 地震道集记录 $\mathrm{CDP}X_j(t)$。

这种叠加(也称多次覆盖)的地震反射波,使得有用的地层反射信号大大增强,压制了随机分布的噪声,地震波的信噪比大大提高。这样就可以得到纵轴为地震波的下行、上行的双程旅行时间,横坐标为各个 CDP 点大地坐标的地震反射波记录剖面。

当然,要获得合格的地震叠加后数据体,还需要一些其他的处理流程,如偏移和零相位处理等,这些可以查阅专门的关于地震勘探原理和处理方法的文献。上述内容作为储层综合表征的需要,目的是为了理解和分析地震反射信号原理、属性和在储层研究中的作用。

二、地震波属性的特点、分类及其与地质信息的关系

从地震勘探原理和信号采集的过程来看,地震数据体及其地震反射波剖面,都是对地层结构、岩石属性及其所蕴含的地质信息的综合响应。人工激发的地震脉冲波(实际为受到大地综合滤波和衰减作用后形成的地震子波),在地层传播的过程中会被不同的地震波阻抗界面反射,再传回地面的检波器,在此过程中,地层不同的波阻抗界面的分布、产状与组合、地层断裂系统,地层的岩性、物性、含流体性质以及地层的削截、超覆等这些具有地质成因意义的地震地层学特征,都会对地震波属性产生反射、折射、吸收衰减等不同的影响,使得接收到的地震信息属性发生了相应的变化。也就是说,地震信号蕴藏着极为丰富的地质信息,因此,需要对主要地震信号的属性、特征及其所能反映的地质信息的关系进行归纳和分析。

地震属性可以定义为从地震数据中导出的关于地震波运动学、动力学、几何学以及统计特性的特殊度量。地震属性繁多,包括从地震记录中提取到的各种基本属性(如振幅、频率和相位等),以及将基本属性经过一系列运算得到的派生属性等。从地震属性与地质信息相关联的角度,可以将地震属性及其所能反映的地质信息做如下归纳(图 5 - 2)。

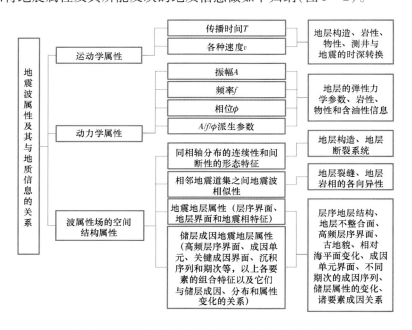

图 5 - 2　地震波属性的分类及其与地质信息的关系

第一类是地震波的运动学属性,主要为地震波在地层介质中的传播时间和各种传播速度,其中包括:规定为统一观测条件的等效自激自收时间,即地震波沿地层界面法线方向入射和反射的旅行时间 T_0,可以反映出地层构造的高低变化;从地层地震波中提取的各种速度,如层速度、多层介质的平均速度和均方根速度等,既与地层的岩性和物性有关,又与地层的结构和构造有关。地震波的真速度和平均速度,还与声波测井的时差 Δt(速度的倒数)有直接的关系,也是井—震数据联系的重要结合点。

第二类是地震波的动力学属性,主要包括地震波的振幅、频率和相位这三个关于波动的最基本的属性,以及由此派生的大量的计算属性,如瞬时振幅、瞬时平方振幅、振幅加权瞬时频率、能量加权瞬时频率、反射强度的变化率等。这些地震波动力学属性的变化,是对地层介质

弹性力学参数变化和波阻抗界面的响应。不同储层的岩性、物性和含流体性质的变化,也会对地震波的反射、吸收衰减和相位极性等有影响,因此,也会引起这些地震波动力学属性的变化。

第三类是关于地震波属性场的空间结构属性,也是地震勘探最具有独特意义的重要属性。例如,地震构造解释就是利用了地震波同向轴在空间上分布形态的连续性和突变性的地震结构属性,是地震资料解释的关键。随着计算机和地震处理解释技术的不断发展,后期又出现了在空间相邻区域地震道上分析地震波相似性的相干体检测技术,即通过逐步检测一定纵向时窗上下、相邻地震道之间波形的相似性,由此来表征三维地层空间属性的相关性和断裂的分布。

地震波不同的运行时间与地层的构造和深度有关,叠加在此信息之上的地震反射波同向轴的属性变化,如地震波的振幅、频率和相位属性的变化、地震波属性横向上连续性的变化、多组地震波同向轴之间的空间结构和组合特征及其依次递变的变化,往往与地质构造、地层结构、高频层序、地层相序和岩相等地层的地质特征和地质成因过程有关,是一种十分重要的地震波结构属性,其变化规律的地质意义和解释方法值得不断地挖掘和研究。

在油气勘探的地震资料与储层地质的综合研究中,地震资料的地质信息被不断地挖掘和研究,其中最为典型的是在油气勘探领域应用得非常成功的地震地层学(seismic stratigraphy)的解释,就是通过地震波组反射结构识别和确定沉积层序的边界、不整合面和沉积体系,并通过分析地震反射波剖面上的形态特征(即所谓的地震相),来研究沉积层序和体系域的分布,并结合地质沉积原理来预测层序地层不同的体系域中沉积体系、储层、岩相和生油岩的分布。

地震波场空间结构的特征是地下地质体的客观反映,其中的地质信息有待于不断挖掘,地震的地质响应精度也可以不断提高。本书在地震地层学和层序地层学的基础上,根据碳酸盐岩地层地震反射的结构特征及其所反映的碳酸盐岩储层的成因过程,进一步提出了储层成因单元地震地层学的概念和分析方法,为储层的成因分析、预测和储层地质建模提供了一个新的研究方法和预测手段。

第二节　基于岩石物理测井约束的地震波阻抗储层反演方法

一、地震信号的褶积模型

利用叠后地震资料进行地层波阻抗分布预测,是一项最为经典的地震储层反演方法。该方法属于测井约束地震反演方法的范畴,其理论基础起源于罗宾森(Robinson)关于地震波反射记录的褶积模型。

图5−1是假定人工激发的地震波是理想的和延时极为短暂的单位脉冲波 $\delta(t)$。若设地下有反射系数为 R_1、$R_2 \cdots R_N$ 的 N 个波阻抗反射界面,这时地面上某接收点的理想的地震记录的数学表达式为

$$X(t) = R_1 \delta_{t-1} + R_2 \delta_{t-2} + \cdots + R_N \delta_{t-N} = \sum_{\tau=1}^{N} R_\tau \delta_{t-\tau} \qquad (5-1)$$

式(5−1)中每一项为一个单位脉冲,脉冲的大小和极性反映了界面发射系数的性质,脉冲之间的时差反映了地层的厚度。我们把这种记录称为理想的地震记录(钱绍瑚,1993)。

实际上,人工激发的地震波很难做到理想的单位脉冲波,且经过震源附近的大地滤波作用,实际得到的地震信号是具有延时的地震子波 $b(t)$。当这个地震子波向下传入地层,经过

不同的地层波阻抗界面 $r(t)$ 的反射和滤波作用后又传回地面,被检波器检测到的地震记录 $X(t)$ 为之前所有振动的叠加,即为地层反射系数 $r(t)$ 与地震子波 $b(t)$ 的褶积,表达式为

$$X(t) \;=\; r(t) * b(t) \;=\; \int_0^\infty r(\tau) \cdot b(t-\tau)\mathrm{d}\tau \qquad (5-2)$$

需要注意的是,地震记录的这个褶积模型仍然还是个理想化的近似模型,因为在上述地震记录的褶积模型中还假定了地震子波 $b(t)$ 在各个地震波阻抗界面反射过程中,子波的属性保持不变,而实际情况是子波属性在反射和传播的过程中也是会有变化的。

二、基于岩石物理测井约束的地震波阻抗储层反演

根据地震信号的褶积模型,可以由声波测井记录的单位距离的时差 Δt,求得地层声波速度 v(即时差的倒数 $1/\Delta t$),再由密度测井得到地层介质的体积密度 ρ,这样可以求得井眼处地层的波阻抗曲线 Z,并通过井间波阻抗插值得到井间地层初始的波阻抗剖面(图 5-3)。

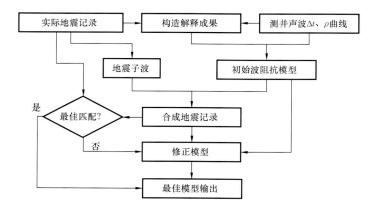

图 5-3　岩石物理测井约束地震反演技术流程图(据刘文岭,2014)

根据地质分层,可求得深度域的地层反射系数 $r(h)$ 为

$$r(h) \;=\; \frac{Z_n - Z_{n-1}}{Z_n + Z_{n-1}} \;=\; \frac{\rho_n v_n - \rho_{n-1} v_{n-1}}{\rho_n v_n + \rho_{n-1} v_{n-1}} \qquad (5-3)$$

然后,将反射系数与理论计算或从实际地震资料中提取的地震子波进行褶积,求得井眼处合成地震记录。再将求出的合成地震记录与井旁地震道对比,确立测井和地震的时深关系。

通过确定反子波函数和反褶积运算,可以从实际地震数据中求得地震波阻抗解释剖面,并将该地震解释的波阻抗剖面与井间插值的波阻抗剖面进行比较,如果两者的差别较大,达不到要求,可以修改初始的井间波阻抗模型或修改反子波运算参数等,直到它们达到最佳匹配时输出地层波阻抗解释数据。

经过上述地震波阻抗反演,可以把地震波反射信息转化成层状的波阻抗信息,使其能进行地层单元的井间波阻抗对比和地层解释。然而,从整个测井约束地震波阻抗反演的技术流程可以看出,该方法只是利用了地震信息横向连续性的部分特点,使得波阻抗反演结果的好坏对测井资料有很强的依赖性。该方法在井数较多和井网控制较完善的条件下,可以取得较好的效果。但地层波阻抗数据还不是储层解释的最终成果,还需要进一步与测井和地质资料结合,才能够为储层预测和储层地质建模服务。

例如,通过测井约束地震波阻抗反演得到了 Mishrif 组碳酸盐岩地震波阻抗反演剖面(图 5 - 4),该层的波阻抗值从 9000 ~ 12000[(m/s)·(g/cm³)],反映出地层的岩石力学性质由弱到强的变化。

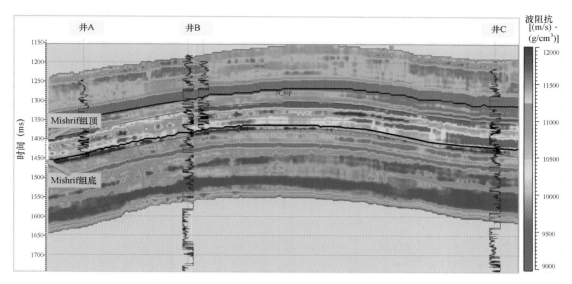

图 5 - 4　Mishrif 组碳酸盐岩波阻抗反演剖面

根据储层动态试油资料与岩样物性分析资料的交会分析,得出不同类型储层的物性分类标准为:Ⅰ类储层的孔隙度不小于 20% ;Ⅱ类储层的孔隙度在 10% ~ 20% 之间;Ⅲ类非储层的孔隙度不大于 10% 。将各井的储层分类及其物性的解释数据标定到井旁地震道上,再通过统计计算,可得到不同类型储层的声波时差、密度和波阻抗值(图 5 - 5、表 5 - 1)。

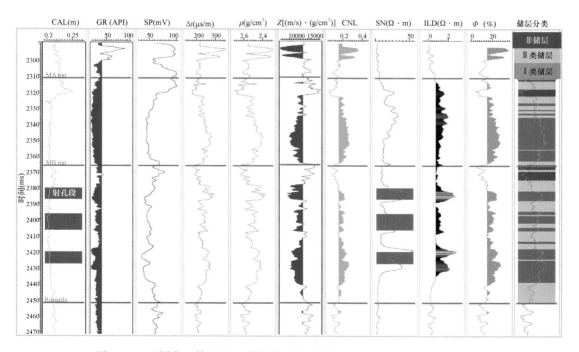

图 5 - 5　不同类型储层的地质分类及其测井与地震波阻抗属性的联合标定

表 5 – 1 **Mishrif** 组碳酸盐岩不同类型储层的声波时差、密度和波阻抗属性的统计值

储层类型	I 类储层	II 类储层	III 非类储层
声波时差 $\Delta t(\mu s/m)$	275 ~ 235	237 ~ 208	209 ~ 172
体积密度 $\rho(g/cm^3)$	2.41 ~ 2.52	2.52 ~ 2.57	2.57 ~ 2.71
波阻抗 $Z[(m/s) \cdot (g/cm^3)]$	8700 ~ 10500	10500 ~ 12300	12300 ~ 15000

以关键井的综合标定和数理统计得到的三类储层的波阻抗常见值为依据,对地震波阻抗反演剖面进行分类刻度,可以展现出不同类型储层的空间分布。

通过与实际检查井和动态资料的对比可以看出,地震波阻抗储层反演的结果有一部分效果较好,特别是在构造高部位,高产优质储层发育区对应于低波阻抗(红色)的分布区,这是因为优质储层的孔隙发育造成了地震波阻抗的降低。然而,在构造侧翼某些岩石结构较细的差储层,由于其声波速度和体积密度都有所降低,使得地震波阻抗值降低(侧翼红色区),它们与构造高部位储层孔隙度增加时造成的波阻抗衰减有密切关系。

因此,在井数量较少的区域,由于缺少井资料的约束,会将部分细岩相、差储层的低波阻抗解释成好的储层,这是由物理信息反演的多解性所决定的。一般认为,地震波阻抗反演方法在平面上井网控制程度较高的区域,才能获得较好的效果。

第三节 基于地质成因和岩石物理测井裂缝响应机理的井震属性重构的储层预测方法

一、井震属性重构方法产生的背景

从储层的物理变量场(包括井眼附近的声、密度和电等物理测井变量以及地震反射波等)去求取场源信息,即储层属性的空间分布,可称作物理场反演问题。然而,实际情况是,由于地质体内部的复杂性和多样性,及其边界条件的事先不确定性,同样一种物理信息可能由多种不同特征的场源所引起,这就是物理场反演的多解性。例如,储层岩相变细或泥质含量的增加,与储层孔隙度的增加一样,都会造成岩石的弹性力学强度的减弱,从而造成储层岩石声波传播时间增加、速度降低和能量减弱。因此,当从地震波的速度降低和振幅衰减去进行储层反演解释,就会存在多种的可能性。

为减少储层物理变量场反演的多解性,多学科的综合研究是有效的途径之一。但在这种多学科综合研究的过程中,不能只停留在各自数据接口的结合,例如,仅仅由开发地质研究提供小层分层数据表,测井研究给出储层参数成果表,然后再由地震研究做测井约束下的储层反演。为了进一步提高储层综合研究的可靠性,应当从储层的成因研究入手,弄清储层的成因机理、条件和特征参数,以及它们在岩石物理测井和地震波反射上的响应机理,通过这些成因响应机理的表征达到提高储层预测可靠性的目的。

本节将结合一种复杂岩相储层的研究实例,即中国西部的一种湖相碳酸盐岩与碎屑岩混杂岩相的储层研究,展现一种储层成因分析和属性重构的储层识别及预测方法。

二、研究区储层的地质特征

该油田位于我国柴达木盆地的西部。其储层属于古近—新近系E_3^2地层,沉积于一套半咸

水、强蒸发和陆源碎屑供给不充分的滨浅湖环境,属于一套碳酸盐岩、碎屑岩和部分蒸发岩的混杂岩相储层。

根据取心井的岩样分析结果,储层的岩相十分复杂,主要为含粉砂泥云岩、泥晶灰质云岩、含灰质泥晶云岩、泥晶云岩、云质泥灰岩和泥岩等。按层段矿物统计,白云岩含量大多数为40%~85%,黏土矿物含量大多为20%~60%,方解石含量为5%~30%,石英和长石等陆源碎屑的含量大多为3%~20%(图5-6)。

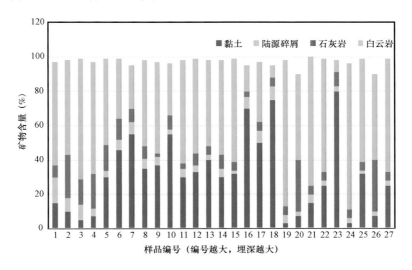

图5-6 矿物含量直方图

如果将黏土与陆源碎屑含量合并,再结合白云石和方解石含量做数据统计,并做出三岩性端点的岩性三角图(图5-7)。图中可以看出,方解石的含量相对较少,而白云石、黏土和陆源碎屑的含量占主导地位。由此可以推断,该段地层沉积过程中,既受到了细粒的黏土矿物和陆

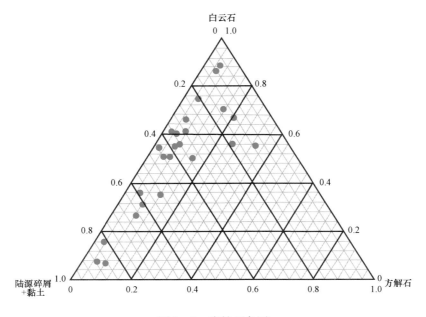

图5-7 岩性三角图

源碎屑的影响,又常处于一种相对干旱的蒸发环境,使得白云岩的含量很高。综合分析认为,该段地层沉积于一个大型半咸水—咸水的湖泊环境,在离湖岸较近的滨浅湖区域,水体深度较浅,因而在构造抬升时期,炎热和干旱的气候,再加上物源供给不足,造成了该区处于蒸发盐湖环境。然而,在周期性的洪水影响期间,陆源碎屑和泥质矿物也会参与沉积。综合以上原因,形成了本区白云岩、石灰岩、碎屑岩和黏土的混杂沉积。

三、地层岩性剖面和沉积旋回的测井与地质综合解释

在测井曲线系列比较全和测井资料质量可靠的前提下,可以通过建立岩石物理测井的矿物体积模型,对复杂岩性测井剖面进行定量解释(图5-8)。可以看出,通过四矿物的测井体积模型的解释,可以得到地层岩石的泥质、石灰岩、白云岩和粉砂岩的相对含量,以及岩石孔隙度的数值解。

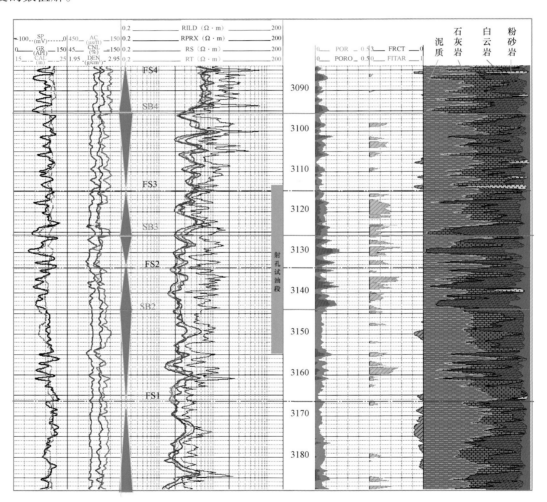

图5-8 S#-1井碳酸盐岩和碎屑岩混杂岩性地层的测井与地质综合解释剖面图

根据岩石样品分析,结合岩石矿物和孔隙度的测井解释,以及自然伽马测井曲线等的变化特征,对目的层段的沉积旋回进行了分析,划分出4个洪泛面(FS1、FS2、FS3、FS4)和3个高频层序界面(SB2、SB3、SB4)。研究发现,在每期的洪泛面附近,由于受到周期性的洪水影响,地

层的泥质含量增加,并常伴有短暂的粉砂质陆源碎屑的沉积,说明每次洪泛时,湖面水位增高,湖水浑浊,大量泥质和陆源碎屑随上游水系带入湖盆沉积,而此时的碳酸盐岩(主要是石灰岩)相对其他时期的沉积相对减少。在高频层序界面附近,相对湖平面下降,气候干燥、湖水清洁,造成碳酸盐岩尤其是白云岩大量沉积或准同生转化。由此可见,测井解释的岩性剖面与沉积旋回的特征能很好地相互印证,并符合地质成因规律。

四、基于裂缝地质成因及其井震物理响应属性重构的储层预测方法

1. 储层成因和岩石物理测井裂缝响应机理分析

由于储层岩性混杂且变化快,储层的测井响应特征也不够明显,因此,需要从储层成因分析入手,弄清储层形成的关键因素和特征以及岩石物理测井响应机理,为储层的成因表征和成因预测奠定基础。

从测井综合解释剖面(图5-8)分析,还可以得到一个重要的特征,即白云岩含量增大的层段,储层的孔隙度也会同时增大。这种现象符合储层的成因机理,即当白云岩从石灰岩交代转化后,白云岩的晶粒要比石灰岩的大,从而造成白云岩的孔隙度和喉道都会相应地增大,使得储层物性变好。与此同时,在白云岩的转化过程中,还往往造成储层裂缝发育,使得储层物性进一步变好。综合研究发现,在本区白云岩含量很高的层段,岩心裂缝更加发育,甚至造成岩心破碎,导致许多白云岩发育段的取心收获率很低。根据取心井岩心资料的裂缝描述,按照5种岩性进行了裂缝发育相对条数统计(图5-9)。结果表明,碳酸盐岩的裂缝发育条数占统计层段总裂缝条数的86%,其中泥灰岩的裂缝发育条数占24%,而泥云岩/泥晶云岩的裂缝发育条数占62%。另外,录井和生产测试也证实,白云岩发育段的油气显示最好,油气测试产量最高。

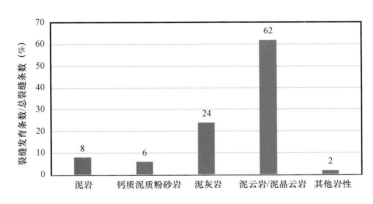

图5-9　连续取心井段不同岩性的裂缝发育相对条数统计直方图

至此,在地质成因上已基本弄清了储层发育的成因机理,即白云岩化造成了储层孔隙度的增加和裂缝的发育。这样,通过测井资料的岩性和孔隙度的解释就可以识别出测井剖面中的储层发育段。尽管如此,要利用地震资料预测储层的横向分布仍有困难,因为从地震反射波的信息很难直接识别出白云岩,通过对比测井和地震资料还发现高产层段与非产层段在地震反射特征上并没有明显的差别。因此,还需要做进一步的储层成因和岩石物理测井响应机理的分析,研究相应的表征方法,为测井与地震的储层成因预测创造条件。

岩心裂缝描述和统计分析发现,本区储层的裂缝以低角度裂缝为主,在岩心观测到的729

条裂缝中,倾角低于15°的低角度或水平裂缝就有499条,占裂缝总数的68%;小于45°的裂缝占81%,而其他倾角的裂缝仅占3%~11%(图5-10)。

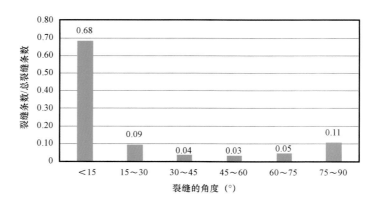

图5-10 取岩心井中不同角度裂缝的相对条数统计直方图

根据声波测井的探测特性和岩石物理响应机理,当声波从发射源出发,沿平行于井壁但垂直于地层层面(即垂直于低角度裂缝)传播,再传回到声波接收器,声波必然要穿过位于发射源与接收器之间的低角度裂缝。而低角度裂缝的发育又会降低岩石的弹性力学性质,当声波测井信号探测到低角度裂缝时,就会发生声波测井的时差变大和能量衰减。不过,大多数低角度裂缝的发育对声波测井的影响程度,还不足以在测井曲线上能被肉眼所观测到,需要通过设计声波测井的低角度裂缝检测模型,进行数值计算来提取裂缝发育的信息。因此,根据上述低角度裂缝的声波测井响应机理,设计了声波重构的裂缝解释模型FITAR(fracture identification through accustic reconstruction),即

$$FITAR = \frac{\Delta t - \Delta t_R}{\Delta t_R} \tag{5-4}$$

式中 Δt——声波测井的实测时差;

Δt_R——重构的无裂缝发育条件下的正常声波测井时差,来源于实际地层的矿物和孔隙流体对声波传播时间贡献的叠加。

声波重构裂缝解释模型的物理意义是,检测低角度裂缝发育所造成的相对于无裂缝正常地层声波时差的增量。低角度裂缝越发育,造成声波测井探测信号的速度越低、声波时差越大,则FITAR的数值也就越大。

声波重构裂缝解释模型检测到的裂缝发育段,不仅对应于白云石含量和孔隙度的高发育段,符合储层成因机理,而且该模型的检查结果还被实际试油资料所证实。例如,在S#-1井的完井测试中,在该模型检测的裂缝发育段进行试油(图5-8中标明的射孔段),获得了日产154m³高产工业油流。

2. 基于测井响应机理和裂缝表征曲线的地震属性重构的储层预测方法

根据低角度裂缝测井响应机理和FITAR裂缝表征曲线,运用测井刻度和属性重构的思想,也可以进行地震属性重构的储层预测(图5-11),具体方法如下:

(1)子波提取和井—震层位标定。从实际地震资料中提取几种不同相位的子波,在多个关键井中分别进行不同子波的合成地震记录制作。然后,参照地震剖面上横向分布稳定和反射特征明显的标志层,对比合成地震记录与井旁地震道,选择两者匹配最好的子波,进行井—

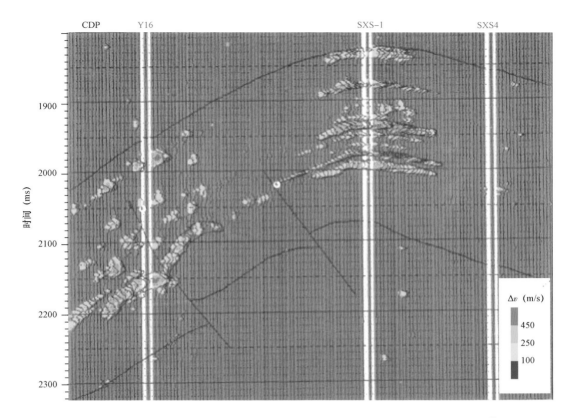

图 5 – 11　碳酸盐岩和碎屑岩混杂岩性地层井—震属性重构的储层预测剖面（据甘立灯等,1997）

震层位标定和确定时深转换关系。

（2）重构无裂缝发育地层的地震速度场。利用声波测井重构的无裂缝地层的声波时差 Δt_R,先转化成相应的重构声波速度 v_R($v_R = 1/\Delta t_R$),然后,再进行井震三维地震反演,得到重构的地震声波速度场 v_R。

（3）构建含裂缝发育地层的地震速度场 v_t。利用实际声波测井曲线 Δt,先换算成声波速度,再进行井间插值,由此得到含裂缝发育地层的地震速度场 v_t。

（4）提取裂缝发育储层段。在每一个共深度点道集上,将含有裂缝发育地层的地震速度场与重构得到的无裂缝发育地层的声波速度场相减,即

$$\Delta v \ = \ v_t \ - \ v_R \eqno(5-5)$$

同时,在地震数据体上,将 $\Delta v < 0$ 的点赋值为 0,这样就得到了有裂缝发育的储层的分布。

第四节　储层成因单元地震地层学的基本理论和应用

一、地震地层学的起源和基本概念

早在 20 世纪 50 年代,西方的一些石油公司就开始了有关地震地层学研究的探索。1975年在达拉斯召开的美国石油地质学家协会（AAPG）年会上。正式提出了"地震地层学（seismic stratigraphy)这一术语。这次会议后,出版了 AAPG 专题研究论文集《地震地层学——在油气勘探方面的应用》(Charies,1977)。该论文集主要收集了美国埃克森石油公司 Vail 等人的研究成果,这些成果被认为是地震地层学的权威性论述。

地震地层学基本上是一种利用地震资料进行地质解释的方法(Vail 等,1977)。该方法建立在以下物理和地质基础的假设之上:(1)地震的反射产生于地层岩石中的波阻抗界面或不整合面;(2)地震的反射界面平行于地层层面或不整合面;(3)由于新的地层总是叠加在老的地层之上,使地震反射剖面所代表的地层序列具有了相对地质年代的意义。地震地层学还在前人概念的基础上,提出了地层学分析和描述的基本单位——沉积层序的概念,即沉积层序是由相对整一和连续的、成因上有联系的地层组成,其顶、底界面以不整合面或与之可以对比的整合面为界。

地震地层学的分析方法主要包括地震层系分析、地震相分析和海平面变化分析这三个技术步骤:

(1)地震层系分析,就是通过识别和分析地震反射剖面上的上超、下超、顶超和削截的反射特征和地层界面的接触关系,去识别这些界面所代表的沉积层序的边界(图 5 - 12)。

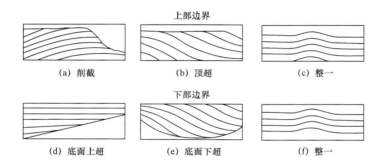

图 5 - 12 沉积层序边界的地震反射结构和接触关系(据 Mitchum 等,1977)

(a)侵蚀作用造成地层上部缺失;(b)地层层序的上部边界发生无沉积作用;(c)层序顶部边界没有剥蚀现象;(d)水平或弱倾斜地层层序底部,依次上超更大倾角的地层,并具有界面侧向地层截断;(e)倾斜的地层层序的底部,与水平或低角度地层接触并发生界面下部截断;(f)地层层序地层与下部地层平行接触,没有地层剥蚀

(2)地震相分析,从目前的文献和实际应用情况看,就是根据地震反射结构所展现的外部形态和连续性等形象的特征,对沉积作用、沉积环境和岩相特征做出相应的解释或判断(图 5 - 13、图 5 - 14)。

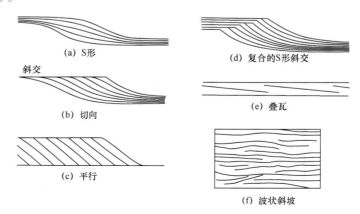

图 5 - 13 前积斜坡地形解释的地震反射模式(据 Mitchum 等,1977)

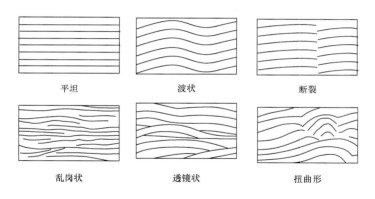

图 5-14 典型修饰性的地震反射结构(据 Mitchum 等,1977)

（3）海平面变化分析,主要为编制年代地层对比图和区域性的相对海平面变化周期曲线图,以弄清研究区地层沉积的地质年代和沉积环境,以及与区域性和全球性海平面升降变化的关系。

二、地震地层学的发展与层序地层学及地震沉积学的兴起

1. 储层地震地层学的发展

以 Vail 为代表的学者所创立的地震地层学,通常在解决勘探领域地层规模比较大的地质问题时,比较得心应手,因此,有些学者把这种经典的地震地层学称为"区域地震地层学"。不过,从地震地层学诞生的开始,地球物理和油气地质学家就一直在努力运用地震地层学方法解决更为精细的地质问题,其中的一个主要的方面,就是通过储层地球物理模型的正演方法考察精细储层结构和岩石物理参数的变化以及对地球物理反射特征的影响,进而为地球物理储层的解释提供有益的指导。例如,在 AAPG 第 26 专辑的第三部分,即在"根据地震资料编制地层学模型"中,有一篇题为地层模拟与解释的地质条件(Mechel,1977)的文章,该文认为地震模拟技术是用数学和几何的方法表示地下的地质情况,描述地质现象(即地质参数的变化)对地震响应的影响,从而评价没有测井标定的地震资料上反射特征变化的地质意义。

到了 1984 年,美国 Geo Quest 公司的 Marcurda 和 Lindsey 等,分别出版了《应用地震地层学》和《储层参数的地震测定方法》。在这两本书中,作者比较系统地论述了薄储层厚度的定量估算原理和方法,讨论了地震孔隙度估算的基本岩石物性方程,以及储层预测中所需要的部分地震资料的处理方法。因此,很多人把以薄层研究的地震地层学的一系列技术方法称为"储层地震地层学"(Reservior Seismic Stratigraphy)(刘震,1997)。储层地震地层学着重于研究精细储层的地球物理解释问题,这些储层的分布范围属于区域地震地层学圈定的有利区域或相带,储层的厚度一般较薄,在地震剖面上为少数几个同相轴所代表的反射波组。然而,从目前技术文献所阐述的内容看,储层地震地层学所运用的资料和解释方法,主要是以地球物理资料处理和解释为主的技术方法,如从早期的用地震层速度来预测储层岩性;到 20 世纪 70 年代初期,用地球物理地震反射的亮点技术来直接检测地下油气分布;再到 80 年代后期,用地震振幅随炮检距变化的 AVO 油气检测技术和反演弹性参数的技术;以及井震地球物理储层反演技术等。这些技术一直处在不断地改进和发展之中。

2. 层序地层学(Sequence Stratigraphy)的兴起和发展

地层层序这个概念很早就有人提出来,如 Sloss(1948)等就将层序定义为"比群、大群或超

群更高一级的地层单元,在一个大陆的大部分地区可以追踪,且以区域不整合为边界"。显然,对于油气田储层研究而言,这样的地层研究单元的规模太大,时间宽度太长。

真正对油气勘探开发研究具有实践和理论指导意义的层序地层学,是来源于高分辨率石油地球物理勘探及其相关的地震地层学的技术发展。以 Vail、Sangree、Wagoner 和 Michum 等为代表的美国埃克森石油公司的地质学家们,将地震地层学中的地层层序、等时地层对比和相对海平面变化等概念进行了系统化和理论化的提升,提出了层序地层学的基本思想和典型层序地层格架模式,其主要理念包括:(1)地层层序的形成受控于全球海平面的升降、构造升降、气候和沉积物供给变化等因素;(2)提出了全球统一的地层划分和对比方案;(3)建立了包括地层层序、体系域和准层序组的层序地层格架和分布模式,并且认为这些层序地层的格架和分布是相应于相对海平面变化的结果,具有相应的岩相组合。因此,应用层序地层学的概念和分析方法,可以提高地层对比、地层岩相和储层分布的预测能力。

层序地层学的诞生被认为是地学史上一次革命性的发展,正如 Vail 所言:"层序地层学概念在沉积学上的应用,有可能提供一个完整统一的地层学概念,就像板块构造理论曾经提供了一个完整统一的构造概念一样,层序地层学改变了分析世界地层记录的原则"。

近几十年来,层序地层学在油气勘探领域发挥了非常重要的作用。根据地震剖面,结合井眼资料和地层露头剖面,层序地层学的概念和分析方法可以很好地帮助油气勘探家们预测大规模的沉积体系、岩相组合、生油岩和储层的总体分布情况。

然而,在油气开发领域,如何运用层序地层学的原理和方法,预测满足油气藏开发所需求的精细储层分布,以及提高对储层结构和连通性的认识,一直是油气开发地质家和工程师们不断追求的目标。油气开发实践表明,油气藏开发层系的划分和小层对比单元,一般要比层序地层中的沉积层序规模要小得多,且在不同层序中的高位体系域或低位体系域及其所包含的准层序组中,都可能有储层的分布。因此,勘探领域关于层序地层学的研究规模和划分层次,如关于沉积层序、体系域和准层序组的划分和分布预测,似乎很难直接满足油气开发的需求。开发地质最关心的是关于分类储层与储层构型的识别、小层或成因单元的储层分布、储层的连通性和储层属性变化特征等,因为对这些储层特征的认识,直接关系到开发井的成功率,也关系到油藏工程对于开发方式、油气产能与生产规模、稳产和油气藏采收率等的设计。所以说,如何汲取层序地层学和地震地层学的精髓,通过地质、测井和地震资料及其方法原理的有机结合,从储层的地质规律和相应的测井及地震响应的机理上进行储层的成因表征和预测,以满足油气藏开发地质和油藏工程的需求,是油气藏开发地质家和工程师们不断努力的目标。

3. 地震沉积学的兴起和基本概念

在地震地层学兴起的同时,如何利用地震资料进行更多的地质解释,解决沉积岩地质研究中的沉积相和岩相等分布问题,也是石油地质家所要追求的目标。早在 1979 年,Dahm 和 Craebner 就在地震传播时间切片上,成功地展现出反映曲流河河道平面展布的地震振幅变化成像图。后来,曾洪流(1998)提出了用地震数据作地层切片(stratal slice)的方法,进行地震数据的地质成像研究。这种研究方法既体现出地质成因和地震地层的等时概念,又适用于地层层面不平行和复杂的地质情况。在此基础上,2001 年,曾洪流在 *The Leading Edge* 杂志上发表了文章,提出了"地震沉积学"(seismic sedimentology)概念,而 Posamentier 等在 AAPG 年会上,也发表了文章,提出了"地震地貌学和沉积系统"(seismic geomorphology and depositional systems)的概念。2005 年,地震地貌学国际会议在美国休斯敦召开,标志着地震沉积学作为一门新学科越来越受到人们的重视。

地震沉积学被广泛定义为"用地震资料研究沉积岩和沉积作用"(Zeng等,2004),而在具体的研究内容上,目前地震沉积学被定义为地震岩性学、地震地貌学、沉积体系结构和盆地沉积史的研究,其中最主要的是地震岩性学和地震地貌学两大研究内容。

地震岩性学主要研究岩心标定的测井相与地震属性之间的关系,通常是在一个很小的等时单元内,研究优势岩相与地球物理属性(主要为运动学和动力学属性),如地震振幅、波阻抗等属性之间的相互关系,这也为下一步地震地貌学的研究奠定了基础。在具体的研究过程中,有专家提出了将地震道90°相位转化技术(Zeng等,2005),以提高地震波峰与薄层中点的对应性。但分辨率的高低仍然取决于地震数据的采集精度和资料品质。

地震地貌学主要是沿地层切片提取地震属性的二维分布图,并根据前面得到的地震属性与岩性的关系,转换成岩性分布的平面图。这里的地层切片是以两个追踪的等时地层界面为顶底,在顶底面之间等比例内插出一系列的虚拟层位,即地层切片,然后沿这些层面逐一提取地震属性的切面(图5-15),以进行岩性和沉积相分布规律的研究。

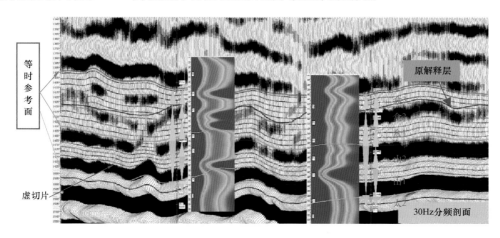

图5-15　地震沉积学使用的地层切片在地震剖面上的划分图
等时参考面是追踪的三个等时层面,在这三个层面之间进行等比例内插,得到高分辨率的虚拟切片,
即地层切片,然后,沿地层切片提取地震属性,形成了地震属性(岩性)的二维分布图(据李杏莉,2009)

地震沉积学经过20年的发展,已经在石油地质学术界和石油工业界得到了广泛应用,理论和研究方法技术不断得到完善和改进。目前,国际上地震沉积学研究主要侧重于露头地貌与地下地震地貌的类比、沉积体系地貌形态演变的三维模拟、地震岩性学方法、地层切片方法的改进以及切片结果的显示、定量地震地貌学、复杂沉积层序地震沉积学和地震地貌学的研究等(朱筱敏等,2019)。

三、储层成因单元地震地层学概念、方法、特点和应用

1. 储层成因单元地震地层学的产生背景

从整个地震地层学和层序地层学的历史发展和技术特点看,层序地层学来源于地震地层学,来源对地震反射结构的地质成因和规律进行系统化与理论化的总结与提高。因此,地震地层学的基本概念和方法并没有过时,很多还仍然适用,如地震地层学关于地震反射界面的地质基础、沉积层序的定义及其边界的地震识别方法等,都与层序地层学是一致的。

层序地层学在油气勘探领域的应用取得了巨大的成功。根据层序地层学理论,人们可以

通过对井和地震反射剖面的分析,认识到不同时期地层层序和体系域对于相对海平面变化的响应以及地层叠置与分布的规律,从而更好地预测生油岩、储层圈闭和储层的分布。

在油气开发方面,层序地层学和地震地层学的应用,提供了有效的等时地层对比的概念和方法。然而,在许多油气开发最为关心的问题,如精细表征储层成因、分布规律、储层构型和连通性变化等,与研究层序地层的体系域、准层序组的直接关系并不大,规模也不同,很难直接应用。因此,在油气开发现场,储层分布的预测一般都依赖于传统的开发井网数据的插值和随机模拟计算方法,往往会造成每当开发井网加密一次,储层的分布和连通性的认识会发生变化,甚至有很大的改动。

应当看到,地震资料中蕴藏着极为丰富的地质信息,有必要深入认识到层序地层学方法的基本原理和地震地层学方法的实质,即利用了地震反射结构这样重要的信息,正如地震地层学诞生的标志性文献中所述:"(地震地层学实为)地震反射结构在地层学解释中的应用",因此,为满足开发地质中储层表征的需要,充分挖掘高分辨率地震反射结构中丰富的地质信息,在地震地层学和层序地层学的基础上,提出了储层成因单元地震地层学的概念和方法。

2. 储层成因单元地震地层学的基本概念与分析方法

1)储层成因单元地震地层学的基本概念

储层成因单元地震地层学(reservoir genetic unit seismic stratigraphy)是在等时地层格架的基础上,为满足油气精细勘探和开发的需求,通过地质、测井和地震资料有机结合,对高分辨率的地震反射结构与属性的变化特征进行多学科和量化的成因表征,建立的储层成因单元的结构模型,并根据储层结构模型的分析,研究不同时期、不同储层成因单元分布与演化的地质成因机理、对储层属性的控制作用、与关键地质要素的相互关系及其物理量化表征方法,在此基础上,分不同的期次和不同的成因单元进行井震属性的储层预测,以及在成因单元趋势面控制条件下的储层地质建模,建立具较好预测性的三维储层属性分布的地质模型。

2)储层成因单元地震地层学的基本分析方法

储层成因单元地震地层学的基本分析方法主要包括:

(1)储层成因单元的基础条件研究。主要包括关键层位的等时格架建立、储层目标属性的地质与岩石物理测井的精细表征、多信息和多方位的井震精细标定和对比、基于地质与测井验证的地震高分辨率处理。

(2)储层成因单元的地震精细结构与物理属性变化的特征分析及其地质演化的成因分析。对精细的井—震地层与储层成因单元的地震结构进行识别和划分,研究不同的期次和不同的储层成因单元的沉积、叠置、迁移、分布以及伴随的地震和储层属性变化的控制因素,包括与高频层序、沉积期次、沉积与暴露区域、关键成因界面和古地貌等的成因关系和成因模式。

(3)储层成因单元地震结构模型的建立与储层属性分布的控制变量的确定。对高分辨率的储层成因单元的地震界面进行多方位刻画和层面追踪,并通过层面结构计算和变量提取,建立高分辨率储层成因单元的空间结构模型。随后,通过储层成因单元结构模型的分析,进一步揭示不同储层成因单元的时空分布及其储层属性变化的控制因素,并确定相关的控制变量。

(4)基于储层成因单元和地质成因条件控制下的井震储层预测和储层地质建模。分不同期次的成因单元,建立井震属性与储层属性的关系模型,进行地震属性的储层分布预测。在储层成因单元格架和相关变量的控制下,进行储层地质建模,建立具有预测作用储层属性三维地质模型。

3. 储层成因单元地震地层学的方法基础和特点

1）储层成因单元地震地层学的基础和储层表征的精度

与地震地层学一样，储层成因单元地震地层学的基础仍然认为，地震波的反射是地层波阻抗的差异（代表地层不同的物理属性差异）和地层不整合面的结果，且地震的反射界面与地层层面、不整合面和成因单元的界面是平行的。因此，地震波的反射结构及其属性变化，是地层及其储层的地质成因过程的响应，蕴藏着极为丰富的地质信息。

高分辨率的地震资料是进行储层成因单元地震地层学研究的重要基础。地震的分辨率分为横向分辨率和纵向分辨率。

地震的横向分辨率可用菲涅尔半径 r 表征为

$$r = \frac{v_a}{2} \sqrt{\frac{t_0}{f}} \qquad (5-6)$$

式中 v_a——地震波平均速度；

t_0——界面的双程旅行时间；

f——地震波的频率。

可见，地震波的横向分辨率随界面埋深增大（等效 t_0 时间增大），地震波速的增大和频率的减小而降低。一般情况下，相对于离散点分布的井眼地质体的规模，地震资料的横向分辨率是最好的，是井点以外储层横向分布信息的主要来源。

地震波的纵向分辨率，即地震剖面上能分辨出的最小地层厚度 Δh，一般是用四分之一波长来估算的，即

$$\Delta h = \frac{\lambda}{4} = \frac{v}{4f} \qquad (5-7)$$

式中 λ——地震子波波长，或近似看成地震剖面上的复波波长；

v——地震波在地层中的传播速度；

f——地震波的频率。

可见，当地震波的频率越高，在地层中的传播速度越慢，则地震波的纵向分辨率就越高。

能够应用高分辨率的地震资料进行储层研究，是油气勘探始终追求的目标。其实，在通常的情况下，一套质量好的地震数据体，再加上多井中丰富的测井资料和地质资料，已经蕴含着非常丰富的储层地质信息。以中东 Mishrif 组碳酸盐岩地层为例，该层段平均厚度为 170m，加上具有成因联系的上下围岩，整个地层的研究厚度至少要达到 200m。通过岩心、测井和地震资料的统计，优质储层的声波时差 Δt 为 275～235μs/m，相当于地震波传播速度 v 为 3636～4255m/s，且处理后的三维地震剖面的主频 f 可以达到 30～35Hz，如果用四分之一波长来估算（式 5-6），在 200m 跨度的研究层段，纵向上就能分辨出 7～10 组的地震反射结构。这些纵向上多层多样和横向上连续多变的地震反射结构及其伴随的地震波的属性变化，记录着不同时期和不同的区域储层沉积、剥蚀、分布、演化和储层属性变化的成因过程。结合地质和测井资料，运用储层成因单元地震地层学的分析方法，充分挖掘这些丰富的地震反射结构和地震波属性信息，将会更加科学合理地揭示出储层成因、分布和控制信息，明显地提高储层分布预测的精度和效果。

在进行储层成因单元地震地层学研究的时候,可以进行适当地提高地震分辨率的处理。在这方面,有许多地球物理处理方法,如高保真处理、去燥处理、压缩子波长度和恢复高频成分的处理等。不管用什么方法提高地震的分辨率,都需要进行地质和测井资料的验证,使得高分辨率地震资料上所出现的现象,确实代表了岩心和测井资料所证实的客观地质现象。

2)地震反射结构的成因特征和关系研究

储层成因单元地震学对于地震反射结构的研究不是停留在静态和孤立的地震波组的相面特征的描述上,如"平行反射""杂乱反射""丘状反射"的静态特征等,而是在岩心和测井研究、等时地层对比以及精细标定的基础上,用时间和空间一定范围内普遍联系的观点,研究不同时期(或期次)和不同成因单元的地震反射结构的特征、组合及其相互响应变化,地震波属性变化,以及与关键成因界面的响应关系,并进而揭示出相对海平面变化中不同时期和不同古地貌条件下,不同成因单元储层的成因和分布规律。

3)不同期次和不同成因单元的结构模型表征

在地震反射结构的成因分析和关系研究的基础上,进行多信息和多方位的精细标定和地震反射界面的识别和追踪,并进行成因单元界面的分析和计算,对不同期次和不同区域的地层成因单元进行分离和提取,以得到地层成因单元的结构模型。然后,在不同时期古地貌恢复条件下,对不同时期和不同成因单元的沉积、迁移、叠置或暴露的成因过程进行分析,并结合井眼资料和开发动态资料的分析,以揭示出不同时期储层的成因、分布及其储层属性变化的规律,以及连续量化的控制变量。

4)分成因单元建立储层与地震波属性关系模型

地震信息反演的多解性是地质条件的复杂性和物理场反演多解性的反映,这是不能回避的客观现象。以碳酸盐岩地震波属性反演为例,地层的物性变好和缝洞的发育,或者地层岩相变细变软或含泥质,都可能造成地震波(如振幅和频率等)信号的衰减。反之,当解释地震信号衰减的原因时就出现了多解性,即某些情况下是物性好且缝洞发育造成的,而在另外一些情况下又可能与岩相结构变细或含泥质有关。而储层成因单元地震地层学研究的一个重要目的,就是要区分不同时期、不同成因单元的特性,如将缝洞发育和岩相变细的成因单元分开,分成因单元建立储层与地震波属性的反演关系模型,从而减少地震属性反演储层的多解性,使得在目标成因单元内,地震信号的衰减与储层物性的优劣具有相对的单一的关联性。

5)储层成因单元地震地层学与地震地层学等其他相关学科的关系

从前面地震地层学及其相关学科的发展和特点可以看出,地震地层学关于地震反射的物理基础、地层界面的反射结构和地层响应特征,在其他学科依然有效,因此,地震地层可以看作是其他学科一个重要的基础。层序地层学来源于地震地层学,它是将地震地层学中地震地层的响应和相关地质概念进行了系统化和理论化的提升,提出了层序地层学的地层响应原理和典型层序地层格架的分布模式。由于层序地层学在研究地层规模比较大的油气勘探领域发挥了重要作用,有人也称之为"区域层序地层学"(刘震,1997)。在储层地震学研究中,也要遵从地震反射与地层的响应关系,并在地震地层所划出的有利相带或区域的基础上,主要用一套地球物理变量处理和解释的方法,来解决储层构造、岩性、物性和含油气性的识别或分布问题。而地震沉积学在进行地震岩性学和地震地貌学的研究时,也需要以层序地层格架为基础,以保证地层对比的等时性(朱筱敏等,2019)。本书提出的储层成因单元地震地层学仍然要尊重地震地层学和层序地层学的基本原则,在等时地层格架的基础上,为满足油气精细勘探和开发的需求,对高分辨率的地震反射结构及其属性的变化特征进行多学科的成因表征,在此基础上,进行地层成因单元及其成因变量控制下的储层预测与储层地质建模。储层成因单元地震地层学与地震地层学等其他相关学科的关系(如图5-16所示)。

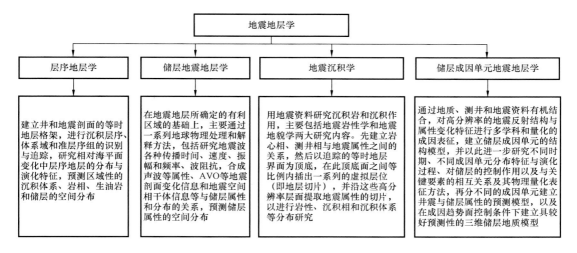

图5-16 储层成因单元地震地层学与地震地层学等其他相关学科的关系

4. 碳酸盐岩储层成因单元地震地层学的成因模式和应用实例

1)典型碳酸盐岩储层成因单元地震地层学的成因模式和成因机理

(1)储层成因单元地震地层学的成因模式A。不同时期成因单元的沉积随古地貌高点变化,产生反重力迁移和分布的特征(图5-17)。通过不同时期古地貌恢复和地震反射结构的分析可以发现,早期的成因单元(如图5-17中的成因单元1和单元2),沉积于前期的古地貌高处。后来,古地貌发生了变化,原来低部位的古地貌变为构造高点,造成后期的成因单元(如图5-17中的成因单元3和单元4),依次向古地貌高点迁移分布。这个现象反映出,碳酸盐岩的沉积受到古地貌和生物成因的共同作用,且由于高部位具有水浅、阳光和氧气充足,使得碳酸盐岩造礁生物繁殖更加茂盛,碳酸盐岩发生了随古地貌高点的沉积迁移。

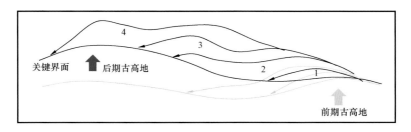

图5-17 储层成因单元地震地层学的成因模式A

不同的成因单元随古地貌高点的变化,产生反重力的迁移和分布

(2)储层成因单元地震地层学的成因模式B。地震反射结构具有向前期古地貌局部高点两侧的上超结构,在古高点处可能产生上部地层反射结构的断缺,同时,在古地貌高点处下部地层的地震反射信号可能出现衰减和频率的变化。这是由于在相对海平面的上升中,后期的成因单元沉积逐步超覆于前期古地貌之上,但在古地貌高点处,往往出现短时期暴露和沉积间断或剥蚀,下部地层受到淋滤和溶蚀作用影响,使得储层溶蚀孔洞发育、物性变好,储层弹性力学强度降低,从而造成地震反射信号的衰减(图5-18)。

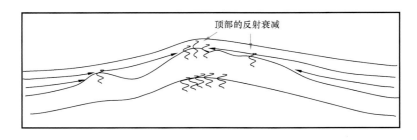

图 5 - 18 储层成因单元地震地层学的成因模式 B

成因单元双向超覆于古地貌高点处,并在古地貌高点处产生上部地层的断缺和下部地层地震波反射信号的衰减

(3)储层成因单元地震地层学的成因模式 C。在碳酸盐岩(断块)台地环境下,出现了地震反射结构向台内的多期超覆,并逐渐在台地边缘出现了隆起的丘状反射结构(图 5 - 19)。这是由于从早期相对海平面上升淹没台地,到后期相对海平面上下振荡的过程,在台地内部产生了多期成因单元的沉积和叠加。不同期次成因单元的沉积作用和水体环境是有变化的,往往表现出:早期的成因单元沉积水体相对较深,以含藻黏结的灰泥丘沉积为主,物性较差;而后期的成因单元由于叠加在前期沉积的古高点之上,生态条件好和水体能量大,以骨架礁和粗结构的生物碎屑灰岩沉积为主,并伴有溶蚀现象,使得储层物性更好。而在台内的成因单元中,由于水体的封闭作用和水体能量较弱,使得其沉积的岩相结构较细,储层物性也要差于台缘的成因单元。

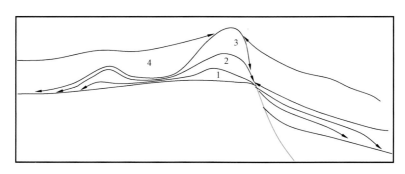

图 5 - 19 储层成因单元地震地层学的成因模式 C

相对海平面在高于碳酸盐岩台地之上的振荡过程中,出现了多期成因单元的沉积、叠加和溶蚀,以及岩相与物性的分异,并在台地边缘出现了碳酸盐岩礁滩建隆的镶边,使得台内碳酸盐岩成因单元的物性变差

(4)储层成因单元地震地层学的成因模式 D。下部关键的成因界面有低缓起伏,常常表现得时隐时现,同时,其上部地层成因单元的反射结构出现了侧向的断缺和不连续的现象(图 5 - 20)。在横向上,各组成因单元的波形连续性和频率也发生相应的间互变化:在低洼处,波形完整,横向连续性好;而在底形高点或近似空白处,波形杂乱,频率降低。这往往是相对海平面变化中,低缓的古地貌造成的沉积分异现象。通常,低洼处波形连续性好的成因单元的岩相较细,物性较差;而在相对高部位杂乱发射的成因单元,岩相较粗,物性较好。

2)储层成因单元地震地层学的应用实例

实例一:低缓构造背景上,碳酸盐岩沉积的地层结构、储层成因和对储层分布的控制作用。

低缓构造碳酸盐岩储层的地震反射剖面通常表现出多条近似平行同向轴的反射波组,波的振幅和频率略有变化,地震反射结构整体似乎表现出平淡无奇的特征。此时,在储层表征

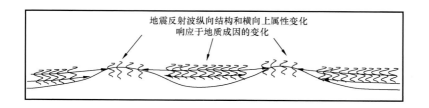

图 5 - 20　储层成因单元地震地层学的成因模式 D

低缓的底形起伏和与此相伴的波形频率及连续性的间互变化,反映的是相对
海平面变化中,低缓古地貌造成的成因单元岩相、物性的间互变化

中,往往根据等厚分层,地震上的平行构造解释,再加上各井测井的小层参数的解释,再进行井间插值的储层预测和地质建模。其实,这种低缓反射结构仍然蕴藏着丰富储层成因信息,可以用储层成因单元地震地层学的观点和研究方法,对储层成因和控制因素进行精细表征(图 5 - 21)。

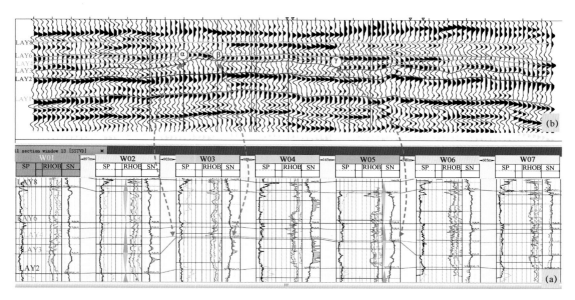

图 5 - 21　低缓构造背景下碳酸盐岩礁滩相地层的储层成因单元地震地层学分析

首先,根据碳酸盐岩地层的岩心描述和测井曲线的响应研究,认识到从层 LAY2 到 LAY8之间,为相对海平面下降—上升—下降的三个半旋回(图 5 - 21a)。在层 LAY3 的顶部,以深浅电阻差异为标志的粗岩相发育,且横向上各井该层的顶部位置(或层厚)可能变化很大。更进一步分析还认识到,LAY3 层段相对厚的顶部区域,为碳酸盐岩礁滩相储层,还常常观测到溶蚀现象,说明该区域为接近海平面的古地貌高处。

然后,通过测井剖面的地层对比、井震资料的精细标定和地震反射结构的分析,以及参考储层成因单元地震地层学成因模式 D 后,分析发现(图 5 - 21b):(1)在地震反射剖面上,LAY3 顶面有低缓的起伏;(2)在相对海平面上升半旋回中,LAY4—LAY6 层向 LAY3 超覆,并在与 LAY3 相交处,LAY4 出现断缺;(3)在断缺点 α 和 γ 处,还出现了地震波的频率降低、振幅衰减和极性偏移或反转现象,而且这两点所对应的储层岩相变粗和物性变好;(4)在 LAY3顶部的 β 区域,也同样出现了地震信号的衰减和频率的降低,并对应测井剖面上的粗岩相、溶蚀孔洞发育。

因此,可以推断出 LAY3 成因单元的顶界面是一个控制地层沉积分布的关键界面,而 LAY3 成因单元的厚度,控制着储层的物性分布。

实例二:Mishrif 组碳酸盐岩不同的成因单元发生的沉积迁移、岩相分异和物性变化的成因机理和控制要素。

由碳酸盐岩的沉积原理可知,碳酸盐岩的沉积是生物、化学和物理多重作用的结果,并主要发生在生产碳酸盐岩的"工厂",即水体较浅的碳酸盐岩台地。因此,古地貌和相对海平面变化,对碳酸盐岩台地的水体环境影响很大,从而也对碳酸盐岩的沉积将起到重要的控制作用。

储层成因单元地震地层学的观点认为,不同时期沉积的碳酸盐岩地层,可以看成是不同时期和不同的成因单元的沉积组合。而在不同的成因单元之间,或不同的成因单元组之间,都可能存在界面结构及其地震波属性的差异。不同成因单元的沉积、分布和变化,或多或少地都会在地震波反射结构及其属性的特征上产生一定的响应。因此,在地质沉积原理和岩石物理测井响应机理的指导下,通过岩心、测井刻度和地震反射结构的分析,可以揭示出碳酸盐岩地层的成因过程和储层分布的控制规律。

在中东 R 油田 Mishrif 组碳酸盐岩地层的东西向剖面上(图 5 – 22),在 Mishrif 组的下部(从下往上),分别有 Ahmadi 组和 Rumaila 组两套碳酸盐岩地层。在研究区范围内,从下部的 Ahmadi 组、Rumaila 组到上部的 Mishrif 组,没有大的不整合面发育。综合地质、测井、地震的地层对比,将 Ahmadi 组顶面解释为区域性的最大洪泛面 MFS_K130。此处,地层岩相为含有介形虫的灰泥岩,属于碳酸盐岩台内沉积环境。在地震反射剖面上,Ahmadi 组厚度稳定,其顶部为均匀和连续的反射结构,因此,综合分析认为,Ahmadi 组顶部的古地貌地形相对平缓。根据上述的分析,可以通过将 Ahmadi 组顶部的地震反射同相轴拉平,作为 Mishrif 组沉积早期古地貌恢复的依据。

通过古地貌恢复可以看出,Mshirif 组沉积初期时的古地貌,具有东高西低的格局(图 5 – 22a 中箭头处)。此时,在 Mishrif 组 Z1 段的内部,由成因单元反射结构分析可以看出,其早期的成因单元主要沉积在古地貌的高处。

同理,通过后期的古地貌恢复可以看出,在 Mishrif 组 Z1 段晚期的沉积时,古地貌演化成为中部高、两侧低的格局(图 5 – 22b)。在这个古地貌变化的过程中,在 Z1 段的内部,成因单元的反射结构显示其沉积中心由东向中西部的高点处发生了沉积迁移,且后期的成因单元叠加在前期的成因单元之上。

更为重要的是,在沉积迁移发生的同时,还出现了岩相和物性的相应变化。结合岩心分析、测井解释和井震标定可以发现,Z1 内部早期的成因单元具有岩相细(图 5 – 22b2),常为生物扰动的粒泥—泥粒灰岩,并夹有泥质粒灰泥岩,它们属于相对低能沉积环境的产物。该段储层物性相对较差,孔隙度常为 8% ~ 10%。然而,Z1 沉积晚期的成因单元处于古地貌高部位(图 5 – 22b1),主要发育有含厚壳蛤和有孔虫生物碎屑颗粒灰岩,它们属于高能沉积环境的产物,其溶蚀孔洞发育,储层物性好,孔隙度常为 15% ~ 28%。

由此可见,在 Mishrif 组 Z1 段中,沉积在古地貌高部位的储层岩相粗、物性好;而沉积在低部位储层的岩相细、物性差。不仅如此,Z1 段沉积后的分布形态,作为后期沉积的古地貌,仍然对后期碳酸盐岩的沉积有一定的控制作用。例如,在 Z1 段顶面形态的相对低部位和 Z2 段的岩相较细(图 5 – 22b3),为低能沉积环境下沉积的、有生物扰动的粒泥—泥粒灰岩,其物性

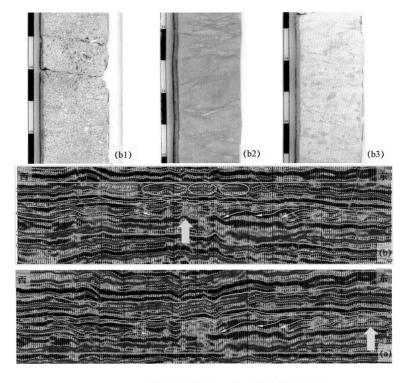

图 5 – 22   储层成因单元地震地层学综合分析

揭示出不同时期的古地貌对 Mishrif 组碳酸盐岩的沉积迁移、岩相分异和储层物性变化的控制作用。Mishrif 组 Z1 段的
沉积初期(a),古地貌具有东高西低的格局,Z1 段早期成因单元主要沉积在古地貌的高处。在 Z1 段沉积的晚期,古地
貌变化成中间高和两侧低的特征(b),Z1 的成因单元沉积在向中部的古地貌高处沉积迁移,并发生了相应的岩相由细
到粗的沉积分异作用(从 b2 到 b1)。这些揭示出,不同时期的古地貌和 Z1 段的古地貌形态及厚度,对 Mishrif 组碳酸盐
岩的沉积分布和储层属性的分异具有控制作用

也较差;在 Mishrif 组碳酸盐岩的 Z1 段沉积以后,又有 Z5—Z6 段沉积。然而,在地震反射剖面
上,在对应于 Z1 段古地貌高处的位置,Z5—Z6 段地震反射结构出现了不连续特征,结合岩心
和测井资料分析后,表明这些层段的粗岩相相对发育。而在对应于 Z1 段顶古地貌的低部位,
Z5—Z6 组的地震反射层位上,各个同相轴连续性好,同时,结合岩心和测井资料显示,其粗岩
相相对不发育(图 5 – 22b)。

通过以上的储层成因单元地震地层学的综合分析,不仅揭示出古地貌对 Mishrif 组 Z1 段
内部不同时期成因单元岩相的沉积分异和物性的变化有重要的控制作用,而且还进一步揭示
出,Z1 段的古地貌分布形态对其后面地层的沉积分异和储层物性变化也有一定的控制作用。
这个研究成果,将为 Mishrif 组碳酸盐岩储层的分布预测和储层地质建模提供明确的地质成因
控制参数。因此,通过储层成因单元地震地层学的研究,可为成因变量控制下储层预测和储层
地质建模提供地质依据和方法基础。储层成因单元地震地层学的研究和应用成果,还将在后
面的章节中进一步体现出来。

第六章　储层表征与储层成因单元
地震地层学的研究实例

　　碳酸盐岩礁滩体是一类非常重要的碳酸盐岩储层,世界上许多大型的碳酸盐岩油气田,如中东的哈法亚(Halfaya)油田、鲁迈拉(Rumaila)油田、阿萨伯(Asab)油田和中国塔里木盆地的一些碳酸盐岩油气田等,都包含有大量的碳酸盐岩礁滩储层。然而,在该类油藏的开发过程中,储层往往会表现出强烈的非均质性,如在横向和纵向上,各井储层的产量和递减率差别大,且油藏天然水或注入水在开发过程中,常会发生异常突进等。这些现象的出现对这类碳酸盐岩的储层表征提出了更高的要求,就是要弄清储层及其非均值性的成因和分布规律。但实际情况是,在碳酸盐岩礁滩型储层的表征和预测中,仅仅利用传统的研究方法,往往会遇到很大的困难。这是由于碳酸盐岩礁滩是最活跃的沉积相带,具有沉积水体浅、控制和影响因素多和储层相变快等特点。因此,需要不断地研究储层的地质成因及其物理响应的表征方法,进行储层成因刻画和成因预测,才能够获得好的效果。

　　本章以中国塔里木盆地中部的一个油气田为例,通过地质、测井、地震和动态资料的有机结合,展现碳酸盐岩礁滩储层的成因表征和储层成因单元地震地层学的研究方法。首先,针对前期储层研究所暴露的问题,对储层特征进行再认识,并对不同的岩相类型、孔隙类型进行了分类表征。然后,研究了不同的岩相、孔隙类型与储层物性的关系,明确了粗岩相和次生孔隙对储层的物性的控制作用。在此基础上,研究了岩相和次生孔隙的表征方法,以及井眼地层剖面上,不同期次和不同岩相成因单元的次生孔隙发育特征。再通过地质、测井和地震资料的结合,建立等时地层格架,并应用储层成因单元地震地层学的分析方法,以储层地质成因和岩石物理测井响应机理为指导,通过高精度的地震反射结构的成因分析,刻画了三期不同的成因单元分布与演化规律;通过建立地层成因单元结构模型,进一步分析和揭示不同时期成因单元的时空演化及其对储层属性的控制作用。最后,分不同的储层成因单元,建立储层次生孔隙发育指数与地震属性的关系模型,揭示出不同类型优质储层的精细结构和空间分布规律。

第一节　研究区概况

一、研究区的地质构造背景

　　塔中隆起区位于中国西部塔里木盆地的中部,面积约 $2.7 \times 10^4 km^2$。该区域的北部为满加尔凹陷,南部为唐古兹巴凹陷,是一个大型的油气聚集区(图 6 - 1a)。塔中隆起区的断裂系统主要发育于石炭系以下的地层中,其走向主要为 NW 向或 NWW 向,其中,位于塔中隆起区北缘的塔中 I 号断裂带,对碳酸盐岩沉积和油气藏的形成具有重要意义(贾承造,1997)。

在中—晚奥陶纪期间,由于强烈的构造运动,使得塔中隆起区的早奥陶统的鹰山组(O₁y)碳酸盐岩的顶部抬升,并形成区域不整合面(图 6 – 1b)。在相对海平面的振荡过程中,碳酸盐岩台地环境产生于下奥陶统良里塔格组(O₃l),并沿塔中隆起区北缘的塔中 I 号断裂台缘带附近,形成了碳酸盐岩礁滩体的高能相带。

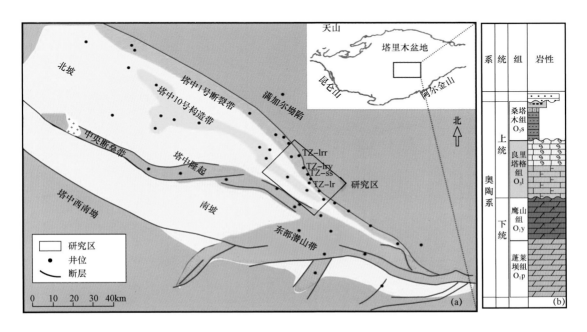

图 6 – 1   研究区区域地质构造背景(a)及其地层柱状图(b)

二、油气开发需要解决的问题

自从 2005 年以来,沿塔中 I 号断裂台缘带附近的奥陶系良里塔格组不断发现油气区,采用滚动开发的方式,先后打了许多探井和开发井,井距在 1.5 ~ 7.3km 之间。然而,这些井的测试或生产结果显示,它们的产量状况变化很大,并由此揭示出良里塔格组碳酸盐岩储层强烈的非均质性(图 6 – 2)。例如,TZ – lry 井保持了近 5 年的高产稳产;而与之相邻的 TZ – ss 井,虽然在测试初期获得了日产油 40t 和日产天然气 9.6 × 10⁴m³,却在生产的一个月内,产量递减殆尽。不仅沿台缘带井的生产状况变化很大,在该台地的内部,井的生产状况普遍也变得很差。很多低产井与高产井相比,它们都具有相同的沉积环境,在地震属性上,也似乎具有相近的特征,但是,它们的生产动态表现却差别很大。

因此,有关研究区储层品质的控制因素、优质储层的表征方法和储层分布的规律以及预测方法等,都是油气藏开发中急需解决的棘手问题。

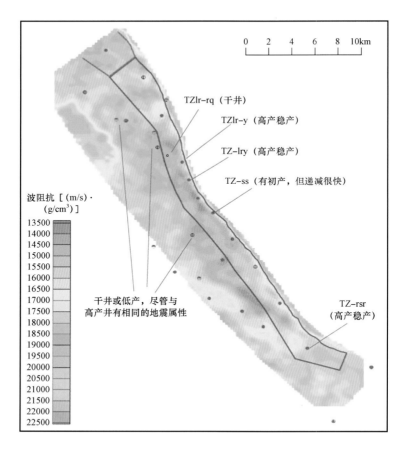

图 6 – 2　研究区地震波阻抗属性分布与开发井生产状况综合图

第二节　不同类型岩相、孔隙类型和物性特征及其相互关系

一、不同类型岩相的特征

在碳酸盐岩岩相分类特征的研究中,往往需要在邓哈姆分类原则的基础上,结合其他碳酸盐岩岩石分类方案的优点,同时,也要根据实际储层研究的需要,增加更多的关于岩石组构的特征指标,并加入研究区的岩相分类中。例如,参考了福克分类,增加了对颗粒类型(鲕粒、生物碎屑)和胶结物类型(亮晶、泥晶胶结物等)的分类特征。参考恩布里和克洛范的分类,增加了含砾屑和骨架礁灰岩的分类特征。增加的这些分类特征,可以反映出岩石的成因及其对储层物性的影响。举例来说,岩石颗粒的大小可以体现沉积时水体能量的大小;亮晶胶结物可以表示清洁动荡成岩环境;而泥晶胶结物预示着浑浊低能的成岩环境等。根据上述碳酸盐岩分类原则和沉积机理,良里塔格组碳酸盐岩的岩相分类及其沉积环境表述如下。

1. 骨架礁灰岩

骨架礁灰岩主要含有造礁生物骨架、骨架孔腔或溶孔结构,生物骨架主要包括珊瑚、托盘海绵、层孔虫和管孔藻,约占岩石体积的60% ~ 70% 。当具有亮晶含砾屑的生物骨架礁灰岩组构时,表明沉积在水体动荡的高能环境;而当有泥晶骨架礁灰岩组构时,则预示着安静和低能的沉积环境。

2. 亮晶颗粒灰岩类

亮晶含砾屑颗粒灰岩具有颗粒支撑结构,砾至砂级的生物碎屑占约65%~70%,其他碳酸盐岩颗粒约占15%。常见亮晶碳酸盐岩胶结物充填在孔隙中。该类亮晶含砾屑的岩石组构一般沉积于高能的生物碎屑滩环境。

亮晶生物碎屑灰岩具有颗粒支撑和亮晶胶结的内部结构,其中生物碎屑约占60%~85%,并含有少量的其他碳酸盐岩的砂级碎屑。生物碎屑主要包括棘皮类、腕足类和苔藓虫等。这类岩石一般沉积于台地边缘的生物碎屑滩,具有中—高能的沉积环境。

亮晶鲕粒灰岩具有颗粒支撑和亮晶胶结的内部结构,其中鲕粒约占50%~70%,生物碎屑约占10%~30%。这类石灰岩一般沉积于陆架台地边缘的高能浅水环境。

3. 泥晶颗粒灰岩类

泥晶生物碎屑灰岩具有颗粒支撑和泥晶胶结的内部结构。生物碎屑约占颗粒的50%~60%,主要为棘皮类、藻屑、海百合根茎和绿藻。这类岩石主要沉积于中—低能环境的灰泥丘。

泥晶碳酸盐岩砂屑灰岩具有颗粒支撑结构,石灰岩的砂屑约占50%~60%,伴随着灰泥充填于粒间孔隙。这类岩石常沉积于礁后的环境。

4. 泥晶灰岩类

泥晶灰岩以石灰岩灰泥为主,仅含有少量的碳酸盐岩碎屑、球粒和生物碎屑。该类岩石主要沉积于台内的低能环境。

5. 藻黏结灰岩类

藻黏结灰岩是指具有藻黏结球粒、或藻与泥晶连接的石灰岩砂屑或生物碎屑。这类石灰岩有时还可具有不规则的泥晶—藻—亮晶碳酸盐岩韵律薄互层的叠层石结构。一般认为,这类岩石沉积于像灰泥丘这样的台内安静和低能的环境中。

二、不同类型的孔隙、物性及其连通性特征

从岩心和岩石薄片观测分析,研究区良里塔格组的碳酸盐岩具有多种孔洞和裂缝类型,如有粒间孔或晶间孔、粒间或晶间溶孔、不同大小的溶洞和裂缝等。由第四章第二节可知,从兼顾地质成因和储层岩石物理表征的角度,曾有过多种不同的碳酸盐岩孔隙空间的分类方法,包括阿尔奇(1952)的基质和可见孔隙分类;乔奎特—普瑞(1970)的岩石组构选择性孔隙与非选择性孔隙分类;卢西亚(1983)的粒子间孔隙、晶间孔隙、相互连通或非连通的溶蚀孔隙分类。这些不同的孔隙分类,各自都有相应的特色、解决或认识问题的优势。

从储层成因表征的角度出发,可以将本区储层的孔隙归结成6种类型,即微孔隙、孤立粒间晶间孔隙、连通性粒间晶间溶蚀孔隙、粒间晶间孔隙加微裂缝、微裂缝,以及宏观溶蚀孔洞。从岩样的孔隙度与渗透率交会图(图6-3)上可以看出,不同的孔隙类型具有较为明显的孔—渗响应特征分布,反映出它们不同的连通性。

微孔隙的物性很低,其孔隙度一般小于2%;渗透率小于0.1mD。这大致代表着碳酸盐岩灰泥或泥晶基质岩石最低的物性特征(图6-3中区域A,图6-4a)。

孤立粒间晶间孔隙具有一定的孔隙度,但这些孔隙空间之间相互不能很好连通,造成了该类储层孔隙度增加时,对其渗透率值基本没有影响,且储层的渗透率大多仍然小于0.1mD

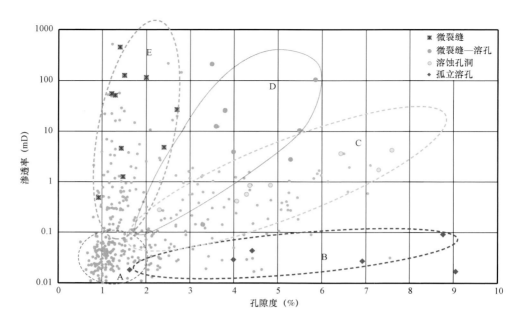

图 6-3　不同类型孔隙空间的孔—渗交会图及其特征分区(据良里塔格组碳酸盐岩岩心样品分析数据)

(图 6-3 中区域 B,图 6-4b)。

连通性粒间晶间溶蚀孔隙,其孔隙度分布在 2%~12% 之间,渗透率分布在 0.2~200mD 之间。孔隙度的增加造成相应渗透率值的增加,表明这类储层孔隙和溶孔之间是相互连通的。从岩石铸体薄片普遍可以观测到,这些粒间和晶间的孔隙,大多经过溶蚀,彼此连通性好(图 6-3 中区域 C,图 6-4c)。

粒间晶间孔隙加微裂缝组合,其孔隙度一般分布在 2%~6% 之间,储层相对致密,但由于裂缝的存在,使得该类储层的渗透率相对较高,分布在 0.2~400mD 之间(图 6-3 中区域 D)。

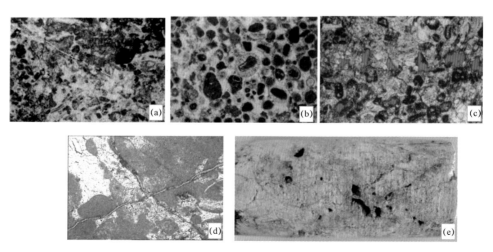

图 6-4　良里塔格组碳酸盐岩典型岩石铸体薄片(单偏光,80×)和岩心照片(岩心直径 21.6cm)

(a)泥晶藻黏结粒泥岩;(b)泥—亮晶藻屑灰岩;(c)亮晶生屑砂屑灰岩,溶孔连通性好,呈串珠状发育;

(d)藻黏结灰岩、微裂缝发育;(e)岩心照片,含砾屑颗粒灰岩,裂缝和溶蚀孔、洞发育

仅微裂缝发育的储层孔隙度很低，一般小于3%，但其渗透率相对较高，可以达到2000mD。这类储层的具有低孔隙度、高渗透率的特征（图6-3中区域E，图6-4d）。

宏观溶蚀孔洞主要是指规模较大的溶蚀孔洞和溶蚀缝，以至于用肉眼可以直接从岩心中观测到。这类溶蚀孔隙空间的规模往往大于2.4cm直径的柱塞样，需要从全直径岩样中描述分析，或用钻井液漏失指示，或用测井曲线解释。具备这类宏观溶蚀孔隙的储层往往具有高产的特征，因此，也可由动态资料反算出其动态渗透率（图6-4e）。

三、不同类型孔隙发育的优势岩相及其相关因素

根据岩心、薄片和岩样物性分析资料的综合分析，发现本区不同孔隙空间的发育与不同的岩相有一定的关系。微孔隙的岩性大多为泥晶灰岩和藻黏结灰泥岩。孤立粒间晶间孔隙的岩性一般为泥晶—亮晶粒泥灰岩和藻黏结粒泥灰岩。连通性粒间晶间溶蚀孔洞一般发育在亮晶颗粒灰岩中，而宏观溶蚀孔洞一般发育在含砾颗粒灰岩和部分骨架礁灰岩中。

由于碳酸盐岩的沉积具有多期旋回性，伴随着粗细岩相的沉积也具有韵律性和旋回性，因此，具有不同岩相及其孔隙空间的储层，在纵向上的分布也应当具有相应的规律性发育。另外，储层的孔隙结构不仅与沉积有关，还会与成岩环境有关，如准同生期的暴露、淋滤和溶蚀，以及深部的压实和胶结等，因此，储层的物性还可能会与不同时期沉积序列和高频层序转换面有关。这些都需要进一步结合测井和地震资料，进行大尺度和完整的储层成因表征。

第三节　不同时期高频层序的划分
及其与岩相和缝洞发育的关系

一、不同时期高频层序的划分及其岩相特征

前期研究已经看到，不同类型的岩相对储层的孔隙结构、连通性和物性特征具有明显的控制作用，如物性和连通性好的溶蚀孔洞，往往发育在亮晶粗结构的岩相中。而这些不同的岩相是在不同时期沉积的，其溶蚀现象的产生还与它们附近的沉积和溶蚀界面有密切相关。因此，为了研究储层的分布规律，应首先弄清不同时期高频层序的划分。

通常，碳酸盐岩台地的伸范围很广，层序地层内不同体系域的规模也分布广泛，因此，在进行碳酸盐岩储层的开发地质研究中，往往不一定能够追踪到完整的层序地层格架边界和分布，更重要的是从开发地质需要出发，更加注重研究对储层发育和分布有重要影响的高频层序。也这就说，应当在关键和区域性成因界面的控制下，识别和划分出那些对储层岩相和物性有重要控制作用的，同时又能被测井和地震资料识别出来的高频层序，为储层分布研究奠定基础。

研究区位于塔中隆起区，这里的良里塔格组碳酸盐岩的顶底分别是两个区域性的层序界面。其中，下部的层序界面是上奥陶统的良里塔格组（O_3l）与下奥陶统的鹰山组（O_1y）的不整合面，也是区域性三级层序OSQ3的顶界面，此界面曾经有10Ma的长期暴露和风化剥蚀作用（赵宗举等，2009）。而良里塔格组的顶界面，与上覆的桑塔木组泥岩（O_3s）也为不整合接触关系（王海平，2010；杨俊等，2012）。

在区域性层序界面的控制下，根据取心井岩心地质信息、测井曲线和地震反射波剖面的响应特征，将良里塔格组碳酸盐岩地层划分出三个高频层序，从下往上分别为Phase I _GU1、Phase II_GU1、Phase III_GU1，具体特征如下（图6-5）：

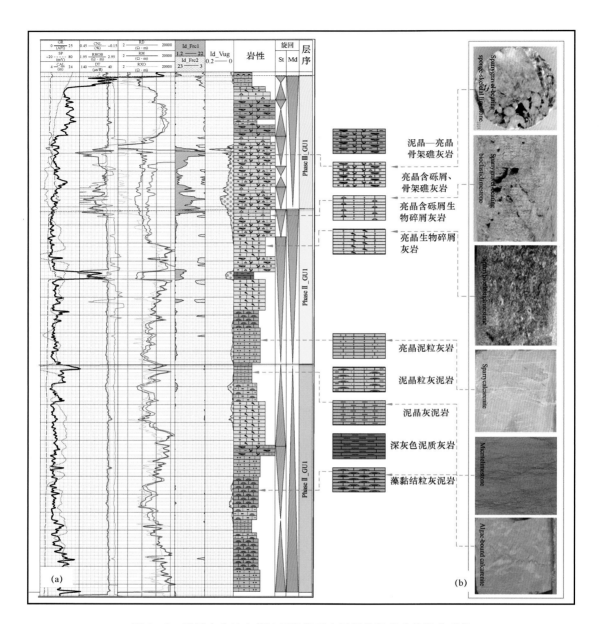

图 6-5　塔里木盆地中部地区奥陶系良里塔格组碳酸盐岩典型井
的地质和测井解释剖面以及岩心照片综合图

（1）高频层序 Phase Ⅰ_GU1 的底界面，为良里塔格组（O₃l）与鹰山组（O₁y）之间不整合面界面。由此向上，该层序总体表现为向上变细的沉积旋回，岩相由亮晶泥粒灰岩、藻黏结粒泥灰岩，转变成泥晶粒泥灰岩和泥晶泥灰岩。该段地层的岩相总体较细，沉积水体相对较深，能量较弱，且其顶部的泥晶泥灰岩对应于与自然伽马测井的局部极大值。

（2）高频层序 Phase Ⅱ_GU1 为向上变粗的沉积旋回，其岩相组合由亮晶泥粒灰岩、藻黏结粒泥灰岩，逐渐过渡到亮晶生物碎屑灰岩、亮晶含砾屑、骨架礁灰岩和亮晶含砾屑、生物碎屑灰岩。在接近其顶界面的岩相中，常见到岩心中有溶蚀缝和溶蚀孔洞的发育，而且此段的钻井液有漏失，测井曲线也常出现异常跳跃现象，这些都佐证这种宏观的溶蚀孔洞和溶蚀缝的存在。综合来说,该高频层序的顶部主要发育有碳酸盐岩礁滩的沉积岩相组合,沉积水体较浅,水体能量较强,且在相对海平面振荡中可能出现过短期的暴露和淋滤,因此,该高频层序的顶界面是一个有过暴露的溶蚀面。

(3)高频层序 Phase Ⅲ_GU1 的岩相都比较粗,总体上仍然具有向上变浅的岩相组合。该层序段的大部分岩相为亮晶生物碎屑灰岩、亮晶含砾、骨架礁灰岩和亮晶含砾、生物碎屑灰岩。在这些较粗的岩相组合中,岩心中常见溶蚀缝和溶蚀孔洞的发育;测井曲线显示孔隙度值较高和缝洞较为发育的特征;在生产动态上,许多井在该层段获得了高产油气流。因此,该段是良里塔格组主要的优质储层发育段。在该层序的顶部出现了部分泥晶—亮晶骨架礁灰岩和泥晶泥灰岩,综合分析认为,这是由于良里塔格组碳酸盐岩沉积晚期,随着相对海平面的下降,逐渐演化成镶边台地沉积环境,此时,由于沉积环境的封闭性和水体变浅,使得台内的水体能量进一步减弱,沉积了较为细粒的沉积物。

二、不同时期高频层序对岩相及其溶蚀孔洞缝发育的控制作用

1. 地层缝洞发育特征的解释

本区良里塔格组碳酸盐岩储层的物性相对致密,储层基质的孔隙度一般小于12%,渗透率通常小于100mD。然而,在缝洞发育段的储层,很多井获得了高产油气流,因此,裂缝的解释对良里塔格组储层的研究十分重要。

由于连续取心井很少,很小的柱塞样也很难表现出规模较大的宏观溶蚀缝洞的发育状况,因此,岩石物理测井的缝洞解释是解决问题的一个重要途径。

对于溶蚀孔洞的测井解释,可以采用式(3−9)或式(4−1)计算次生孔隙度发育指数,前者用中子与密度测井的交会孔隙度代表岩石总孔隙度;后者用密度测井计算的孔隙度代表岩石总孔隙度。这两个公式的解释原理基本相同,就是利用了声波测井与中子或密度测井对不同的孔隙空间响应不同,即声波测井响应的是均匀分布的岩石基质孔隙,而中子或密度测井响应的是探测空间中岩石的总孔隙,这两者的差值主要反映非均匀分布的溶蚀孔隙。这个测井次生孔隙度指数解释模型的地质和物理意义明确,在实践中被反复证实是可靠的。

在裂缝的解释中,利用了两个测井裂缝解释模型。第一个模型是 Id_{Frc1},它主要根据深浅双侧向电阻率测井差异对裂缝发育强度的响应,即

$$Id_{Frc1} = A_1 \Delta (R_{lld} - R_{lls}) + B_1 \tag{6-1}$$

式中,R_{lld} 和 R_{lls} 分别为深、浅电阻率测井值;A_1 和 B_1 是运算常数。

第二个测井裂缝解释模型 Id_{Frc2} 是提取了裂缝的附加导电性,即式(3−27),$Id_{Frc2} = A | \Delta R_f(R) | + B$,式中的 ΔR_f 为通过电阻率测井和岩石体积模型提取的裂缝附加导电性模型,A 和 B 都为待定常数。

这两个裂缝解释模型分别从两个不同的测井响应机理上提取裂缝的测井表征变量,它们相互印证,可以提高裂缝识别的可靠性。如图 6−5 中,测井裂缝的解释参数 Id_{Frc1}、Id_{Frc2} 与测井次生孔隙度指数 Id_{Vug} 以及岩心的岩相特征,都有一定的相关性。

2. 不同的高频层序对岩相与缝洞发育的控制作用

根据划分出的三个高频层序,分别统计了不同时期高频层序中 6 种不同的岩相、次生孔隙度指数和裂缝发育指数的出现频率,分析不同高频层序的岩相和缝洞发育的特征及其相互关系(图 6−6)。

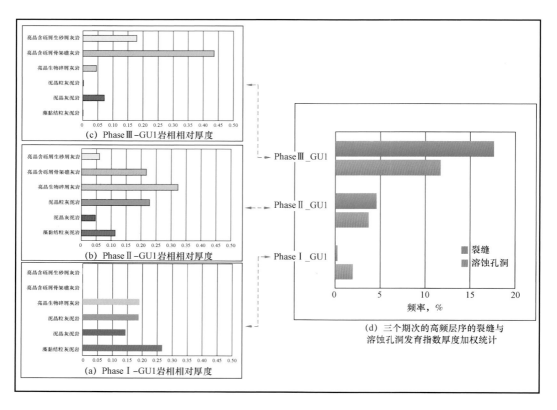

图 6-6　塔中地区奥陶系良里塔格组碳酸盐岩不同时期高频层序的岩相相对厚度、
裂缝和溶蚀孔洞发育指数的厚度加权统计直方图

统计的 6 种岩相为亮晶含砾屑生屑灰岩、亮晶含砾屑骨架礁灰岩、亮晶生物碎屑灰岩、泥晶粒灰泥岩、泥晶灰泥岩和藻黏结粒灰泥岩。可以发现,3 个高频层序有明显不同的岩相组合特征:

(1)最早期的高频层序 Phase Ⅰ _GU1,主要发育细结构的藻黏结粒泥灰岩和泥晶泥灰岩,而缺少亮晶和粗结构的岩相(图 6 - 6a)。

(2)高频层序 Phase Ⅱ _GU1,仅发育少量的细结构的藻黏结粒泥灰岩和泥晶泥灰岩,主要发育粗结构的岩相,如亮晶含砾屑生物碎屑灰岩、亮晶含砾屑骨架礁灰岩、亮晶生物碎屑灰岩(图 6 - 6b)。

(3)高频层序 PhaseⅠ Ⅲ_GU1,几乎很少有细结构的岩相,主要为粗结构的亮晶含砾屑生物碎屑灰岩、亮晶含砾屑骨架礁灰岩、亮晶生物碎屑灰岩,以及泥晶—亮晶骨架礁灰岩(图 6 - 6c)。

(4)在缝洞发育方面,分别统计了裂缝发育指数 Id_{Frcl} 与次生孔隙度指数 Id_{Vug} 的厚度加权的相对比值(表示发育强度),发现它们在不同的高频层序中的发育强度也各不相同,并具有明显的趋势性,即从下至上 3 个高频层序的缝洞发育程度越来越强(图 6 - 6e)。

综合研究上述统计结果后,可以推断,从最早期的高频层序 Phase Ⅰ _GU1,到后来的高频层序 Phase Ⅱ _GU1 和 PhaseⅠ Ⅲ_GU1,相对海平面震荡变浅,水体能量逐渐增强,岩相变粗,储层物性变好,且由于碳酸盐岩礁滩的沉积水体较浅,在相对海平面的震荡降低中,会发生短时期的暴露和淋滤,使得上部的高频层序的裂缝和溶蚀孔洞十分发育。

第四节　不同时期储层成因单元地震地层的结构与成因分析

一、地震地层成因结构分析

结合区域地质和构造背景,根据岩心与测井资料标定下的地震波反射结构的储层成因分析,可以对研究区的地震地层成因做如下推断解释(图6-7)。

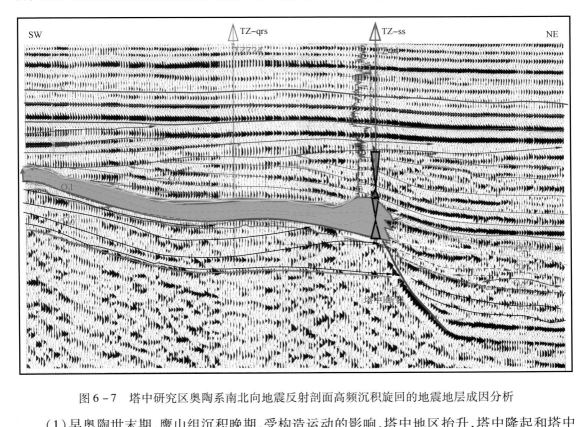

图6-7　塔中研究区奥陶系南北向地震反射剖面高频沉积旋回的地震地层成因分析

(1)早奥陶世末期,鹰山组沉积晚期,受构造运动的影响,塔中地区抬升,塔中隆起和塔中Ⅰ号断裂带形成。

(2)由于鹰山组顶部出现了明显的地震地层的削截,而且岩心和测井资料证实缺失了中奥陶统一间房组和吐木休克组,因此,受塔中隆起和相对海平面下降影响,在塔中地区中奥陶世出现了大规模的暴露和风化剥蚀,形成了鹰山组(O_1y)顶面的不整合面。

(3)中奥陶世以后,相对海平面上升,海水淹没了塔中隆起区的台地,形成了良里塔格组碳酸盐岩礁滩与潟湖的沉积环境。从地震地层结构上,还可以进一步分辨出三期高频层序,其中第三期沉积的高频层序在台地边缘出现了明显的上凸形态,结合测井资料,可解释为台地边缘的岸礁,它对台地内部水体循环有屏蔽作用,使得台内的良里塔格组尤其是顶部,沉积了细结构的碳酸盐岩。

(4)晚奥陶世晚期,相对海平面上升,出现了最大洪泛,形成了混积陆棚的沉积环境(陈景山等,1999),沉积了细结构的桑塔木组。之后,台地西南抬升,海水向北东面逐步退却。

二、高频层序地震地层中不同储层成因单元的划分

地震反射结构是不同时期地层高频层序的沉积、迁移、叠置和剥蚀的地震响应，蕴含着极为丰富的地质信息，是控制储层分布及其物性变化极为重要的因素。

在前面岩心和测井资料的研究中，已经发现不同时期的高频层序对岩相、物性和缝洞发育有着重要的控制作用。然而在储层横向分布上，研究发现，即使在同一时期的高频层序中，地层的岩相和物性也是会有相当变化的。例如，TZ－ss 井在第 Ⅱ、Ⅲ 期的高频层序中，钻遇了大段粗结构和溶蚀孔洞发育的亮晶含砾屑生物碎屑灰岩，并通过生产测试，获得了高产油气流。然而，相邻的 TZ－qrs 井虽然处于相同的高频层序，也具有向上变浅的沉积旋回，但是该井的岩相大多数为泥晶灰岩，物性很差，生产测试为极低产或干层。由此可见，即使在同一时期的高频层序内，由于其所处的位置和局部环境不同，还会发生沉积的分异和储层物性的变化。

因此，在不同时期高频层序划分的基础上，进一步提出了进行成因单元的划分和解释。这就是根据岩心资料的地质成因分析和岩石物理测井标定及解释，利用高分辨率的地震反射结构成因分析，精细刻画了不同时期高频层序及其所包括的成因单元。根据这样的研究方法，将台地之上的良里塔格组碳酸盐岩解释和划分出 6 个成因单元（图 6－8）：第 Ⅰ 期高频层序中，识别了成因单元 Ph Ⅰ_GU1 和 Ph Ⅰ_GU2；第 Ⅱ 期高频层序中，识别了成因单元 Ph Ⅱ_GU1 和 Ph Ⅱ_GU2；第 Ⅲ 期高频层序中，识别了成因单元 Ph Ⅲ_GU1 和 Ph Ⅲ_GU2。

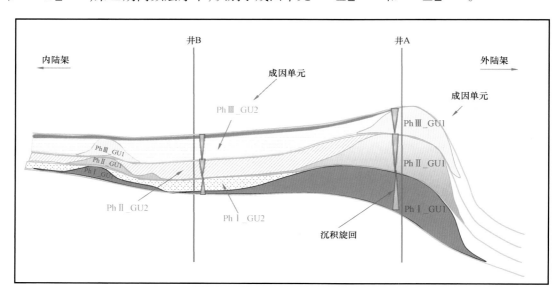

图 6－8　良里塔格组碳酸盐岩 3 个不同时期高频层序所包含的成因单元示意图

三、不同时期和不同储层成因单元的分布与演化成因分析

在岩心和测井资料的刻度下，在地震测线网上对多条地震反射剖面进行高频层序和成因单元的解释和追踪，然后运用计算机建模技术，构建了 3 个不同期次与储层有关的成因单元的结构模型，还将该模型叠加到良里塔格组底面构造图上，以揭示不同时期成因单元的空间分布、成因机理及其对储层属性变化的控制作用（图 6－9）。

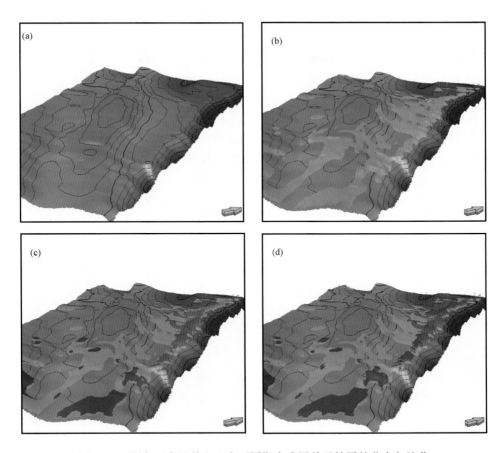

图 6 - 9　研究区古地貌和 3 个不同期次成因单元储层的分布与演化

第一期成因单元 Ph I _GU1 在台缘、台内都有分布(图 6 - 9b),从其分布的位置、形态,并结合井揭露的岩相特征,可以反映出古地貌和生物活动对沉积的控制作用。在台内中部,古地貌的最高处并没有沉积物,表明海水并没有完全淹没当时的台地。沉积物主要分布在古高地中相对低洼处和构造斜坡带上低洼的潮道中,并且部分潮道的沉积物向下延伸,扩展至台缘附近的平缓区域。这些分布特征反映出,这部分沉积物主要受到古地貌和水动力的控制为主。在台缘区,沿塔中 I 号断裂的台缘带,沉积物分布较厚,岩心揭示其岩相主要为泥晶灰岩、藻黏结的粒泥灰岩和少量细粒的生物碎屑灰岩,说明这部分沉积物受到水动力和生物作用的双重影响。因此,良里塔格组碳酸盐岩第一期成因单元主要为碳酸盐岩灰泥丘(carbonate mud mound)沉积。另外,在台内广大的平缓区,只有零星的少量沉积物,可认为是碳酸盐岩点礁的沉积。

第二期成因单元 Ph II _GU1 的分布特征与前一期相比,出现了一个明显的变化,就是其主要分布范围转移到台缘附近,且叠加在前一期灰泥丘的高处,显示出反重力的生物沉积特点(图 6 - 9c)。因此可以推断,第二期成因单元的沉积受生物作用的影响很大。同时,在高处的沉积物,由于接近海面,在相对海平面振荡过程中很容易受到风浪侵蚀,产生溶蚀和破碎,而剥蚀的碎屑又会沉积在离礁体不远处。实际岩心资料证实,第二期成因单元的岩相主要为粗结构的亮晶含砾屑生物碎屑灰岩、亮晶生物碎屑灰岩、亮晶含砾屑骨架礁灰岩和少量细结构的藻黏结粒泥灰岩、泥晶泥灰岩。因此,除了台内少量的点礁外,该期的成因单元主要为碳酸盐岩礁滩复合体。

第三期成因单元 Ph Ⅲ_GU1 几乎全部分布在台地边缘区,且叠加在前两期的灰泥丘和礁滩体的高处,表现出强烈的受生物沉积作用的影响(图6-9d)。岩心资料证实,该期岩相主要为溶蚀孔缝洞发育的亮晶含砾骨架礁灰岩、亮晶含砾生物碎屑灰岩和亮晶生物碎屑灰岩等,具有明显的碳酸盐岩礁滩复合体(reef-flat complexes)的特征。

结合前面利用井震资料,对相对海平面变化、沉积旋回以及岩相与物性的响应分析,可以对第三期储层成因单元的成因过程做出进一步的分析和推断。

在相对海平面下降的过程中,沿塔中Ⅰ号断裂台缘带,礁滩体岩隆(reef-flat buildup)的顶部区域水体浅,阳光充足,并靠近深海带来的营养物质,因此,此处很适合造礁生物的繁茂生长。同时,由于相对海平面的高频振荡,碳酸盐岩生物礁岩隆频繁地暴露和淹没,受到海水和风浪的侵蚀,使生物礁在生长的同时还会产生破碎,该碎屑物质又会被海水水流带走,并随着水深和能量的变化产生由粗到细的沉积分异,形成碳酸盐岩礁滩复合体。这些礁滩复合体的频繁暴露,还会受到风化和淋滤作用,使其溶蚀孔洞发育。在沉积后的埋藏和成岩过程中,构造运动又会使这些风化面附近,岩石结构粗、岩石力学性质脆,并具有原始的溶蚀孔洞发育的层段,裂缝发育,造成进一步的溶蚀作用。因此,在第三期的成因单元的岩心及其测井响应中,揭示了大量的粗岩相和溶蚀孔洞及缝的发育。然而在第三期成因单元中,原先台内的点礁并没有进一步发育,这可能是因为,此时台地边缘的边礁已经将台内的海水完全封闭,不再适合台内点礁的生长。

开发井的油气测试和生产动态证实,绝大多数有工业油气流的井都分布在台缘区,尤其是具有高产油气流的井,几乎没有例外地都分布在第三期成因单元 Ph Ⅲ_GU1 和第二期成因单元 Ph Ⅱ_GU1 的分布区域。这是因为奥陶系良里塔格组碳酸盐岩的地质年代老,埋藏深,压实和胶结的成岩作用强,岩石大多数物性致密,只有岩相粗、力学性质硬,具有溶蚀孔洞和裂缝发育的第三期和第二期成因单元的储层,才具有有效的储层物性。

第五节　不同储层成因单元的属性表征
及其精细结构的分布预测

一、不同储层成因单元的缝洞发育指数的表征

通过地质、测井和地震资料刻画的不同时期储层成因单元的空间分布,已经初步揭示出不同时期的成因单元对优质储层和高产井分布的控制作用。然而,对于复杂的良里塔格组碳酸盐岩储层还是不够。比如,开发生产动态发现,在第二期和第三期成因单元所预测的优质储层发育区域内,有些井确实高产稳产,但也有些井只是在短暂的生产测试期获得了高产油气流,之后产量又很快递减。因此,为了弄清生产井出现的这种产量变化的地质原因,还需要对优质储层内部的精细结构做出进一步的表征。

实际上,不同时期储层成因单元的结构模型,已经综合体现出不同时期的高频旋回和不同的成因单元结构对储层分布的控制作用。更进一步,就是要挖掘出成因单元内部储层物性,尤其是溶蚀缝洞的属性变化。

通过考察研究区生产井的日平均产量与相应层段厚度加权的裂缝(Wid_Frc)和次生孔洞发育指数的关系,发现它们都为正相关关系。就是说,缝洞发育强度增大,单井日平均产量越

高。这在机理上是合理的,从动态资料上也佐证了测井裂缝和次生孔洞发育指数解释的有效性。

然后,在成因单元内,统计分析了测井解释的厚度加权的裂缝和次生孔隙发育指数,与井旁地震道上的地震瞬时能量属性的关系,发现它们三者之间不仅仅正相关,还存在更多的内在的量化关系(图6-10)。研究发现,当地震瞬时能量 <6000 时,孔洞发育指数尤其是裂缝发育指数数值低,且变化不大;当地震瞬时能量 ≥6000 时,裂缝发育指数和次生孔洞发育指数都出现了明显的加速增长,这说明在成因单元内,地震反射波的强烈变化,是裂缝和孔洞发育的标志。

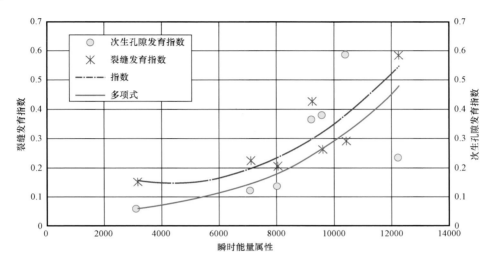

图6-10 成因单元内部地震瞬时能量属性、厚度加权的裂缝发育指数以及次生孔洞发育指数的关系

二、不同缝洞发育指数储层内部结构的分布规律

根据生产动态、裂缝发育指数、次生孔洞发育指数与地震瞬时能量的量化分析,对地震瞬时能量属性及其所代表的次生孔隙发育强度,给出了4级刻度和相应的色标指示(表6-1)。

表6-1 成因单元内储层地震瞬时能量属性刻度、色标指示及其所对应的次生孔隙发育指标

地震瞬时能量刻度	次生孔隙(裂缝和溶蚀孔洞)发育评价指标	色标指示
0~1000	不发育	蓝色
1000~2000	出现	淡蓝色—淡绿色
2000~6000	发育	黄色—红色
≥6000	很发育	桃红色

然后,在第三期成因单元 Ph Ⅲ_GU1 和第二期成因单元 Ph Ⅱ_GU1 中,提取地震瞬时能量属性,并按照表6-1的刻度原则,以相应的色标进行表征,从而揭示出储层内部不同缝洞发育强度特征。这个结果不仅揭示了良里塔格组碳酸盐岩储层精细的内部结构、成因和分布规律,还能够解释许多井生产动态的差异(图6-11)。

从纵向上看,礁滩体上部储层的次生孔隙(溶蚀孔洞和溶蚀缝)更加发育(桃红色),这符合之前根据井眼地质和测井资料对储层成因的认识,即在相对海平面震荡下降中,礁滩体上部的地层不仅岩相粗、物性好,而且还更容易受到风浪和大气水的风化改造,产生大量溶蚀缝洞,

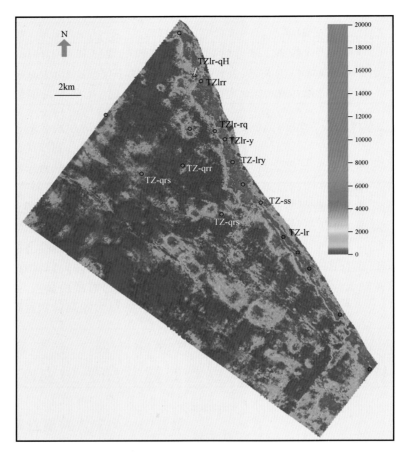

图6-11　研究区奥陶系良里塔格组碳酸盐岩储层成因单元及其缝洞发育程度指数的分布图

总体上表现出碳酸盐岩沿岸礁堤坝和台内点礁的分布特征,储层的缝洞发育程度参考表6-1的地震属性标定,其中,
桃红色—红色代表缝洞最为发育的优质储层,它们对应于高产井的分布区,而台内蓝—绿色区域,缝洞不发育,
基本对应于干层或极低产层

从而成为优质储层。从礁滩体顶部向下,储层的次生孔隙发育程度逐渐降低(颜色由桃红和红转变成黄、淡绿、淡蓝和蓝色)。

从礁滩体的平面分布上看,应属于碳酸盐岩台地上的堡礁沉积体系,包含了礁堤坝、潟湖和点礁,其中平行于台缘的礁堤在研究区内的长度就有33km,潟湖内包含了大小近20多个点礁。礁堤上的井由于钻遇了物性好、岩相粗和次生孔隙发育的储层,基本都获得了高产油气流。而在台内广大的潟湖区域,水体相对安静,沉积了大量细结构的碳酸盐岩,次生孔隙不发育。因此,在台内潟湖范围内,除个别点礁外大多数井都没有获得工业油气流。

另外,尽管礁堤平行于台缘的坡折线,表现出很好的连续性,但礁堤的内部结构还是有很多变化的。从局部放大的平面图上可以清楚地看出,平行于台缘的礁堤不仅有一排,而是至少有相互平行的三排(图6-12)。这种现象的出现是由于碳酸盐岩造礁生物的生长对水深环境很敏感,水体太深或太浅,都不能够很好地生长,而只能生长在清洁和温暖的浅水中;且在相对海平面的上升和下降的过程中,为得到合适的水深环境,礁堤会平行于海岸线发生相应的迁移(图6-12a),形成多条平行于台缘坡折线的礁堤。这一现象还可以从碳酸盐岩礁滩的现代沉积中得到印证,图6-12b是位于南太平洋澳大利亚大堡礁附近的一个堡礁的卫星图片,从中可以看到,平行于海岸线的礁堤呈条带状分布,其中的白色为局部接近海平面的礁冠,经受着风浪的冲刷,其剥蚀的碎屑物则主要沉积于礁后的背风面一侧,形成当今的碳酸盐岩礁滩体沉积。可以推断,多少年以后,当相对海平面发生上升或下降的变化后,这个沿岸分布的礁提(礁滩体)就会发生向海岸或向海洋的平行迁移,并部分叠加在以前的礁滩体上,形成多期叠加的礁滩复合体。

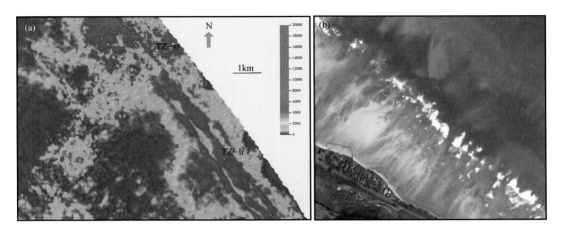

图 6 - 12   研究区奥陶系良里塔格组碳酸盐岩次生孔隙(溶蚀孔缝)发育储层
的精细内部结构分布图与现代碳酸盐岩礁滩体沉积照片的对比

(a)为良里塔格组碳酸盐岩具有多条平行于台缘的礁堤,具有次生孔隙间互发育,它们反映出相对海平面变化中,碳酸盐岩礁堤的迁移;(b)为是位于南太平洋澳大利亚大堡礁附近的一个堡礁岛现代沉积的卫星照片(来源于 Google 网页)

根据良里塔格组碳酸盐岩礁滩储层精细内部结构分布图,就可以很好地解释一些井生产动态表现特殊的原因。按照传统的观点,TZ - ss 井与 TZ - lr 井都属于礁滩相的沉积相储层,但是这两口井的生产动态表现却差别很大,TZ - ss 井仅在初期生产测试时获得了高产油气流,但是在随后的一个月内,其产量几乎衰竭殆尽。而 TZ - lr 井一直保持着高产稳产达 5 年之久。现在看来,这两口井生产动态表现差异大的根本原因是 TZ - lr 井打到了带状礁堤的中部,此处溶蚀孔洞发育的储层厚,连通性好,生产波及范围大和能量补充好;而 TZ - ss 井打到了两个条带状礁堤之间,只有少量的溶蚀孔洞发育的储层,而且连通性不好。

该研究实例说明,在储层表征和储层预测的过程中,面对同样地质、测井和地震数据体,与传统的研究方法相比,虽然都可以称作地质、测井和地震的综合研究。本例所展示的一整套储层成因单元地震地层学的研究方法,是从储层的地质成因分析入手,通过储层成因单元和储层控制因素的岩石物理与地球物理信息表征,实现了地质、测井和地震解释方法相互融合的一体化研究,因此,才能够有效地得到储层的成因和分布规律,揭示出储层内部精细结构的分布。

第七章　确定性储层地质建模的
基本原理和方法特点

　　储层表征的目的就是建立储层三维地质模型,揭示储层属性的空间分布规律,并为转化成油藏流动模型和油藏数值模拟奠定可靠的地质基础。

　　所谓的储层三维地质模型,就是在计算机中建立起有关储层的地质结构和储层属性分布的三维网格化的数值模型(3D griding digital models),模型中每个网格单元(cell)或称像元(pixel),代表储层中的一个小方块,它具有网格坐标,并带有地层层位和储层属性的信息(如孔隙度、渗透率和饱和度等)。

　　储层地质建模的实质就是在储层特征和成因研究的基础上,将空间上分立井点储层段的属性数据,按照地质层次和成因规律进行划分(如等时地层格架、不同的沉积相带或不同的等时地层序列或单元),分析和计算储层属性变量的数字特征和空间变化关系,并且尽可能地提取储层属性变量分布的控制因素和相关变量的关系(如储层属性与构造、古地貌或地层层序的关系、储层属性与地震信息之间的关系等),然后通过选择适合数学插值或数学模拟方法,对井间或井点以外网格上的储层属性给出估值结果,形成储层属性三维网格化数字模型。

　　概括地说,储层建模工作就是"由局部到整体、从概念化到具体化和精细化"的过程,总体包括数据准备、地质分层和地层对比、构造建模、地层格架建模、储层属性建模、储量计算与成果图输出七大部分。其中,地质分层和地层对比涉及对储层特征和成因的认识,是一项十分重要的基础性研究工作,这在前面的章节已经阐述过。数据准备、构造建模、地层格架建模、储量计算和成果图输出的建模工作,在各个商业化的建模软件中都有着明确、规范化的操作步骤。因此,一般情况下所讨论的储层建模方法,主要是指储层属性的建模方法。

　　储层建模方法主要包括确定性数学模型方法和地质统计学方法,以及各种储层随机模拟方法。这三大类储层建模方法的类型很多,其中还包括许多求解过程非常复杂的方法,不过,许多这些建模方法都是比较经典和成熟的方法,甚至还有了商业化的计算机运算软件。因此,对于储层建模而言,最重要的是能够正确理解常用和关键的建模方法的基本原理、运算参数意义、方法特点和局限性等。在此基础上,根据实际储层研究和基础资料情况,能提取到关键的储层属性和储层分布的控制信息,并能分析这些储层属性与控制要素的相关变量,通过选择合适的建模方法和采取合理计算步骤,得到可靠的储层地质模型。

　　本章首先介绍了确定性建模方法的基本概念,系统性梳理了地质统计学的理论基础,包括概率论和数理统计的相关概念和定义、区域化变量的概念和数字特征、变差函数的定义及其相关特征参数的意义。然后,分析了最重要的克里金插值方法的基本原理和简单克里金估计误差方程及其求解过程,还简要介绍了其他几种克里金方法。最后,从原理上对基本克里金插值方法的特点和局限性进行了阐述。

第一节　确定性储层建模的概念和地质统计学的理论基础

一、确定性储层建模的概念

确定性储层建模方法也可以称为储层插值建模方法,这些方法的特点是利用平面上分立的位置(井点)上储层属性数据,按照一定的方法和原则进行内插和外推,得到一个确定性的结果。这种确定性的储层属性的建模方法又可以进一步分成传统的数学模型插值方法和地质统计学插值方法。

传统的数学模型插值方法主要包括距离反比、三角网插值、样条插值等多种方法,它们是按照一定的方法和原则,依据所计算的待插值点与周围已知数据点的某种确定性关系模型(如距离反比加权等)而进行插值的。

地质统计学插值方法,主要指克里金插值方法。该方法在进行待求点的估值时,既要考虑到周围已知观测点的影响范围,又要求估值与影响范围内的观测值都服从相同的概率分布特征,还要求估值结果满足局部误差最小的极值条件。

克里格是南非矿山工程师,他在长期的金矿开发实践中,认识到某处矿石的品位与周围样品的位置和品位都有关系。因此,克里格提出:"根据样品空间位置不同和周围样品品位间的相关程度不同,对每个样品品位赋予不同权重,进行滑动加权平均,以此估计中心样块的矿石品位。"(Krige,1951)。后来,法国数学家马特隆(Matheron),结合克里格的观点和自己的研究成果,上升为具有普遍意义上的区域化变量概念,并且应用于地质变量空间相关性分析和估值计算,从而创立了地质统计学的理论。为纪念克里格的原创贡献,马特隆教授将这种估值方法定名为克里金方法(Kriging)。该方法是将概率论与地质理论相结合,引入了区域化变量的概念和分析方法,不仅要考虑待估值点与周围观测点的位置关系,还要考虑到所有这些相关点上变量之间的概率统计特征,使得估值点与周围观测点变量之差具有不偏(其数学期望为零)和统计方差最小。

二、地质统计学的理论基础

地质统计学的理论基础主要包括三大方面,即经典的概率论与数理统计、区域化变量的理论和变差函数的分析方法。要能够正确地理解地质统计学的基本理论和方法实质,就应当对经典的概率论和数理统计学的相关理念有清晰的认识。

1. 概率论和数理统计学相关的基本概念和方法

1)随机事件的概率

在随机试验中,如果总共可能出现 N 个基本事件,记作 $\omega_1, \omega_2, \cdots, \omega_N$,且各个基本事件发生的可能性相等,即 $P(\omega_1) = P(\omega_2) = \cdots = P(\omega_N)$,则称这种概率模型为古典概型。在这种概率模型中,若随机事件 A 为包含在基本事件 N 中的 M 个基本事件,那么,随机事件 A 发生的概率为

$$P(A) = \frac{M}{N} \tag{7-1}$$

例如,连续两次投掷一颗均匀的骰子,那么第一次投掷时有 6 种面朝上的情况,而对于第

一次投掷的每一种情况,都可能对应于第二次投掷时的 6 种情况的任何一种。因此,总的情况(即基本事件)有 $N = 6 \times 6 = 36$ 种。如果求事件 A 是两次投掷出现的点数之和等于 5 的概率,可用 $\omega_{i,j}$ 表示第一次出现 i 点和第二次出现 j 点的事件,那么,出现 A 的情况有

$$A = (\omega_{i,j} \mid i + j = 5) = (\omega_{1,4}, \omega_{2,3}, \omega_{3,2}, \omega_{4,1})$$

可见,出现事件 A 的情况有 4 种,因此,出现事件 A 的概率为

$$P(A) = \frac{4}{36} = \frac{1}{9}$$

2)随机变量

随机试验要求每一个可能出现的情况(即每一个基本事件)都是等可能的,其所有基本事件的总和叫作样本空间,记作 Ω。

仍然以连续两次投掷均匀的骰子为例,其样本空间为 36 个,每一个基本事件出现的可能性都是 1/36。这时,如果我们关注的是事件 $\omega_{i,j}$ 中,第一和第二次出现 i 点数和 j 点数之和,设 $X = i + j$,则可以发现,当 $X = 2, 5 \cdots$ 时,其概率分别为

$$P(X = 2) = P(\omega_{1,1}) = \frac{1}{36}$$

$$P(X = 5) = P(\omega_{1,4}) + P(\omega_{2,3}) + P(\omega_{3,2}) + P(\omega_{4,1}) = \frac{4}{36}$$

显然,对应于每一个变量 X,就有相应的出现概率,因此,随机变量的具有如下定义:设随机试验 E 的样本空间为 $\Omega, \Omega = \{\omega\}$,若对于每一个样本点 $\omega \in \Omega$,都有变量 X 的实数值与之对应,则 X 就是定义在 Ω 上的实值函数,即 $X = X(\omega)$(结合前面投掷骰子试验,可理解为每次投掷试验 ω,都对应一个点数 X),我们称这样的变量为随机变量,它们通常用大写字母 X, Y, Z 等表示(王明慈等,1999)。

3)随机变量的概率函数、概率密度函数和概率分布函数

以随机变量作为自变量的函数有概率函数、概率密度函数和概率分布函数等,它们在地质统计学的表述中经常用到,需要分清相关概念和意义。

若随机变量 X 只取有限个或可列无穷个数值,则称 X 为离散随机变量,而对应于变量 X 所取的每个实数值 x,有概率

$$P(X = x) = P(x) \tag{7 - 2}$$

就称为 X 的概率函数。

而离散随机变量 X 的概率分布函数则是定义为事件"$X \leqslant x$"的概率,记作 $F(x)$,即

$$F(x) = P(X \leqslant x) = \sum_{x_i \leqslant x} P(x_i) \tag{7 - 3}$$

对于连续随机变量 X,在任意的某个实数区间 $(a, b]$ 有概率,且可以表达成

$$P(a < X \leqslant b) = \int_a^b f(x)\,\mathrm{d}x \quad f(x) \geqslant 0 \tag{7 - 4}$$

则称 $f(x)$ 为连续随机变量 X 的概率密度函数。

此时,连续随机变量 X 的概率分布函数仍然定义为事件"$X \leqslant x$"的概率,不过需要表达成

连续积分形式,即

$$F(x) = P(X \leqslant x) = \int_{-\infty}^{x} f(t)\,\mathrm{d}t \quad f(t) \geqslant 0 \qquad (7-5)$$

式中 $f(x)$——连续随机变量 X 的概率密度。

4)随机变量 X 的数学期望、方差和协方差

数学期望、方差和协方差,是研究随机变量概率函数最重要的数字特征,用以表达概率函数的总体分布特征。这三个数字特征也是地质统计学中表征空间上分布的随机变量的最基本的工具。

随机变量 X 的数学期望 $E(X)$,被定义为期观测值 x 与相应的概率 $P(x)$ 乘积的累加,反映的是随机变量的概率加权平均值。

当随机变量 X 为离散随机变量时,相应的数学期望为

$$E(X) = \sum_{i=1}^{n} x_i P(x_i) \qquad (7-6)$$

由式可知,随机变量 X 的数学期望 $E(X)$ 的物理意义,可理解为随机变量 X 所取的平均值 $\bar{x}$,即将式(7-6)可以展开成

$$E(X) = \sum_{i=1}^{k} x_i P(x_i) = \sum_{i=1}^{k} x_i \frac{n_i}{N} = \frac{x_1 n_1 + x_2 n_2 + \cdots + x_k n_k}{N} = \bar{x}, \ k \to \infty$$

式中 x_i 和 n_i——随机变量 X 所取的值及其频数;

N——随机变量 X 所取的各个值 x_i 的频数 n_i 之和。

当连续变量 X 的概率密度函数为 $f(x)$,则它的数学期望为

$$E(X) = \int_{-\infty}^{+\infty} x f(x)\,\mathrm{d}x \qquad (7-7)$$

随机变量 X 的方差 $D(X)$ 被定义为随机变量 X 与其数学期望 $E(X)$ 差值平方的数学期望,即

$$D(X) = E\{[X - E(X)]^2\} \qquad (7-8)$$

由该方差的定义公式可见,方差 $D(X)$ 的意义为表征随机变量 X 在其数学期望(即平均值)附近取值的分散程度。取值越分散,方差越大;取值越集中,则方差越小。

方差常用的计算公式为

$$D(X) = E\{[X - E(X)]^2\} = E(X^2) - 2E(X)E(X) + [E(X)]^2$$
$$= E(X^2) - [E(X)]^2 \qquad (7-9)$$

当描述二维随机变量的数字特征时,还常用到协方差的概念。随机变量 X 与 Y 的协方差定义公式为

$$\mathrm{cov}(X,Y) = E\{[X - E(X)][Y - E(Y)]\} \qquad (7-10)$$

由协方差定义式(7-10)展开后可以证明,当随机变量 X 与 Y 相互独立时,它们的协方差 $\mathrm{cov}(X,Y)$ 等于零。

在地质统计学的研究中,经常要用到随机变量协方差的计算公式,即将式(7-10)展

开后,应用数学期望的分配率和常数项可以提到数学期望计算式的外面,再整理,就可以得到

$$\text{cov}(X,Y) = E\{[X - E(X)][Y - E(Y)]\} = E(XY) - E(X)E(Y) \qquad (7-11)$$

在地质统计学研究中,根据协方差的定义和计算公式,空间相距 h 的任意两点 u 与 $u+h$,它们的随机变量 $Z(u)$ 与 $Z(u+h)$ 的数学期望都等于 m,则它们的协方差还可以表示为

$$\begin{aligned}\text{cov}\{Z(u),Z(u+h)\} &= E[Z(u)Z(u+h)] - E[Z(u)]E[Z(u+h)] \\ &= E[Z(u)Z(u+h)] - m^2 = C(h)\end{aligned}$$

这样,综合上述数学期望、方差和协方差的定义式和计算式,可以得到它们之间的相互关系的一个表达式,即当随机变量 X 的数学期望为零时,则 X 与 X 的协方差(看成相距 $h=0$ 的两变量)可以表示成

$$\text{cov}(X,X) = C(0) = E(XX) - 0 = E(X^2) = D(X) \qquad (7-12)$$

这些关于随机变量数字特征的定义式和推导的关系式,在后面储层建模的推导中会经常用到,需要很好地理解和掌握。

2. 区域化变量的概念及其数字特征

1)区域化变量的概念

由前面关于随机变量的定义可知,经典概率论中的随机变量是定义在随机事件 ω 的样本空间中,就是说,每个随机试验中(如每投掷一个骰子)产生一个基本事件 ω,对应一个随机变量(如面朝上的点数 X)。所以,随机变量 X 就是样本空间上的每一个事件的函数,即 $X=X(\omega)$。而概率论研究的则是随机变量在不同的随机事件中,出现不同值的概率分布特征。

为了更好地理解储层地质研究的概率特征,可以举一个比喻的例子。按照古典概率模型,当我们在研究地下储层变量时(如油气储层的孔隙度属性),应把整个油藏储层的体积划分成千万个相等的小单元,每个单元有编号和孔隙度。为满足古典概率模型中基本事件等可能的条件,需要把整个储层打碎,搅拌后装入一个巨大的袋子中,每次从袋子中抽样出一个小单元的储层,观测其孔隙度值后再放回去,这样,每个单元被选中的概率是等可能的,如此下去重复一个巨大的 N 次试验后,就可以研究随机变量(孔隙度)出现不同值的概率。显然,经典的概率模型并不能完全适用于地质变量的研究。

当研究埋藏在地下的地质体的地质变量时,事先并不完全清楚这些地质体属性(如金矿石的品位或油气储层孔隙度)的具体取值,每当钻井钻遇一次,就可以看成是一次随机抽样试验,对岩样的分析测试相当于完成一次随机变量的观测。同时,这些随机地质变量可能出现或分布的位置,也是我们迫切需要知道的。而且,这些随机变量也不是完全独立的,相邻的地质变量之间有着地质上的成因关系。因此,马特隆在研究地下地质体属性时,提出了一个区域化变量的概念和研究方法。

区域化变量(spatial variables)包含着"空间"和"变化"的两层意思,它是定义在一定的空间位置 $u(x,y,z)$ 上的随机变量,可记作 $Z(u)$。对区域化变量 $Z(u)$ 的一次观测,相当于随机变量的一次实现。同时,在空间上相邻的一定的范围内,区域化变量又具有某种联系(即具有结构特征),反映出变量在空间位置上的地质成因关系。因此,区域化变量具有随机性和空间

结构关联性的双重特征。

这样,地质变量(如储层岩块的孔隙度)就可以看成是区域化变量。对地质体中某处的钻孔采样或测井,相当于一次观测,是随机变量的一次实现。储层范围内各处的该随机变量的集合,可以看成是随机变量相对于空间位置的函数。

2)区域化变量的数字特征

为了表征空间相邻的区域化变量之间的结构性(即与空间位置相关)关系,在研究区域化变量时,要分析相邻区域化变量之间差值的数字特征,包括差值的数学期望和方差。

为了数学求解的方便,一般要求相邻的区域化变量具有稳定的数学期望,即设其数学期望为常数,这就是所谓的区域化变量满足均值平稳性,也称作满足一阶平稳。而区域化变量的方差则是考虑相邻两点差值的方差,即设 $Z(u)$ 与 $Z(u+h)$ 分别表示空间某点 u 和与之相距 h (实际上,h 为空间矢量,这里简化表达)的两点处的区域化变量,则根据式(7-9),它们差值的方差为

$$D[Z(u) - Z(u+h)] = E\{[Z(u) - Z(u+h)]^2\} - \{E[Z(u) - Z(u+h)]\}^2$$
$$= E\{[Z(u) - Z(u+h)]^2\} \quad (7-13)$$

在式(7-13)的推导中,还利用了相邻随机变量的数学期望为常数的平稳假设,即由数学期望的对加法的分配律可得,式中的 $E[Z(u)] - E[Z(u+h)]$ 为零。

3. 变差函数的概念及其特征参数

1)变差函数的定义

变差函数是地质统计学最重要的工具,是用来表征相邻的区域化变量空间差异性的一种量度。若空间任一点 $u(x,y,z)$ 的区域化变量为 $Z(u)$,而在 h 矢量方向上的相距 h(滞后距)的一定范围内其他点的区域化变量为 $Z(u+h)$,则变差函数的定义式为

$$\gamma(h) = \frac{1}{2}E\{[Z(u) - Z(u+h)]^2\} \quad (7-14)$$

将式(7-14)与式(7-13)对比可以发现,在假定相邻区域化变量的数学期望相等的平稳条件下,变差函数 $\gamma(h)$ 就是相邻两点处的区域化变量差值的方差的一半。

在实际资料的数理统计研究过程中,如果将研究对象的全体称作总体,而把组成总体的各个单元称作个体,则从总体中抽取的一个个体的随机变量,就代表对总体的随机变量 $Z(u)$ 的一次观测 $Z(u_i)$。假定相距 h 的区域内,观测了随机变量 $N(h)$ 个样本,且各个样本出现的概率相等(都是 $1/N$),那么根据数学期望的定义公式,这 N 个样本的变差函数计算式为

$$\gamma(h) = \frac{1}{2}E\{[Z(u) - Z(u+h)]^2\} = \frac{1}{2N(h)}\sum_{i=1}^{N(h)}[Z(u_i) - Z(u_i+h)]^2 \quad (7-15)$$

2)变差函数曲线图及其特征参数

在实际储层建模中,都是按纵向分层建模的,则变差函数的求取就变成了二维空间计算问题。设某层状二维空间 (x,y) 有 M 个已知观测点,沿其中任一点 $u_i(x,y)$ 的 h 方向上(即主变程方向上),在相距 h_j、有一定容限角度 θ 的扇形区域中,有 $N(u_i,h_j)$ ($i=1,2,\cdots,M;j=1,2,\cdots,K$)个点对,则按照式(7-15)计算;对全区所有的点 u_i 所对应的滞后距 h_j 和扇形区域内的点对计算统计,就可以得到不同的滞后距 h 所对应的变差函数 $\gamma(h)$ 的关系点群的分布,也

称为实验变差函数图,它反映出区域化变量在不同的滞后距(即相互间隔)的变异程度(图7-1)。为了能描述区域化变量变差函数的这种变异性,还需要建立该变异性的数学函数模型。通常选择3种数学函数模型对试验变差函数点进行拟合,即高斯模型、球状模型和指数模型。从这3种模型曲线的变化形态中可以看出,在相同的滞后距 h 下,高斯模型变差函数值变异性通常最小,代表随机变量空间变化平缓;指数模型变差函数的变异性最大,代表随机变量空间变化相对强烈;球状模型变差函数取值处于上述两个模型之间,代表随机变量空间变化程度适中。

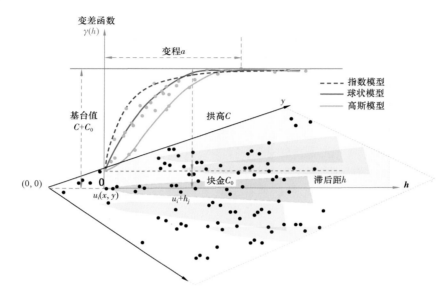

图 7-1 区域化随机变量的变差函数计算原理和特征参数示意图

不管选用哪种理论函数模型去描述变差函数,都有以下特征参数:

(1)块金(C_0),其值可以是零,也可以大于零。当其值大于零时,代表空间任意两点相距 h 最小的条件下,两点的随机变量之差仍然存在,说明任意两点的随机变量之间存在随机统计变异。

(2)基台值($C + C_0$),代表 h 方向上两两点对的随机变量的变差函数所能达到的最大值,也就是代表该方向上 N 个点对随机变量 Z 的差值平方平均值的一半所能达到的最大值。

(3)变程(a),反映出空间点对的随机变量之间的最大相关距离。当 $h < a$ 时,点对随机变量的变差函数 $\gamma(h)$ 随 h 的增大而增加,说明这些随机变量是相关的。当 $h > a$ 时,点对之间 h 增加时,$\gamma(h)$ 再没有变化,随机增大或减小的概率相等,也说明大于变程点对的随机变量的差值对变差函数不再有影响,可以不考虑。

然后,在水平面上沿垂直于主变程 h 方向上的次变程方向,用类似的方法和步骤,求得次变程方向上的变差函数及其特征参数。这样,由主、次方向上变差函数分析所确定的主、次变程,就可以确定一个椭圆形的区域,这个区域也就是任一待估值点附近观测点的影响范围。

第二节 克里金插值方法的基本原理、估计误差方程和其他克里金方法

在地质研究中,往往都是通过少数离散的已知数据(概率论和数理统计中称之为观测值),去研究待求地质变量在整个区域中的分布和变化规律。例如,在油气储层研究中,需要通过井点的储层信息,对整个油田或区块的储层分布进行插值研究。

克里金插值方法可以看作是一种局部区域上的平滑寻优的地质统计学方法,它在给出区域化随机变量(简称随机变量)的插值时,要考虑到待估值点附近,在地质统计学上有影响的区域内(即随机变量变差函数的变程范围),各个观测点的观测值对待估值点随机变量的影响,并且还要求随机变量的插值和观测值都满足平稳性(其均值或数学期望为常数),以及估值与真值的差(估计误差)的方差为最小。

克里金的插值方法比较多,其中包括简单克里金、普通克里金、泛克里金、协同克里金、同位协同克里金和指示克里金等方法。比较基础和常用的是简单克里金和协同克里金方法。下面仅对克里金方法的基本原理和几种常用的克里金方法进行介绍,以了解这些方法的核心意义。

一、克里金插值的基本原理与简单克里金方法的估值误差方程

设待估值点 u 附近有影响的区域(变程范围)内,有 n 个观测点 u_1,u_2,$\cdots$,u_n,其相应的随机变量 Z 的观测值为 $Z(u_1)$,$Z(u_2)$,$\cdots$,$Z(u_n)$,则一般的克里金方法就是要通过这 n 个观测值的加权线性组合对观测点随机变量进行估值,而且是用残差形式进行估值,即

$$Z^*(u) - m(u) = Y^*(u) = \sum_{i=1}^{n} \lambda_i [Z(u_i) - m(u_i)] = \sum_{i=1}^{n} \lambda_i Y(u_i) \quad (7-16)$$

式中　$Z^*(u)$ 和 $m(u)$——待估值点 u 处随机变量的克里金估值及其数学期望;

$Z(u_i)$ 和 $m(u_i)$——观测点 u_i 处随机变量的观测值及其数学期望,并由平稳性假设,有

$$m(u) = m(u_i) = m;$$

λ_i——观测点 u_i 处随机变量与其数学期望的差值(残差)对待估值点的权系数。

从式(7-16)可以看出,克里金方法并不是直接估计随机变量 Z,而是估计随机变量与其数学期望(均值)的差值(残差),因为正是这个残差分量代表着变量 Z 的随机变化部分,能更合理地体现出变量的随机特征。因此,设随机变量 $Z(u)$ 与其数学期望 $m(u)$ 的残差分量为

$$Y(u) = Z(u) - m(u) \quad (7-17)$$

式(7-16)在没有限定条件下,可以有很多解。然而,克里金方法寻求的是估计误差最小的最优解,且用待估值点的克里金估值 $Z^*(u)$ 与其真值 $Z(u)$ 的差值的方差,作为表征估计误差函数。参考方差的计算式(7-9),该估计误差函数可以表达为

$$\sigma_E^2 = E[Z^*(u) - Z(u)]^2 - 0 = E\{[Z^*(u) - m(u)] - [Z(u) - m(u)]\}^2$$

$$= E[Y^*(u) - Y(u)]^2 = \min \quad (7-18)$$

式中　$Y^*(u)$——待估值点 u 处克里金插值的残差分量;

$Y(u)$——待估值点 u 随机变量 Z 的真值的残差分量。

为了在满足式(7-18)条件下,更好地求解出式(7-16)中的 λ_i 权系数,还要对相关的随机变量提出平稳性假设,即随机变量 Z 的数学期望为常数 $E(Z) = m$。这样,随机变量 Z 的残差分量 Y 的数学期望就为零,即 $E(Y) = E(Z - m) = E(Z) - m = 0$。在这样的条件下,根据式(7-11),任意两点 u_i 和 u_j(或用 u 和 $u + h$ 表示任意两点)的随机变量 Y,在满足平稳条件下的协方差可以表示成(含有常用的多种表示方法):

$$
\begin{aligned}
C_{YY}(h) &= C[Y(u), Y(u+h)] = C(u_i, u_j) = \mathrm{cov}[Y(u_i), Y(u_j)] \\
&= E[Y(u_i)Y(u_j)] - E[Y(u_i)]E[Y(u_j)] \\
&= E[Y(u_i)Y(u_j)] - 0 \\
&= E[Y(u_i)Y(u_j)]
\end{aligned}
\tag{7-19}
$$

因此,将式(7-18)展开后,可以做出如下的推导(Michael 等,2014):

$$
\begin{aligned}
\sigma_E^2 &= E\{[Y^*(u) - Y(u)]^2\} = E\{[Y^*(u)]^2\} - 2E[Y^*(u)Y(u)] + E\{[Y(u)]^2\} \\
&= \sum_{i=1}^n \sum_{j=1}^n \lambda_i \lambda_j E[Y(u_j)Y(u_i)] - 2\sum_{i=1}^n \lambda_i E[Y(u)Y(u_i)] + C(0) \\
&= \sum_{i=1}^n \sum_{j=1}^n \lambda_i \lambda_j C(u_i, u_j) - 2\sum_{i=1}^n \lambda_i C(u, u_i) + C(0)
\end{aligned}
\tag{7-20}
$$

式中,第二行的第一项是考虑到残差随机分量 $Y^*(u)$ 的平稳性,将 $Y^*(u)Y^*(u)$ 看成相近的点的变量乘积 $Y^*(u)Y^*(u')$,然后按式(7-16)分别用 n 个相邻的观测值 $Y(u_i)$ 和 $Y(u_j)$ 的线性组合去表达。数学期望 E 的运算可以进入求和运算中。第二行的最后两项,用到了式(7-12)和式(7-19)。

为了在满足式(7-18)最小的条件下,求解出式(7-16)的 λ_i 的权系数,则要对式(7-20)求 λ_i 的导数,并设定导数为零:

$$
\frac{\partial[\sigma_E^2]}{\partial \lambda_i} = 2\sum_{j=1}^n \lambda_j C(u_i, u_j) - 2C(u, u_i) = 0, \quad i = 1, 2, \cdots, n
$$

则

$$
\sum_{j=1}^n \lambda_j C(u_i, u_j) = C(u, u_i), i = 1, 2, \cdots, n
\tag{7-21}
$$

将式(7-21)中 $\lambda_j C(u_i, u_j) = C(u_i, u_j)\lambda_j$ 进行交换后展开,并列出初始和最后项为

$$
\begin{aligned}
C(u_1, u_1)\lambda_1 + C(u_1, u_2)\lambda_2 + \cdots + C(u_1, u_n)\lambda_n &= C(u, u_1) \\
C(u_2, u_1)\lambda_1 + C(u_2, u_2)\lambda_2 + \cdots + C(u_2, u_n)\lambda_n &= C(u, u_2) \\
\cdots\cdots\cdots\cdots \\
C(u_n, u_1)\lambda_1 + C(u_n, u_2)\lambda_2 + \cdots + C(u_n, u_n)\lambda_n &= C(u, u_n)
\end{aligned}
\tag{7-22}
$$

方程组(7-22)可表示成矩阵形式,即

$$\begin{bmatrix} C(u_1,u_1) & C(u_1,u_2) & \cdots & C(u_1,u_n) \\ C(u_2,u_1) & C(u_2,u_2) & \cdots & C(u_2,u_n) \\ \vdots & \vdots & \cdots & \vdots \\ C(u_n,u_1) & C(u_n,u_2) & \cdots & C(u_n,u_n) \end{bmatrix} \begin{bmatrix} \lambda_1 \\ \lambda_2 \\ \vdots \\ \lambda_n \end{bmatrix} = \begin{bmatrix} C(u,u_1) \\ C(u,u_2) \\ \vdots \\ C(u,u_n) \end{bmatrix} \qquad (7-23)$$

可以通过求解 λ 线性方程组(7-23),得到满足克里金估值最优条件的 λ 值,即

$$\begin{bmatrix} \lambda_1 \\ \lambda_2 \\ \vdots \\ \lambda_n \end{bmatrix} = \begin{bmatrix} C(u_1,u_1) & C(u_1,u_2) & \cdots & C(u_1,u_n) \\ C(u_2,u_1) & C(u_2,u_2) & \cdots & C(u_2,u_n) \\ \vdots & \vdots & \cdots & \vdots \\ C(u_n,u_1) & C(u_n,u_2) & \cdots & C(u_n,u_n) \end{bmatrix}^{-1} \begin{bmatrix} C(u,u_1) \\ C(u,u_2) \\ \vdots \\ C(u,u_n) \end{bmatrix}$$

如果将满足极值条件的式(7-21)带入式(7-20),则有

$$\sigma_E^2 = \sum_{i=1}^{n} \sum_{j=1}^{n} \lambda_i \lambda_j C(u_i,u_j) - 2 \sum_{i=1}^{n} \lambda_i C(u,u_i) + C(0)$$

$$= \sum_{i=1}^{n} \lambda_i \sum_{j=1}^{n} \lambda_j C(u_i,u_j) - 2 \sum_{i=1}^{n} \lambda_i C(u,u_i) + C(0)$$

$$= \sum_{i=1}^{n} \lambda_i C(u,u_i) - 2 \sum_{i=1}^{n} \lambda_i C(u,u_i) + C(0)$$

可以得到更加简明实用的简单克里金(simple kriging)SK 的估计误差的方差表达式为

$$\sigma_{ESK}^2 = C(0) - \sum_{i=1}^{n} \lambda_i C(u,u_i) \qquad (7-24)$$

二、其他克里金方法

1. 具有趋势随机变量的简单克里金方法

当待求的随机变量具有明显的趋势情况下,随机变量的数学期望不是常数,随机变量与其均值的差值分量的数学期望不等于零。因此,前面关于克里金方法中求解 λ_i 的条件不成立。此时可以用趋势模型与简单克里金相结合的方法,进行随机变量插值求解,其一般步骤简述如下:

(1)应用地质规律、随机变量观测值和相关的变量,建立待求的随机变量的趋势分布模型。

(2)在各个观测点处,求取随机变量观测值与其趋势模型的残差值。

(3)根据各个观测点的残差值,进行简单克里金方法的插值,得到残差分量的分布模型。

(4)将残差分量分布模型与随机变量趋势模型相加,作为待求随机变量的分布模型。

2. 考虑辅助变量的协同克里金与同位协同克里金方法

在储层地质研究中,除了各个井点的储层属性作为待求的随机变量(也称为主变量)的已

知观测值外,还有大量的反映储层空间分布的相关信息,如地震波属性或地震信息解释的地质信息等。这些相关的信息往往具有采样密度高和信息丰富的特点,因而可以作为辅助变量,协同参与储层分布的估值研究中。这也就是协同克里金方法的出发点。

协同克里金的估值方程可以表达成

$$Y^*(u) = \sum_{i=1}^{n} \lambda_i Y(u_i) + \sum_{j=1}^{m} u_j V(u_j) \tag{7-25}$$

式中 $Y^*(u) = Z^*(u) - m(u)$——待估值点 u 处主变量克里金估值减去其均值的残差分量;

$Y(u_i)$——观测点 u_i 处的主变量减去其均值的残差分量;

λ_i——观测点 u_i 处的主残差分量 $Y(u_i)$ 的权系数;

$V(u_j)$——观测点 u_j 处的辅助变量的残差分量;

μ_j——观测点 u_j 处的辅助变量的残差分量的权系数。

由此可见,协同克里金的估值仍然采用类似简单克里金方法进行线性估值,为主变量和辅助变量的线性组合。然而,如果按照简单克里金方法的估计误差方程(式 7-20)的推导过程,运用极值条件去求解权系数 λ,就会出现多个变量的乘积,类似于 $(Y+V)\cdot(Y+V) = YY + YV + VY + VV$ 的形式,要同时求解多个关于主变量与主变量、主变量与辅助变量、辅助变量与辅助变量的协方差矩阵,造成协同克里金的求解权系数 λ 的过程十分繁琐,甚至难以求解。因此,在实际工作中这种方法很少用到。于是出现了一种简化的协同克里金方法,称为同位协同克里金(collocated cokriging)。

同位协同克里金的估值方程为

$$Y_{\text{COK}}^*(u) = \sum_{i=1}^{n} \lambda_i Y(u_i) + \mu V(u') \tag{7-26}$$

式中 $Y(u_i)$——观测点 u_i 处的主变量减去其均值的残差分量;

λ_i——观测点 u_i 处的主残差分量 $Y(u_i)$ 的权系数;

$V(u')$——距离待估值点 u 很接近的 u' 点的辅助变量的残差分量;

μ——距离待估值点 u 很接近的 u' 点的辅助变量的残差分量的权系数。

由此可见,同位协同克里金的估值方程是在简单克里金线性估值的基础上,加上了与待估值点 u 很接近的 u' 点处的辅助变量残差分量的加权值。因此,求解系数方程的过程中,当知道了主变量 Y 的自身的协方差 $C_{YY}(h)$ 后,主变量与辅助变量的协方差 $C_{YV}(h)$,则可以由主变量 Y 自身的协方差近似求得,条件是 h 很小($\forall h$),即

$$C_{YV}(h) = \beta C_{YY}(h), \forall h \tag{7-27}$$

式(7-27)中的参数可以展开如下:

主变量 Y 的协方差为

$$C_{YY}(h) = \sigma_Y^2(h) = \sigma_Y^2(0), \forall h$$

主变量与辅助变量的协方差为

$$C_{YV}(h) = \text{cov}[Y(u), V(u+h)] \Rightarrow \text{cov}[Y(u), V(u)], \forall h$$

系数 β 为

$$\beta = R_{YV}(0) \sqrt{C_V(0)/C_Y(0)} = \frac{\mathrm{cov}[Y(u),V(u)]}{\sigma_Y \sigma_V} \sqrt{\frac{\sigma_V^2(0)}{\sigma_Y^2(0)}} \qquad (7-28)$$

式(7-28)中的 $R_{YV}(0)$ 为两个随机变量的相关系数,它与变量的协方差是线性关系。

第三节　克里金插值方法的特点和应用的局限性

一、克里金插值方法的特点

克里金估值方法是优于传统的数学模型的插值方法,它不仅仅要考虑紧邻待估值点的多个已知观测点数据大小和位置,而且还要考虑对待估值点有影响的区域(变程)内所有观测值的影响,且在达到插入估值的误差最小条件下与其他观测值之间具有线性相关的概率特征,其残差分量 Y 还具有平稳的概率分布规律。

从一般的克里金估值误差方程式(7-20)可以看出,造成克里金的估值误差 σ_E^2 主要由三部分构成(此式已假定了满足数学期望为常数的平稳条件):

(1)$C(0)$ 为滞后距 $h=0$ 时残差分量 Y 的协方差,即 $C(h)=C[Y(u),Y(u+h)]=C[Y(u),Y(u)]=E(Y^2)=D(Y)$,$h=0$。它反映出待估值点 u 处,待估值变量本身的偏离均值的随机性(方差),方差越大,误差增加,即 $D(Y)$ 越大,$C(0)$ 越大,σ_E^2 增大。

(2)$C(u,u_i)$ 为待估值点变量 $Y(u)$ 与其他点 u_i 的观测值之间的协方差,反映出两点变量之间的相关性,当点 u_i 趋近于 u 时,$C(u,u_i)$ 越大,σ_E^2 越小。

(3)$C(u_i,u_j)$ 待估值点外任意两点的随机变量的协方差,如果它们的随机性和独立性增强,其协方差就会减小,误差就会减小,即 $C(u_i,u_j)$ 越小,σ_E^2 越小。

当满足估计误差最小的条件下,将满足式(7-21)。此时表明,克里金插入的估值与各个观测值的协方差 $C(u,u_i)$,$i=1,\cdots,n$,等于各个观测值之间协方差的加权线性组合,即插入值与其他值线性相关。因此,以简单克里金方法为代表的估值方法,给出了平稳和光滑的估值效果,使得插入的估值和观测值之间满足线性相关,并具有平稳的概率分布特征。

泛克里金也称为具有趋势的克里金,考虑了区域化变量的空间漂移性,所形成的网格化数据能突出局部异常,特别是研究区边缘的变量估值,这样处理的结果可能更为地质学家所接受(吴胜和,2010)。同位协同克里金方法既利用了变量的观测值,又结合了相关的辅助变量,使得随机变量估值更能体现丰富的地质规律,具有很好的实用性和一定的预测性。另外,还有一种非参数统计的指示克里金方法,它利用指示变换,主要将类型变量转化成数值型指示型变量(0 或 1),然后借用相应的数值型变量的克里金方法对原始数据的指示变换值进行估值计算。

二、克里金插值方法应用的局限性

一般来说,克里金方法给出的变量插值等值线稳定、平缓、奇异点少,具有很强的实用性。但在实际应用中,克里金方法也存在一定的局限性,主要表现在:

(1)克里金方法在进行插值计算时,要用到随机变量的变差函数的分析结果,确定出待估值点计算的影响范围。然而在很多情况下,不同区域观测值的变差函数的计算并不稳定,变化大、规律性差,很难得到合理的变程;而且当观测点较稀少时,其已知点的距离可能超出了随机变量的变程,即使确定出"稳定"的大变程,也并不代表实际情况,不能反映待求随机变量的变化细节。

(2)包括简单克里金在内的大多数克里金方法,都假定了待求的随机变量具有平稳性。因为式(7-20)已经包括了随机变量 Z 的数学期望(均值)为常数,残差变量 Y 的数学期望为零的假设,所以克里金方法往往给出的是满足平稳条件的变量估值,掩盖了实际变量的突变性(图7-2)。因此,当用克里金方法研究差异变化较大的变量估值时,如裂缝发育指数、储层渗透率的分布,要特别注意局部异常值可能难以体现。

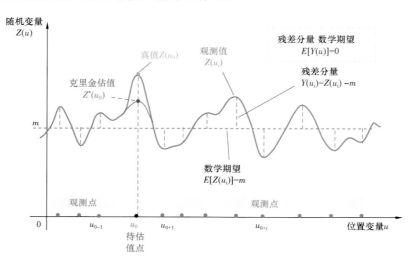

图7-2 满足随机变量平稳性的克里金插值原理示意图

(3)克里金插值是局部寻优的估值方法,它对随机变量的总体分布并不敏感。特别是当随机变量具有趋势性总体分布时,需要与其他趋势性辅助变量配合,进行合理估值。

第八章 储层随机建模的基本原理、参数影响和 基于储层成因单元地震地层学成果约束的 储层随机建模研究实例

  储层随机建模的一个最重要的特点,就是在估值储层属性分布的过程中,考虑到了已知观测点与待估值点的属性值之间具有局部和整体的地质统计特征。

  由于埋藏于地下的储层具有多样性、复杂性和非均质性,以及人们获取地下信息的局限性、岩石物理和地球物理信息反演的多解性,使得人们对储层的认识和预测都可能存在局限性和不确定性。基于这个原因,从20世纪80年代中后期开始,逐步兴起了油气储层随机模拟的建模方法,它是进一步结合概率论和数理统计以及地质统计学的分析方法,从已知信息出发,将储层的地质变量看成既具有随机变量的分布性质又具有某种内在联系的区域化变量,通过随机变量函数的分析和基于典型概率模型的随机模拟,产生多个等可能的储层属性的模拟值,并作为待求点储层变量的估值。

  如果将不同建模方法得到的估值结果进行对比,可以看出,储层随机模拟方法与储层克里金插值方法存在较多的不同之处。虽然克里金插值方法也考虑到了待估值变量具有一定的随机性,但是这种随机性是有限制的或是平稳的。受到克里金估值方程组能求解的条件限制,一般要求待估值点变量满足无偏(即估值点与附近观测点的随机变量具有相同的数学期望),还要求插值点变量的估值与其真值的差值的方差最小,这就造成了克里金插值方法只给出了待求变量的平滑插值,从而削弱了实际变量的离散性(图7-2和图8-1)。

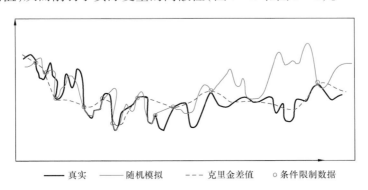

  ━━ 真实　　━━ 随机模拟　　--- 克里金差值　　○条件限制数据

图8-1　随机模拟与克里金插值方法估值结果的比较示意图(据王仁铎,1989)

  另外,克里金插值方法为局部估值方法,而随机模拟方法既考虑到局部数据点间的相关性,也要考虑到待估值点与观测点变量满足整体的随机统计模型。克里金插值方法只产生一个储层分布模型,而随机模拟的方法则可产生多个等可能的和可选的储层模型,从而体现出储层属性分布的不确定性。

  本章的目的就是深入浅出和图文并茂地阐述主要储层随机建模方法的基本原理、应用特点和影响因素,在此基础上结合实例,展现怎样利用储层成因单元地震地层学的研究成果,建立可靠和具有预测性储层地质模型的方法。首先,简要地介绍了储层随机建模方法的分类,重

点阐述了对储层随机建模最为重要的序贯高斯随机模拟方法的基本原理和建模步骤。其次，根据实验模型的计算对比，分析了不同条件下和不同参数取值对储层随机模拟结果的影响，其中特别强调了储层成因趋势面约束对储层随机模拟结果的重要影响。再次，结合典型碳酸盐岩礁滩储层的研究实例，展现了通过储层成因单元地震地层学的综合研究，揭示储层成因和储层分布的控制变量，以及通过储层控制变量趋势面约束和随机模拟，建立具有预测作用的储层地质模型的方法。最后，对比分析了有或无储层成因趋势面的约束条件，对储层随机建模结果稳定性和预测性的重要影响，并且给出了基于储层成因趋势面约束下储层双重介质渗透率模型的建模方法。

第一节　储层随机建模的方法分类和基本原理

一、储层随机模拟的方法分类

储层随机模拟的方法可以从模拟单元特征和随机变量类型进行划分。根据储层随机模拟单元特征，可以划分成基于目标的随机模拟和基于像元的随机模拟方法。

1. 基于目标的随机模拟方法

将模拟对象（如河道、滩坝等沉积相带或地质体）按照一定的几何形状和位置等参数选择，被随机地"投放"到相关空间中，再经过一定的联合分布优化运算而成，例如，示性点过程模拟就属于这种模拟方法。

2. 基于像元的随机模拟方法

按照储层三维网格划分出的各个储层单元（即像元），分别进行模拟赋值，如序贯高斯模拟、截断高斯模拟、序贯指示模拟、分形模拟和多点地质统计学模拟等。根据模拟变量的性质，还可以进一步划分成连续或离散的随机模拟方法。

从目前油气储层开发研究的实际应用看，关于连续随机变量的（序贯）高斯模拟方法是最重要也是最基本的储层随机模拟方法，这不仅是因为储层最重要的属性参数（如孔隙度、渗透率、饱和度等）的建模主要使用这种方法，而且还在于许多其他有用的模拟方法，如截断高斯和指示模拟方法的基本原理，也都与该方法有关，以这种方法为基础。

二、基于像元储层随机模拟的基本原理

设随机变量 $Z(u)$（如储层孔隙度、渗透率、饱和度）是定义在空间 ψ 上的区域化变量，对于空间 ψ 上，在储层范围 V 内的任意一点 u_0 附近，有 n 个观测点上的观测值 $z_i = Z(u_i)$，$i = 1, \cdots, n$，如图 8-2a 所示。

首先，以这 n 个观测值为基础，按照式(7-3)，建立该随机变量 Z 的概率分布函数 $F(z)$，即随机变量 $Z(u)$ 不大于某观测值 z 的概率分布函数：

$$F(z) = P[Z \leqslant z] = \sum_{z_i \leqslant z} P(z_i) \tag{8-1}$$

然后，通过计算机产生随机概率值 P^*，对应于累计概率分布函数 $F[z_0]$，求得相应的随机变量 Z 的模拟值 z_0，并以此作为待求点 u_0 处随机变量的模拟结果，即 $Z(u_0) = z_0$（图 8-2）。依次重复，直到完成储层 V 范围内所有待估值点的模拟值，从而产生随机变量的空间分布的

一个实现,即 $Z(u),u \in V \in \psi$。

重复上述随机变量的模拟过程 m 次,可以得到随机变量的 m 个实现,记作

$$Z^{(i)}(u),u \in V \in \psi,\ i = 1,2,\cdots,m$$

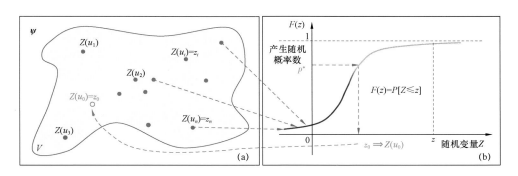

图 8 - 2　储层随机建模基本原理示意图

三、序贯高斯随机模拟的储层建模方法

虽然有很多随机模拟的建模方法,然而在储层地质建模方面最常用的还是序贯高斯模拟方法(SGS,sequential gaussian simulation),因为该方法简明、合理、高效、适应性强(Hu 等,2005)。同时,该方法也是为满足开发地质和油藏工程的需求,实现储层基本属性参数(孔隙度、渗透率和饱和度)三维分布的最基本工具。由于序贯高斯随机模拟方法在储层建模方面的重要性和方法基础性,值得我们重点理解该方法的基本原理和方法步骤。

所谓的序贯模拟,来源于英文 sequential simulation,意思是按一定的秩序进行模拟。一般是按照随机方法抽取一个又一个网格单元,依次进行储层模拟,每当完成一个待估值点上的储层模拟值后,就将其作为已知的观测点,加入原先的 n 个观测值中,形成 $n+1$ 个新的观测值;然后再进行下一个随机待估值点上的随机变量的模拟,依次类推地进行下去。

序贯高斯随机模拟方法是包括了变差函数分析、克里金估值和高斯随机模拟的一套储层属性参数的估值方法。该方法最重要特征是:先用变差函数分析方法确定出待估值点附近的影响范围和估值变量在空间上的变化关系;再用克里金插值方法估算出待估值点变量的基础值 Z;然后以待估值点附近有影响关系的观测数据为基础,构建一个服从标准正态(高斯)分布的随机函数,并通过随机模拟的方法,确定出一个随机变量的附加值 R,加上克里金方法给出的基础值 Z,以此作为待估值点变量模拟值。

为了更好地理解序贯高斯随机模拟方法,首先简要地回顾随机变量正态分布函数及其数字特征,然后再阐述该方法的基本原理和步骤。

1. 随机变量正态(高斯)分布的概率密度和分布函数的基本特征

当随机变量 Z 的概率密度函数可以表达成

$$F(z) = \frac{1}{\sqrt{2\pi}\sigma} e^{-(z-\mu)^2/(2\sigma^2)},\ -\infty < z < +\infty \qquad (8-2)$$

则称随机变量 Z 服从正态(即高斯)分布,记作 $Z \sim N(\mu,\sigma^2)$,如图 8 - 3 所示。

特别是当 $\mu = 0,\sigma = 1$ 时,就得到了标准的正态分布 $N(0,1)$,其概率密度为

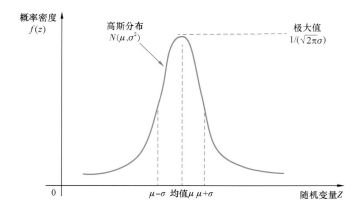

图 8 - 3　正态分布 $N(\mu, \sigma^2)$ 概率密度函数曲线及其特征值示意图

$$\varphi(z) = \frac{1}{\sqrt{2\pi}} \mathrm{e}^{-z^2/2}, \quad -\infty < z < +\infty \tag{8-3}$$

正态分布是随机变量最重要的概率类型,这是因为大量的随机变量服从或近似服从正态分布。可以说,经典的概率论和数理统计的基础理论是以正态分布为中心建立起来的。按照数学期望和方差的定义式,可以对正态分布的概率密度函数积分直接证明,正态分布有两个最重要的性质:一是其数学期望为 $E(Z) = \mu$,即满足正态分布随机变量的数学期望等于其特征参数 μ;另一个数字特征为 $D(Z) = \sigma^2$,表明正态分布的方差等于其特征参数 σ 的平方。因此,如果知道随机变量 Z 满足正态分布,那么就可以用少量的观测值,计算出其数学期望 μ 和方差 σ^2,从而可以得到整个随机变量的正态分布特征。

随机变量的(累计)分布函数 $F(z)$ 定义为事件 $Z \leqslant z$ 的概率 $P(Z \leqslant z)$,则通过积分可以得到正态分布 $N(\mu, \sigma^2)$ 的分布函数为

$$F(z) = \frac{1}{\sqrt{2\pi}\sigma} \int_{-\infty}^{z} \mathrm{e}^{-(t-\mu)^2/(2\sigma^2)} \mathrm{d}t \tag{8-4}$$

而标准正态分布 $N(0,1)$ 的分布函数为

$$\Phi(z) = \frac{1}{\sqrt{2\pi}} \int_{-\infty}^{z} \mathrm{e}^{-t^2/2} \mathrm{d}t \tag{8-5}$$

该函数具有下列性质:(1) $\Phi(0) = 0.5$;(2) $\Phi(+\infty) = 1$;(3) $\Phi(-z) = 1 - \Phi(z)$。

对于任意的正态分布 $N(\mu, \sigma^2)$,通过积分变换 $t = (z - \mu)/\sigma$,就可以得到用标准的正态分布函数 $\Phi(z)$ 来表达的任意正态分布的分布函数,也就是,若随机变量 Z 服从正态分布 $N(\mu, \sigma^2)$,则 Z 落在区域 $(z_1, z_2]$ 内的概率可以表示为

$$P(z_1 < Z \leqslant z_2) = \Phi\left(\frac{z_2 - \mu}{\sigma}\right) - \Phi\left(\frac{z_1 - \mu}{\sigma}\right) \tag{8-6}$$

2. 序贯高斯随机模拟的储层建模方法

设储层 V 分布在空间 ψ 中,在储层 V 中有 n 个已知的观测点 $u_i (i = 1, \cdots, n)$,其随机变量 Z 的观测值为 $Z(u_i) = z_i$。按照随机的路径,通过随机模拟的方法依次求出储层 V 中各个网格单元(待估值点)随机变量值,其基本步骤如下:

（1）将原始随机变量 Z 进行正态变换，使其满足正态分布。

（2）进行数据的变差函数分析，表征随机变量在空间上的变异程度。根据前期的研究和对储层的认识，先确定主要和次要的变程方向，然后对储层分布区域 V 内已知的 n 个观测点，按照

$$\gamma(h) = \frac{1}{2}E\{([Z(u_i) - Z(u_i + h)]^2\}, \ i = 1, 2, \cdots, k$$

分别按主、次和垂直方向的扇形区域，依次统计相距不同的滞后距 h 点对的随机变量的差异性，即计算这些点对上随机变量的变差函数取值分布。选择适当的变差函数数学模型（高斯型、球状型和指数型等），对变差函数取值的离散点进行拟合和分析，分别确定出变差函数开始稳定时的主变程 a、次变程 a' 和垂直方向的变程，以及其他特征参数值（图 7 – 1 和图 8 – 4a）。

（3）按照随机路径，任选一待估值点（如 u_{01}），根据变差函数分析得到的随机变量的变程，确定出对估值点有影响的范围，即三个变程确定的三维椭球体。利用该椭圆体中 m 个已知的观测值，应用里金插值方法，先对该估值点 u_{01} 的随机变量，做出不偏（即平稳的）和估值误差最小的插值 $Z^*(u_{01})$（图 8 – 4b）。

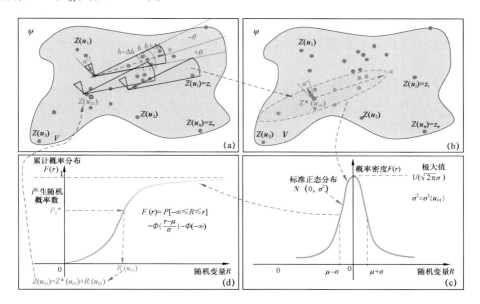

图 8 – 4　序贯高斯随模拟建模的原理和基本步骤示意图

（4）在平滑的克里金插值 $Z^*(u_{01})$ 的基础上，通过随机模拟的方法，增加一个独立的随机增量 $R(u)$，它加上克里金插值，作为估值点随机变量的最终模拟值，即

$$Z(u) = Z^*(u) + R(u)$$

不过，要求 $R(u)$ 服从正态分布，并且其均值也就是数学期望 $\mu = E[R(u)] = 0$（说明对整体估值没有影响），并根据简单克里金方法的估值要求[式（7 – 24）]，$R(u)$ 偏离均值的程度（方差 $\sigma^{2'}$）由下式确定：

$$\sigma^2 = C(0) - \sum_{i=1}^{m} \lambda_i C(u_{01}, u_i) = E\{[Z^*(u_{01}) - Z(u_{01})]^2\} \tag{8-7}$$

其中 $C(0) = \mathrm{cov}\{[Z(u) - m(u)]$

$$[Z(u+0) - m(u+0)]\} = E\{[Z(u) - m(u)]^2\}$$

式中，$C(0)$ 也等于随机变量 Z 的方差 $D(Z)$[参考式(7-9)和式(7-12)]；λ_i 是 u_i 点观测值的影响权系数；$C(u_{01}, u_i)$ 是变程范围内，点对 u_{01} 与 $u_i (i=1, \cdots, m)$ 的随机变量间的协方差，当两个随机变量越相关，其协方差越趋近于 1，而当两个随机变量相互独立时，两者的协方差为零。因此，式(8-7)表明，储层随机模拟所增加的随机分量 $R(u)$ 服从方差为 σ^2 正态分布，且该正态分布的方差又可以看成随机变量 Z 的方差 $C(0)$ 减去一个校正成分 $\sum_{i=1}^{m} \lambda_i C(u_{01}, u_i)$，即去掉待估值点 u_{01} 附近的观测点中与估值变量 $Z(u_{01})$ 相关的观测值 $Z(u_i)$ 的影响，而保留与估值变量 $Z(u_{01})$ 相对独立的观测值 $Z(u_i)$ 的影响。因为当某个观测点上随机变量 $Z(u_j)$ 与估值变量 $Z(u_{01})$ 相互独立时，它们的协方差为零，即 $C(u_{01}, u_j) = 0$。式(8-7)还可以理解为要求构建的随机增量 $R(u)$ 的平均变化（即方差），体现的是待估值点 u_{01} 的随机变量估计误差 $[Z^*(u_{01}) - Z(u_{01})]$ 的不确定性，其变化幅值应在误差 $[Z^*(u_{01}) - Z(u_{01})]$ 绝对值平方的均值（数学期望）之内。

(5)按照式(8-7)确定的方差 σ^2，构建独立的随机增量 $R(u)$ 的正态分布函数 $N[0, \sigma^2]$，并且按照式(8-6)构建其(累计概率)分布函数 $F[Z(u), z] = P(Z \leqslant z)$，如图 8-4c、d 所示。

(6)计算机随机产生一个 0~1 之间的概率数 P_1^*，由 $R(u)$ 的累计分布函数求得对应的随机增量 $R(u_{01})$，将其与该点的克里金插值 $Z^*(u_{01})$ 相加，就得到估值点 u_{01} 随机变量的模拟值 $Z(u_{01})$(图 8-4d)，即

$$Z(u_{01}) = Z^*(u_{01}) + R(u_{01})$$

(7)将随机变量的模拟值 $Z(u_{01})$ 加入前面 n 个已知观测值，形成新的 $n+1$ 个观测值。按随机路径产生另一个待估值点 u_{02}，重复计算步骤(3)(可以保留原有的变程，只作克里金插值)、步骤(4)~(7)，直到完成所有待估值点随机变量 Z 的模拟。

(8)将所有点随机变量的值进行逆正态分布变换，得到最终的储层随机变量 Z 的模拟结果。

四、离散变量序贯指示模拟方法

离散变量的序贯指示模拟常用于对非数值型随机变量(如沉积相和沉积体等)的模拟赋值，也可以对连续变量按各类截止值条件离散化后的分类模拟。该方法首先要将观测点的变量按不同的种类(如不同种类的沉积相)进行数据类型转换，转换成对应于各种类的离散化的指示值(0 和 1)；然后沿着某一路径(一般是随机产生的)序惯地计算各待估点处各种类出现的概率和所有种类的累积分布概率曲线；再通过随机模拟的概率值，根据累积分布概率曲线计算出某种类指示值，作为该待估值点的种类赋值；最后，将该点赋值加入已知的观察点中，再进行下一个点的模拟赋值。结合具体例子说明如下：

(1)设在储层分布区 V 中，有 M 个已知观察点，其类型变量 $Z(u)$ 可能取 K 种类型。不妨假定有 $K=3$ 种沉积相类型，即 $Z(u) = A/B/C$(图 8-5a)。

（2）分别设有三个离散变量$i_A(Z)$、$i_B(Z)$、$i_C(Z)$，将各观察点的类型值按照下面原则转换成相应的离散变量的赋值：

$$i_A(Z) = \begin{cases} 1, & Z = A \\ 0, & Z \neq A \end{cases}$$

$$i_B(Z) = \begin{cases} 1, & Z = B \\ 0, & Z \neq B \end{cases}$$

$$i_C(Z) = \begin{cases} 1, & Z = C \\ 0, & Z \neq C \end{cases}$$

（3）分别按三个种类离散变量$i_A(Z)$、$i_B(Z)$、$i_C(Z)$计算变差函数，确定各自的变程。为简单起见，设三个离散变量的变程相同，且各类变量出现的概率之和等于1。

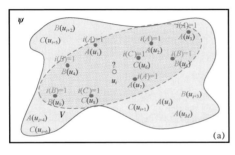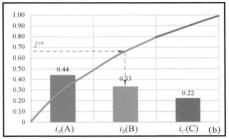

图8-5　离散变量序贯指示模拟方法示意图

（4）按随机路径，选取任一待估值点u_i，在附近有影响的区域中，有$N=9$个观测点。可用统计计算，分别确定这三类离散变量的概率值。在该例中，$i_A(A) = 1$的点共有4个，出现概率为$P(A) = 4/9 = 0.44$；$i_B(B) = 1$的点共有3个，出现概率为$P(B) = 3/9 = 0.33$；$i_C(C) = 1$的点共有2个，出现概率为$P(C) = 2/9 = 0.22$。

（5）做出变量取$A/B/C$各种类型的概率分布直方图和累计概率曲线（图8-5b）。

（6）计算机产生一个随机概率数P^*，由累积概率曲线得到相应的类型取值（本例中为沉积相B），则作为待估值点u_i的随机变量模拟值，即$Z(u_i) = B$，将该点加入M个已知观测点，形成了$M+1$个新的观测值。

（7）按随机路径，选取另一待估值点，重复步骤（2）～（5），直到完成所有待估值点的离散变量的模拟赋值。

第二节　储层随机建模方法特点及其关键因素影响的计算分析

一、主要建模方法的实质和特点

通过前面对主要储层建模方法基本原理的分析可知，具有代表性的确定性建模方法主要是克里金插值方法，其实质是利用待估值点附近对变量估值有影响范围内观测值的加权线性组合去估算待估值点的变量取值。该方法的基本条件是，假定待估值变量与附近的观测值符合平稳的随机变化(即变量的数学期望是常数,而其残差变量的数学期望为零)。在这样的假设条件下,所做出的待估值点的克里金插值并不一定代表该点变量的真值,而是由附近观测值所做出的一种随机性的平稳估值,因此,克里金插值相对平稳,很少出现奇异点(俗称为等值线中的"牛眼睛")。然而,克里金估值的信息完全来自临近的观测值,很难去预测没有被观测到(如井没有钻遇的储层)的变化特征,从而降低了对变量随机变化的认识。

储层随机建模方法,主要是序贯高斯随机模拟方法,对克里金估值方法做了改进。它是在克里金插值的基础上,增加了一个随机变化的分量 $R(u)$,并假定该分量满足正态分布特征,其特征参数(即方差)来自邻区相互独立的观测值的方差。因此,随机建模的方法相对于克里金估值方法,能较好地体现出待估值变量的随机变化特征。

由此可见,确定性的克里金插值方法是随机建模方法的估值基础,而随机建模方法改进了克里金插值方法对待求变量估值过于平缓的局限性,增加了待求变量的随机变化特征的表现。

在认识到主要建模方法的实质和特点后,还需要通过计算分析,去认识哪些过程、条件和控制参数及其取值对储层模拟结果产生怎样的影响。还应当考虑怎样利用现有的建模方法,通过改进建模流程或增加储层的控制因素,建好一个相对合理和具有预测性的储层地质模型。

二、随机建模关键因素影响的计算分析

1. 随机模拟过程对模拟结果的影响

储层随机建模是根据已知观测点的统计特征来预测待值估点变量取值的过程。每预测完一个点的估值,则将该点的数据变更为已知点,并参与下一个待估点的预测。而待估点的确定,是按照一个事先确定的随机路径顺序进行的。实践证明,这个待估值点的顺序对储层属性随机建模的结果是有影响的。

以稀井网条件下储层随机建模为例(井距 2000m)。根据 18 口井的数据,采用相同的高斯随机模拟参数(主变程 2000m,次变程 1200m,主方向北偏西 40°),不同的随机模拟种子值(即模拟计算的起始点),分别进行了三次序贯高斯储层属性随机模拟(图 8-6)。其结果显示,尽管采用了相同的基础数据、满足相同的概率统计分布特征、运用相同的随机模拟方法,但由于随机模拟的路径(起始种子点)不同,模拟的储层属性(孔隙度)的分布区域有明显的区别。这就是说,在稀井网控制条件下,可能会有很多个满足该相同已知点统计规律的地质模型实现。

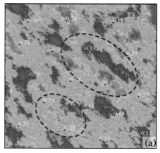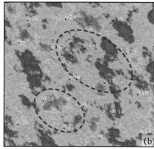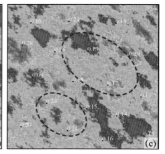

图 8-6 稀井网控制条件下序贯高斯储层属性模拟结果对比图

当井距为 1000m,井加密到 100 口井,此时仍然采用相同的高斯随机模拟参数(主变程 2000m,次变程 1200m,主方向北偏西 40°),采用 3 种不同的种子点(即不同的模拟起始点和路径),分别进行序贯高斯随机模拟。其结果可以看出,3 次模拟的储层属性分布的特征基本相同(图 8 - 7)。

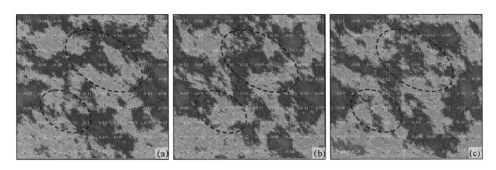

图 8 - 7 密井网控制条件下序贯高斯储层属性模拟结果对比图

由此可见,在稀井网或密井网不同的条件下,不同的模拟起始点和路径,对序贯高斯模拟结果的影响程度是不同的:

(1)在稀井网条件下,即井距与地质体的变程之比 $R \geqslant 1$,井距太大,超过了地质体空间变化的变程,已知井资料不能完全反映出地质体在空间的变化。此时,不同的模拟种子点会造成序贯高斯模拟的结果差别很大。

(2)在密井网条件下,即井距与地质体的变程之比 $R \leqslant 0.5$,此时,井距小于地质体的空间变化规模,井资料作为控制点,能够反映大部分的储层特征。因此,不同的模拟种子点和模拟路径对序贯高斯模拟的结果影响不大。

该例也说明,对于一个开发初期的油藏,在各种资料和地质认识都不充足的前提下,通过少量的井资料所建立的地质模型,主要反映储层的总体分布特征,还可能存在很强的多解性,需要在资料不断增加的过程中逐步完善地质模型。在相应的油藏开发部署中,也要对储层分布的不确定性有充分的准备。

2. 变差函数及其参数对随机模拟结果的影响

由变差函数分析所确定的参数,对储层随机建模的影响是显而易见的,因为这些参数既影响参与计算的观测点的范围,又涉及随机变量的空间变化特征。变差函数确定的参数主要有主变程方向、变程大小、变差函数的模型和块金值等。

1)主变程方向的影响

主变程方向一般是指储层分布的主要方向(主要走向),也是储层连续性最好的方向。次变程方向是指与主变程水平垂直的方向,而垂向变程是指与主次变程垂直的方向。在稀井网条件下,分别采用 3 个主变程方向,即北偏西 40°(图 8 - 8a)、正北 0°(图 8 - 8b)、北偏东 30°(图 8 - 8c),而其他的计算参数和条件相同,分别进行了储层属性随机模拟。

由随机模拟结果可以看出,不同的主变程方向的选定,对储层随机模拟结果的影响非常大,因为对储层发育主要方向判断错误。因此,在储层表征中,应充分研究储层的成因和控制因素,切实把握储层分布主体方向的正确性,才能够保证储层建模结果不出大问题。

2)主变程大小的影响

在相同主变程方向上(北偏西 40°),分布采用 3 种不同的主变程大小,即主变程为

1500m、次变程为1200m(图8-9a)，主变程为2000m、次变程为1200m(图8-9b)，主变程为3000m、次变程为1200m(图8-9c)，而其他运算参数和条件相同，分别进行了储层随机模拟。其结果可以看出，不同的主变程大小，对储层随机模拟的结果影响很大，且随着主变程参数的增大，储层的连续性变得更好。

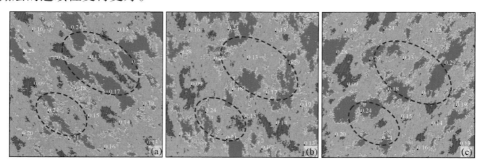

图8-8　不同主变程方向对储层随机模拟结果影响的对比图(稀井条件下)

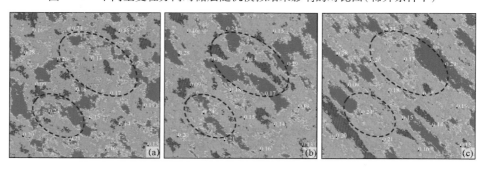

图8-9　不同主变程大小对储层随机模拟结果影响的对比图(稀井条件下)

　　然而，在密井网条件下，情况有所不同。在图8-9中模型的基础资料上加入更多的井，使得井网更密，在此基础上，同样采用3个不同的主变程大小，即主变程分别为1500m、2000m、3000m，而其他条件相同，分别进行了储层属性随机模拟(图8-10)。其结果可以看出，在密井网条件下，不同的主变程大小虽然对储层模拟的结果有一定的影响，但影响的程度已经大为减弱。

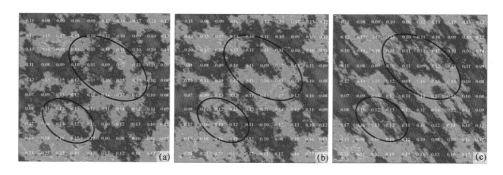

图8-10　不同主变程大小对储层随机模拟结果影响的对比图(密井条件下)

　　3)变差函数类型的影响

　　在对离散的观测点对进行变差函数分析时，往往由于点群的分散，使得变差函数 $\gamma(h)$ 与不同的滞后距 h 关系点的变化较为离散，需要用理论模型来拟合这样的关系点，形成用数学函数模型表达的连续的变差函数 $\gamma(h)$。不同的数学模型表达的变差函数,反映出相距不同滞后距 h 的点对之间它们的随机变量变化程度的不同。

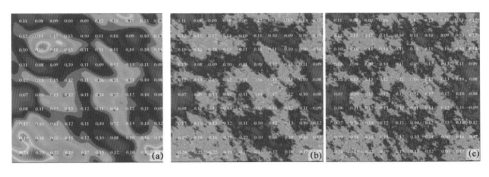

图 8 - 11　不同变差函数类型对储层随机模拟结果影响的对比图

在密井网条件下,分别选择高斯模型(图 8 - 11a)、球模型(图 8 - 11b)和指数模型(图 8 - 11c)作为变差函数的理论模型,而其他运算参数和运算条件一致,分别进行储层属性的随机模拟。其结果可以看出,总体上,3 个储层属性模拟的结果基本一致,所不同的只是在局部像元点之间的离散性特征。其中,高斯模型模拟的结果最平滑,基本没有马赛克状的斑点图;球模型计算结果的特征中性;指数模型计算结果最分散,马赛克状的孤立点最多。因此,在实际油藏建模的过程中,要根据储层成因和特点选用适当的变差函数理论模型,当储层分布连续性好,可以选用相对平滑的高斯模型,而当储层分布非均值性强时,可选用球模型或指数变差函数模型。

　　4)块金值的影响

选用变差函数为球状数学模型,主变程方位为北偏西 $40°$,主变程大小为 2000m,次变程为 1200m,但分别选用三个不同的块金值,即 0、0.1 和 0.3,进行储层属性的随机模拟(图 8 - 12)。从模拟结果可以看出,块金值的变化对储层空间分布的整体特征并没有明显影响,但是对于小范围内的储层连续性具有较大的影响。块金值越大,反映出位置相邻的储层属性存在更强的变异性。因此,用较大的块金值模拟出的储层属性分布,会出现较明显的离散性(图 8 - 12c)。

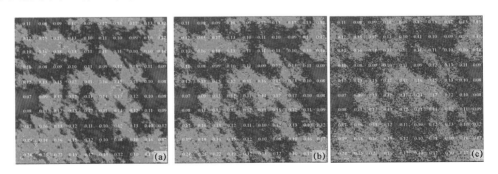

图 8 - 12　变差函数块金值的变化对随机模拟结果影响的对比图

　　3. 趋势面约束对模拟结果的影响

在油气田开发初期,控制井比较少,若地质体的规模小于井距,则储层随机模拟的结果会出现较多的不确定性和多解性,但是,如果有了表征随机变量空间变化的趋势面约束,则情况可能有很大的改观。

以密井网条件下的储层属性分布模型为参考模型,命名为模型 A(图 8-13a),该模型的主变程方向为北偏西 40°,主变程大小 2000m,次变程 1200m,井距为 1000m,采用序贯高斯随机模拟方法建模。去掉 84 口井,只保留 16 口井,此时井距为 3000m,仍然按照与模型 A 相同的计算参数进行序贯高斯随机模拟,得到模型 B(图 8-13b)。其结果显示,整个储层属性的分布特征在局部和整体上都发生了很大的变化。然而,如果用与模型 B 相同的井资料和计算参数,再加上描述随机变量空间变化的趋势面约束,重新进行序贯高斯随机模拟,得到模型 C(图 8-13c)。结果显示,仅井用 16 口井和趋势面约束的模型 C,与拥有 100 口井的模型 A 几乎相同。因此,用趋势面约束条件对储层建模结果将有很大的影响。

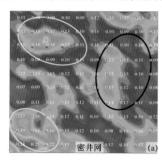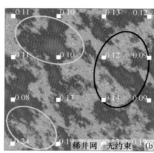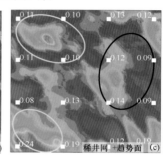

图 8-13　随机变量变化趋势面对储层随机建模结果影响的示例图

不仅如此,即使在稀井网情况下,变差函数参数常常很难求准,此时,通过趋势面的控制可以有效弥补变差函数参数选取不准带来的模型差异。在稀井网条件下,通过趋势约束,选取了三个主变程参数,即主变程为 1500m、2000m、3000m,分别进行了序贯高斯随机模拟(图 8-14)。其结果显示,即使在主变程参数没有选准的情况下,由于有趋势面的约束,储层属性随机模拟的结果影响不大。

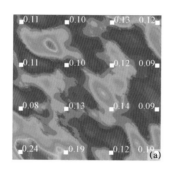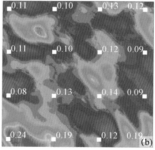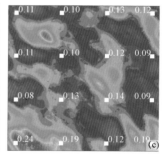

图 8-14　趋势面约束对变差函数参数选择不准的修正作用(稀井网条件下)

趋势面对储层建模的影响如此重要,一定要十分重视,不可在依据不充分的条件下随意勾画,而是要确保趋势面本身的合理性和依据的充分性,不然会起到相反的效果。例如,在沉积相的边界条件和分布范围都不能很好确定时,如果要应用于相控建模,一定要谨慎。趋势面描述的是随机变量的空间变化,最好要用二维连续变化的参数曲面表示,可来源于地质、测井和地震相结合的储层综合表征的成果。

4. 储层随机建模主要影响因素的作用评价和解决方案

通过前面对不同条件下储层建模结果的计算分析,可以看出,在储层随机建模的过程中,有多种因素会影响储层建模的效果,主要包括随机模拟过程(即起始种子点,涉及计算点的随机路径)、控制井网的疏密、变差函数类型、变差函数主要特征参数(主要有变程方向、大小和块金值等)和描述变量变化的趋势面等,这些不同因素对储层随机建模结果的影响程度是不同的,综合分析,可以对这些主要影响因素的重要性和使用条件,做出相应的评价(表8-1)。

表8-1 储层随机建模主要影响因素的重要性和使用条件的评价

排序	建模主要影响因素	关键条件和作用评价
1	已知观测点(即控制井点资料)的多少和分布	在地质分层正确、单井储层参数解释正确的条件下,取决于井距与地质体变化规模比值R的相对大小:当R≥1的稀井网条件下,井距太大,超过了地质体空间变化的变程,井资料不能完全控制地质体的空间变化,不同的建模参数对储层建模结果的影响很大;当R≤0.5的密井网条件下,井距小于地质体的空间变化规模,井资料作为控制点,能够反映储层的主要分布特征,此时,建模参数的变化对建模结果的影响变弱
2	反映随机变量空间控变化的趋势面	体现储层研究成果和认识水平,对储层随机建模的影响很大。如能正确地反映随机变量的变化趋势,那么,即使在稀井网条件下,也能够控制和反映储层的空间变化。在密井网条件下,有了趋势面约束,变差函数参数的影响很小
3	变差函数的主要控变程方向	对稀井网条件下随机建模的影响很大,若储层分布的方向不正确,储层建模的结果会变化很大;对密井网下的随机建模也有一定的影响
	变差函数的主要控变程大小	对稀井网条件下的建模结果影响很大,反映储层不同的连续性和分布规律;对密井网下的建模也有一定的影响
4	随机建模计算点的控随机路径	对稀井网条件下的建模影响很大,对密井网下的建模,影响较弱
5	变差函数理论模型控的选取	反映随机变量在横向上的变化程度和空间影响范围,会影响储层属性的横向连续性
	块金值的大小	反映相邻点变量之间变异性的强弱

对于最为重要的已知控制点的多少或井网的疏密,涉及开发阶段和油田现场的实际情况。在油田开发早期,主要是少量的探井和开发评价井,总体上井的资料少,储层建模的结果具有很强的多解性。要注意挑选与已知资料和认识最吻合的储层模拟结果,并要对储层地质模型进行不确定性分析,就是分析影响储层地质建模的主要影响因素、影响大小,以及对储层地质模型的影响程度。

对于随机变量趋势面的研究十分重要,涉及整个储层表征的过程,也是储层表征成果的重要体现。不同趋势面的约束,对储层随机建模的结果影响很大。储层沉积相的分布,也可以看成是一种反映储层变化的趋势面,进行相控建模是一个非常合理和标准的建模技术路线。然而应当注意到,在许多情况下,储层沉积相的分布范围和不同沉积相边界的确定本身就具有多解性。尤其是在稀井网条件下,用相控建模得到的储层属性的分布模型,可能具有很强的不确定性。因此,要注意对建模的结果进行检验和不确定性分析。对于储层属性变化趋势面的研究,最好要有比井网采样更密集的地震资料的信息;同时,还应当考虑到不同地层的等时面、不同的高频旋回和不同的储层成因单元中的储层属性与井震物理属性的关系,在这方面,用储层成因单元地震地层学的研究方法是其中一个重要的解决方案。

然而,如果面对现有井的资料条件,又没有合适的随机变量趋势面,就做好储层属性随机模拟计算本身而言,就要做好随机变量变差函数的分析。在建模实践中,大家一定都体会到,在变差函数的分析和特征值求取时,常常会出现许多不稳定现象,如在预想的储层分布方向上,变差函数并没有稳定的基台值;在不同的方向上,变差函数的特征参数值可能变化较大;不同的主变程,变差函数可能出现各自不同的基台值等。出现这种现象的一个原因是已知的控制点少、井距大,不能够完全反映出储层属性变化的规律性;另一个原因是还没有真正把握住储层属性变化的主体方向。这时可以尝试不用井资料直接作变差函数分析,而是结合井资料和地质家经验,先构建初步的储层属性分布平面趋势图,再根据该平面趋势图确定出主、次变程的方向,进行变差函数的分析。

以密井网条件下储层属性随机模拟为例,如果直接用井点资料进行变差函数的分析,主、次变程的方向和变程的大小的确定具有一定的盲目性(图 8 - 15a)。然而,结合储层表征和专家经验,先做出大致的储层属性分布图后(图 8 - 15b),就能明确看出储层属性分布走向为北西 45°。以该方向确定为主变程方向,再进行变差函数分析,就出现了稳定的变差函数曲线(图 8 - 15c),并从中得出滞后距 h 在 2200m 后,变差函数出现了稳定的基台值,由此也确定出主变程为 2200m。该变差函数在主方向和次方向的变程,以及变差函数在不同滞后距下的变化值,可用所谓的变差函数的变差图表示(图 8 - 15d)。

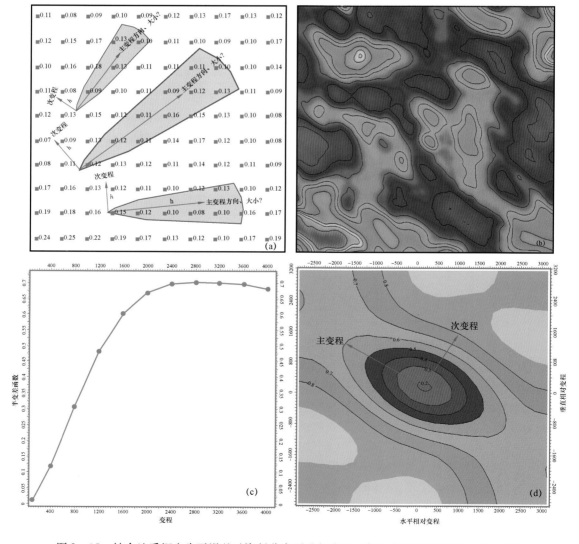

图 8 - 15   结合地质概念先平滑基础资料分布再进行变差函数分析及其特征参数的示意图

第三节 基于储层成因单元地震地层学研究和成因趋势面约束的储层随机建模研究实例

一、研究区地理和地质概况

研究区位于中东 R 油田的北部,面积约 183km² (图 8 – 16)。R 油田位于伊拉克南部,构造上属于阿拉伯板块中生界不稳定陆架区,继承于寒武系盐底劈之上,并在白垩系沉积末期得到强化,其形态上表现为南北向长轴背斜,中部由鞍部相连。

Mishrif 组碳酸盐岩油藏为 R 油田主力油藏之一,平均埋深 2316m,厚度 100～25m,为构造岩性圈闭,其储量占该油田总储量的相当大的部分。

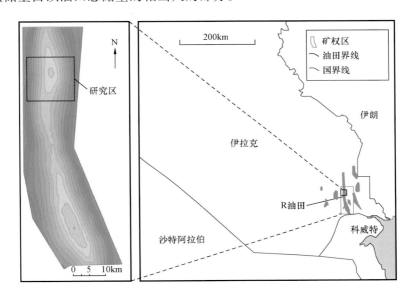

图 8 – 16 研究区构造和地理位置图

Mishrif 组碳酸盐岩属于白垩系塞诺曼阶到早土伦阶沉积的地层。它与上覆的 Khasib 组灰泥岩呈不整合接触,并发育有风化壳土壤;与下伏的 Rumiala 组灰泥岩呈连续相变接触,岩性总体具有向上变粗趋势。在 Mishrif 组沉积之前,曾发生了全球范围的海泛事件,形成了阿拉伯台地广泛展布的浅水碳酸盐岩缓坡沉积环境。在 Mishrif 组沉积时期,水体逐步变浅,由开阔台地和礁前缓坡逐步演化为台内沉积环境。造礁生物主要包括厚壳蛤、海绵、珊瑚及层孔虫等(Aqrawi,1998;Sadooni,2005),然而它们与现代碳酸盐岩生物礁不同,多表现为生物受波浪破碎改造后再沉积的碳酸盐岩生物碎屑滩,而原地生物礁较少。

二、储层预测与储层建模的难点

1. 岩相的复杂性与储层物理响应的多解性

根据前面第二章的研究成果,具有浅水缓坡—镶边台地沉积环境的 Mishrif 组碳酸盐岩,至少可以识别出 8 种沉积微相,即潮间或潮上带、潟湖或礁后、厚壳蛤岩隆、点礁和滩复合体、生物碎屑浅滩复合体、中远缓坡或开阔潟湖、缓坡外、珊瑚或厚壳蛤生物层礁,以及缓坡外或开阔潟湖。这些沉积微相的鉴定,对分析储层的成因、分布趋势、纵向演化、储层结构以及变差函数的分析等都是很有帮助的。例如,结合岩相鉴定和测井岩相解释,所建立的 Mishrif 组碳酸盐岩沉积微相分布的剖面模型(图 4 - 2)显示出从下到上,其沉积微相总体表现出向上变浅的沉积层序,其中,在下部的 MZ1 段中主要发育了含厚壳蛤碎屑的礁滩体。随着古地貌的上升和相对海平面的下降,该厚壳蛤礁滩体具有向东西两侧的进积扩张。Mishrif 组在向上变浅的沉积大趋势下,随着相对海平面的高频振荡,沉积相和岩相也发生了相应的进积和退积的变化。并且在同一时期,随着古地貌的高低变化,地层的岩相也产生了相应的由粗到细的沉积分异。

另外,由岩样的微观特征与储层物性的关系研究表明,不同的沉积微相具有不同的主要岩相,而这些不同的主要岩相,由粗到细对储层的物性(孔隙度和渗透率)的高低变化有着明显的影响。主要表现为:高能相带的岩相粗、物性好和易于发生溶蚀改造;低能相带的岩相细、物性差,尤其表现为渗透率的降低较为明显。这些储层的成因特征都是储层单井评价的基础。

尽管如此,在研究碳酸盐岩储层的空间分布和储层地质建模时往往发现,不同类型沉积微相的具体分布及它们之间的界线是很难确定的,尤其是在开发井数量少或井网控制不完全的条件下更是如此。因此,如果依据不足,而人为定性地猜测或"预测"各个沉积相的分布边界,就很可能犯了确定性的错误,而这个错误又会带到储层建模当中。

为了更好地预测储层分布,通常要借助地球物理地震资料,因为这些资料与储层属性的关系密切,而且地震资料在空间上又有密集的采样,蕴藏着储层横向变化丰富的地质信息。如果能提取到与储层品质优劣关系明确的地震属性资料作为辅助变量,参与储层地质建模中,将会有利于提高储层建模的可靠性和预测性。但实际情况并非如此简单。地震波的运动学和动力学属性虽然有很多,但是最为基本的且相互独立的地震属性并不多,主要有地震波的传播时间、地震波的各种速度、振幅、频率和相位等,此外还有大量的由这些基本属性所派生的属性。由于储层的各种属性(包括不同的岩相、物性、含流体性质、储层的结构等)的变化,都可能对地震波产生影响,因此,仅仅用地震物理属性及其变化特征去反演复杂储层的成因,往往具有多解性。这种地球物理波属性反演的多解性在碳酸盐岩储层的研究中,会表现得更加突出,这是由碳酸盐岩储层的复杂性引起的。

从最基本的地震波的振幅和频率属性出发(图 8 - 17),结合 Mishrif 组碳酸盐岩储层的生产动态资料,分析不同类型储层的分布与地震属性及其分布的关系。按照通常的储层地球物理响应原理,当储层的物性变好,孔隙度增高,储层的岩石力学强度就会减弱,从而导致其传播的地震波的振幅衰减和频率降低。然而,研究发现,代表优质储层的累计高产井与劣质储层的累计特低产井的分布,与地震波振幅或频率特征值的变化及其分布区域并没有明显的关系。这是因为,除了碳酸盐岩储层物性会影响地震波的振幅和频率外,不同的碳酸盐岩储层的岩相和结构的变化,也会对地震波的振幅和频率属性产生影响。从前面关于 Mishrif 组碳酸盐岩的岩相与物性的关系研究得知,Mishrif 组碳酸盐岩的优质储层主要为颗粒支撑的岩相(包括砾屑灰岩、漂浮岩、颗粒灰岩和部分灰泥质颗粒灰岩),而差储层主要为灰泥支撑的岩相(主要有颗粒质灰泥岩和灰泥岩)。这两类岩相的孔隙度变化并不大,从粗岩相到细岩相,它们的平均孔隙度变化值在 15.4% ~21.4%,导致岩石力学性质有增强趋势。同时,部分差储层由于其岩石结构变细,也会使得其声波时差增大(声波速度减小,岩石力学性质减弱),岩石物性好的粗岩相与岩石结构变细的细岩相,这两类不同的岩相都会使岩石的力学强度降低、地震波衰减和频率降低。不仅如此,在不同时期的储层中,如 Mishrif 组上段(MZ5—MZ6)较差的细岩相储层(产量低)又会表现出与下段(MZ1—MZ4)优质高孔和粗岩相储层(产量高)有着相近的体积密度和声波时差值,也就具有相近的地震属性。这些相同时期或不同时期岩石所具备的不同物性、不同岩相和岩石结构的因素交织在一起,自然使得用地震波物理属性反演储层的岩相或物性往往具有很强多解性。

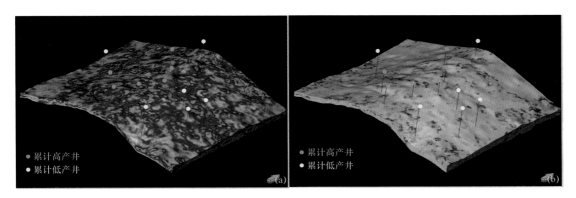

图 8 – 17 Mishrif 组碳酸盐岩主力层段 MZ1 的地震波振幅(a)和频率(b)属性与
不同累计产量特征的开发井分布综合图

2. 储层孔隙度随机建模的问题分析

在前面关于本区的 Mishrif 组碳酸盐岩储层表征中,通过关键井的岩心描述、岩心和测井多信息的沉积相识别和沉积旋回的综合研究、多条地层剖面对比,以及高频地层层序和储层成因单元地震反射结构的研究,建立了等时地层格架,并进行了初步的储层成因分析。

根据区内岩相特征及其岩石物理测井响应机理的分析,主要采用密度测井曲线建立储层孔隙度理论解释模型,并运用岩样孔隙度分析数据进行刻度和校正,完成了研究区中 116 口井的储层孔隙度测井解释。

在对 Mishrif 组碳酸盐岩沉积环境和沉积相分布特征研究的基础上,通过主要、次要和垂直方向上的储层孔隙度变量的变差函数分析,在接近平行 Mishrif 组碳酸盐岩沉积相分布走向的方向上(NNE 6.2°),得到了主要变程方向上比较稳定的变差函数变化曲线,即当数据点对距离大于主变程735m后,出现了相对稳定的基台值(图 8 – 18)。类似地,在相互垂直的次变程方向上(NE 276°),得到了次变程500m,而地层垂向上的孔隙度变程为10m。

根据建立的等时地层格架、多井储层孔隙度参数解释和储层孔隙度变量的变差函数的特征参数,选择了序贯高斯随机模拟方法,建立三维储层孔隙度分布地质模型(图 8 – 19)。该孔隙度分布模型是分 5 段共 20 个小层实现的,各个小层的孔隙度分布是依次相互叠置的。通过层段筛选,显示出主力层段 MZ1 的孔隙度分布模型进行分析。从该模型可以看出,相对高孔隙度的储层(一般对应于颗粒支撑的相对粗岩相)与相对低孔隙度(对应于灰泥支撑的细岩相)相伴,呈“斑块状”均匀分布;同时,孔隙度平面分布也具有一定的沿古地貌走向的趋势,这说明 Mishrif 组碳酸盐岩的沉积与多个点礁群的生长和叠加有密切的关系。

然而,从几个方法看,该孔隙度分布模型并没有完全体现出 Mishrif 组碳酸盐岩储层的成因特征,且储层模型与实际动态资料的对比也存在不足,主要表现在两个方面:其一,从储层成因上看,Mishrif 组储层岩相和物性的分布本应该随古地貌的高低会产生响应分异,物性好的粗岩相主要分布在古地貌的高处,而伴随着古地貌的降低,岩相变细,储层物性变差,这个特征

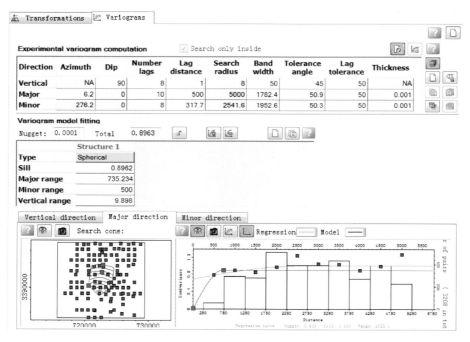

图 8 – 18　储层孔隙度随机模拟建模中变差函数分析实例

变差函数的主要特征值参数,基台值(Sill)、主变程(Major range)、次变程(Minor range)和垂直变程(Vertical range)

分别为 0.9、735m、500m 和 9.9m,图中的曲线为主变程方向的变差函数变化曲线

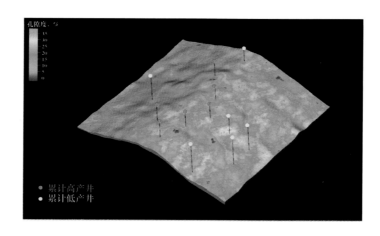

图 8 – 19　通过序贯高斯模拟建立的研究区 Mishrif 组碳酸盐岩孔隙度分布模型(显示的 MZ1 段顶)

相对高孔隙度(红—黄色)与相对低孔隙度(淡蓝色—深蓝)的储层以多点礁—滩群形式,相间和均匀地

分布全区,图中的点—杆线图代表有生产测试的开发井,红色代表累计高产井,灰色代表累计低产井

在孔隙度模型中没有表现出来;其二,对比生产动态资料,该储层孔隙度分布模型与不同累计产量的生产井的分布特征也吻合得不好,高产井和低产井的分布与储层孔隙度的高低分布并没有明显的相关性。造成这种现象的原因就在于,在储层随机建模的过程中,把各个估值点附近区域中各点的孔隙度变量看成数学期望为常数的平稳随机变化特征,而进行变量基础估值和残差分量的随机模拟,且储层孔隙度差别本身也不大,这就造成了孔隙度模型的平面分布形

态的相似性。因此,要在储层模型中,体现出随机变量之间复杂多变和相互关联的地质规律,还需要利用多种资料和多种信息,做进一步储层成因和控制因素分析,进行成因趋势约束下的储层随机建模。

三、储层成因单元地震地层学研究与储层成因单元的结构模型表征

根据第五章可知,储层成因单元地震地层学研究的实质就是在储层地质成因原理、岩石与地球物理的响应机理表征和井震地层精细等时对比的基础上,对精细的地震反射结构进行地质成因分析,揭示出储层地震地层的精细成因结构、空间演化规律和不同时期储层单元的控制作用,并最终得到控制储层分布和属性变化的期次、成因单元结构和反映变量空间变化的控制变量。

1. 储层测井响应机理和剖面上储层成因单元地震地层特征分析

在通常情况下,油田的系统取岩心井是很少的,储层表征除需要对少数取岩心井进行研究外,信息丰富的岩石物理测井资料是进行储层研究最重要和最普遍的基础资料。通过岩心描述、岩心刻度测井和岩石物理测井响应机理的分析,进行储层属性、沉积旋回和高频层序的解释,是储层成因表征的一项重要的内容。

通过地质和测井的综合分析,确定出用一组敏感的测井曲线,包括自然伽马测井、中子测井、密度测井、声波测井和深浅电阻率组合测井,进行储层的成因表征。

从本区 Mishrif 组碳酸盐岩的测井剖面可以看出(图 8 – 20a),除顶部薄层段外,在大多数层段,当 GR 值增大时,NPHI 值并没有相应的增大,有的反而降低,从岩石物理测井响应机理上推断,本区的 Mishrif 组碳酸盐岩的黏土矿物含量很少,因为细粒的黏土矿物,不仅会吸附大量的放射性元素,使得 GR 值增高,还会含有大量的岩石结构水和结晶水,使得 NPHI 值增大。然而,当岩石结构变细使相同石灰岩成分的灰泥含量增加时,同样也会吸附放射性元素,使 GR 值增高,但由于灰泥结构中缺乏丰富的结构水和结晶水,因此其 NPHI 值反而减小,这是相对细结构的致密灰岩特征。由此可见,在当前规范化的测井刻度条件下,可以用自然伽马 GR 测井与中子 NPHI 测井高低的对应变化,反映岩相结构粗细和储层物性的变化。例如,GR 值降低对应于 NPHI 值增高时,是储层物性变好的标志;当 GR 值增高对应于 NPHI 值增高时,对应于地层泥质含量的增加,此时,根据曲线幅度可识别地层的洪泛面。

采用深浅电阻率差异的方法,也可以表征本区的粗岩相、物性好和含油性高的礁滩相生物碎屑灰岩。Mishrif 组碳酸盐岩油藏属于弱边水系统,而研究区位于油田北区的构造高部位,因此,研究区的储层都处于油水界面之上。在此条件下,储层电阻率的变化,主要反映储层束缚水的高低变化,并在一定程度上体现出岩石结构粗细的变化,而深浅电阻率的差异 SN – ILD,则是粗结构岩相和孔隙度发育油层最重要的特征。对于礁滩相生物碎屑灰岩储层物性好的油层段,在钻井液侵入时,会产生从井壁到地层的钻井液滤液的侵入带,形成地层电阻率的径向分带的变化(图 8 – 20b)。在此条件下,由于深感应电阻率测井 ILD 的探测深度大,探测电流为地层深部环绕井轴的涡流,且该电流所经过的区域大多是未受钻井液侵入影响的高阻油层区,这就造成了 ILD 测井主要反映的是电阻率较高的纯油层区。而短极距电位测井 SN 的探测深度较浅,其探测电流垂直于井壁,并径向流入地层,由于该探测电流大多经过充满钻井液滤液的侵入带地层,地层电阻率低,造成了 SN 测井的电阻率值较低。从纵向上看,深浅电阻率测井的差异 SN – ILD 的层段,还往往出现在向上变浅的沉积旋回的中上部,此处的岩心和测井曲线表明,这部分岩相往往对应于礁滩相的颗粒灰岩,其顶部还常常可以观测到岩心

的溶蚀现象或生产动态的高产出油段。这些分析综合表明,深浅电阻率差异 SN – ILD 是储层物性好和岩相粗的重要标志。

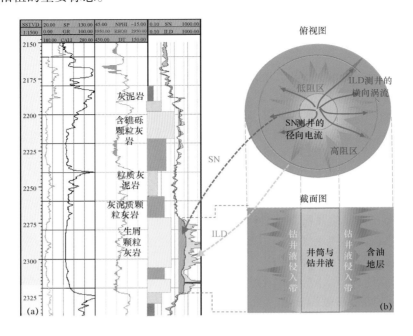

图 8 – 20   关键取岩心井的岩心与岩石物理测井响应机理分析
(a)不同岩相、物性层段所对应的测井曲线特征变化;(b)深浅电阻率测井差异,
对渗透性好、粗岩相油层的测井响应机理分析

　　通过岩心地质资料的刻度和岩石物理测井响应机理的分析及解释,使得原本抽象的测井曲线和测井对比剖面展现出丰富多彩的储层地质信息。这些信息结合井—震标定、多井地层对比和地震反射结构的成因分析,就可以揭示出更多的储层成因信息。

　　由测井曲线和过井地层对比剖面可以看出(图 8 – 21),从下往上,MZ1 段 GR 值逐渐降低、电阻率逐步增大,并在中上部往往出现明显的深浅电阻率正差异,即 SN 值小于 ILD 值,这些特征表明,MZ1 段储层具有向上变粗(即水体变浅)的沉积旋回。在旋回的中上部,往往发育着浅水高能环境下的礁滩相颗粒灰岩(图 8 – 21a)。通过井—震精细标定和储层成因单元地震地层学的分析,在对应的 MZ1 段地震反射剖面上,识别出随古地貌高点沉积迁移的成因单元反射结构(图 8 – 21b、图 8 – 21c)。此后,在 MZ2—MZ4 段中,总体为相对海平面上升期,岩心和测井曲线响应都显示此段地层的岩相逐步变细。同时,地震反射结构上也出现了沿古地貌的上超和部分 MZ2 段的地震反射被其底部古地貌高处所截断的结构特征。综合分析过井地层对比剖面、测井曲线和地震反射结构,还可以看出,MZ1 段的古地貌,对后续沉积的地层 MZ5—MZ6 的储层属性仍然存在一定的影响。如剖面的中部位置为 MZ1 段古地貌高处区域,对应于此区域,在 MZ5—MZ6 段的地震反射剖面中,出现了振幅衰减和反射波同相轴的不连续性的响应特征(椭圆形表示的区域)。同时,在该层段相应的地层对比剖面上,测井曲线也出现了电阻增高和深浅电阻小幅度正差异特征。这些特征表明,受到前期古地貌地形的影响,在剖面的中部区域,MZ5—MZ6 段沉积时,水体相对较浅、能量相对较强、岩相相对较粗,物性相对较好。

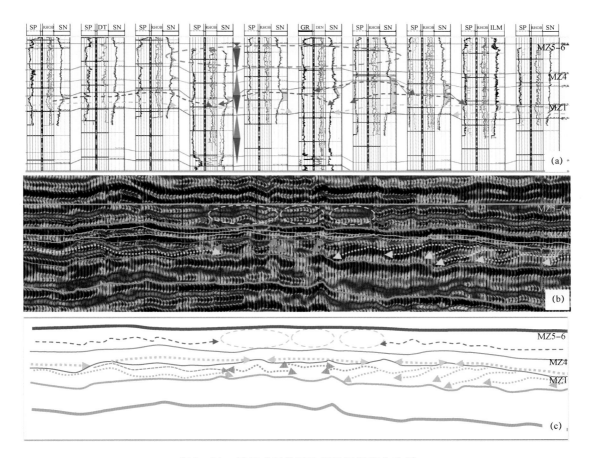

图 8 – 21　储层成因单元地震地层学综合分析

（a）岩相和沉积旋回的岩石物理测井响应分析和地层对比；（b）地质—测井标定下储层成因单元地震反射结构分析；
（c）储层成因单元地震反射结构识别

2. 不同期次和不同储层成因单元结构模型及其成因表征

在关键剖面地震地层反射结构成因分析的基础上，在全区进行了多条地层剖面的储层成因单元地震地层的精细解释，再进行各个地层成因单元界面的追踪和层面结构计算，从而建立起不同时期和不同储层成因单元分布的结构模型。在此基础上，通过分析不同时期和不同成因单元的分布、迁移、叠置过程及其与岩相和物性分布的关系，进一步揭示出储层分布与演化的规律，以及控制储层分布及其属性变化的相关因素和控制变量（图 8 – 22）。

从 Mishrif 组碳酸盐岩不同期次和不同成因单元（或组合）的结构模型上，可以看出：

（1）在 MZ1 段中（图 8 – 22a），可分辨的四期且有一定厚度的成因单元，它们主要以点—斑状形式出现，其规模也逐渐增大，连续性变好，并向古地貌高处迁移。尤其是第四期的成因单元（黄色），规模最大，主要分布在古地貌的相对高部位。这些特点体现出 Mishrif 组的成因分布规律，即古地貌高部位的水体浅、造礁生物生长茂盛，同时，在高能水体作用下，这些相对粗的生物碎屑灰岩，沿古地貌高部位发育了规模较大的厚壳蛤礁滩复合体。

（2）将 MZ1 段的地层厚度叠加在其底面的古地貌上（图 8 – 22b），并结合前面岩心和测井的岩相研究成果，可以看出，厚度大和岩相粗的储层呈点群组合，主要表现出沿古地貌高点走向（NNE 向）的带状分布。在地理位置和形态上，它们与障壁礁（barrier reef）比较接近。

（3）在 MZ2 段沉积时期,相对海平面上升,水体变深,沉积能量相对减弱。MZ2 段沉积早期的地层单元首先沉积在前期古地貌的相对低洼区域(图 8 - 22c)。根据岩心和测井的信息,这部分早期沉积的岩相主要为细结构的颗粒质灰泥岩,其沉积环境常解释为半封闭的开阔潟湖或台内缓坡。然而,MZ2 段沉积早期并没有完全覆盖在整个研究区,许多前期 MZ1 段的古高地仍然还没有被覆盖。在相对海平面的振荡中,这部分 MZ1 段离海平面较近,会受到风浪和潮汐的侵蚀,甚至还会出现短时期的暴露,接受大气水的风化淋滤,使得储层的溶蚀孔洞进一步发育。对比 PLD 生产测井结果,就可以发现一个成因规律,即具有累计高产的油井分布与 MZ2 段沉积早期,尚未覆盖的 MZ1 段的分布范围几乎完全一致。这个结果从独立的动态资料上,佐证了储层成因单元结构模型及其所揭示的关于储层的成因、优质储层的分布及其控制因素的合理性。

（4）在 MZ3 段沉积时期(图 8 - 22d),相对海平面处于振荡上升,除少数个别的地方外,MZ3 段基本在全区分布,因此 MZ1 段也大多数被覆盖。然而,在 MZ3 段中,厚度相对大和岩相相对粗的储层的分布还是与 MZ1 段古地貌的高点有关,说明 MZ1 段古地貌的形态对 MZ3 段储层的沉积仍然有一定的控制作用。

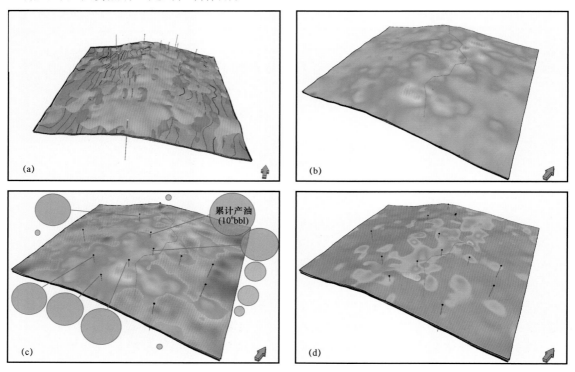

图 8 - 22　Mishrif 组碳酸盐岩不同时期和不同成因单元的结构模型分布图
(a)MZ1 段内的四期成因单元的分布,展现出后期的成因单元(黄色)规模逐步增大,并且向古地貌高处迁移的反重力
生物成因作用;(b)MZ1 段顶面古地貌,反映出该层段中,厚度大的储层沿古地貌高点分布,并具有粗岩相和物性好
的特征,可以认为是沿古地貌高点走向分布的点礁—礁滩复合体和障壁礁;(c)在相对海平面上升中,MZ2 段沉积早期
沉积的细岩相的成因单元主要沉积在前期 MZ1 段地貌的相对低洼处,而露出 MZ1 古高点处的粗岩相尚未覆盖。并且,
对比井生产动态资料,还揭示出储层成因的一个重要规律就是:生产动态上累计高产井(绿圆饼大小表示累计产量的
相对高低)几乎毫无例外地与这一时期 MZ1 段暴露的优质储层的分布范围相吻合,这反映出这部分粗岩相储层接受了
更长时间的侵蚀和淋滤作用,使其储层的物性变得更好;(d)MZ3 段储层几乎全部覆盖了 MZ1 段,不过,MZ3 段
中相对厚和粗岩相储层的分布仍然受到 MZ1 古地貌的影响

四、基于储层成因控制面约束的储层属性随机建模及其预测性分析

1. 基于储层成因控制面约束的储层属性随机建模

通过前面关于储层成因单元地震地层学综合研究和储层成因单元结构模型的表征,揭示了 Mishrif 组碳酸盐岩储层的成因过程、分布规律和控制因素。尤其是认识 MZ1 段的古地貌不仅控制着 MZ1 段储层本身的沉积分异和物性变化,而且对其他层段储层的属性和分布也有一定的影响。

在前面关于 Mishrif 组碳酸盐岩的地层格架、多井储层的小层参数解释和变差函数分析的基础上,根据储层成因单元地震地层学的研究成果,将 MZ1 段古地貌顶面形态作为控制储层属性参数变化的趋势面,且从下到上不同的层段给出不同的影响权重系数,再对 Mishrif 组碳酸盐岩储层的孔隙度重新进行了三维储层的随机地质建模(图 8 - 23a、b、c)。从该孔隙度分布模型可以看出以下特征:

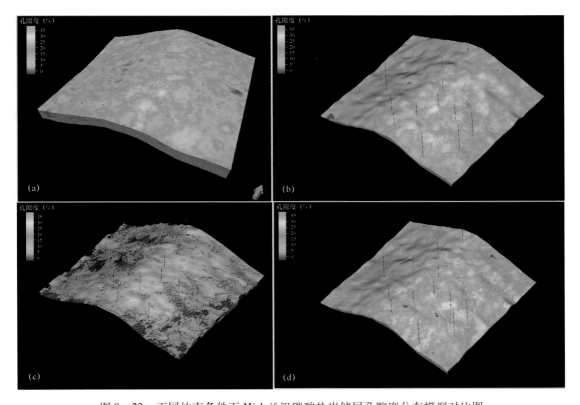

图 8 - 23 不同约束条件下 Mishrif 组碳酸盐岩储层孔隙度分布模型对比图

(a)基于储层成因控制面的约束下,MZ1、2、3、4 和 5 段储层孔隙地分布模型。顶面展现的是该模型中,MZ5 段的顶面储层的孔隙度分布,其中,均匀分布的蓝色小点代表参与建模计算的井点位置;(b)MZ1 段储层的孔隙度分布模型,其顶面为 MZ1 段顶面小层的孔隙度分布,展现出随古地貌的变化,Mishrif 组储层的沉积分异作用,图中的杆状图代表有生产测井测试结果的 12 口井;(c)MZ1 + MZ2 段储层孔隙度过滤模型(孔隙度大于 17%),用于显示高孔隙度和粗岩相的储层具有礁滩的分布特征,以及与高产井的分布规律一致性;(d)为没有储层成因控制面约束下,建立的 MZ1 段储层孔隙度分布模型,它与储层成因和生产动态都吻合不好

(1)在 Mishrif 组的上部,MZ5 段顶部储层的相对高孔隙度(橘红—黄色)和粗岩相的碳酸盐岩呈斑状或局部带状分布,且在古地貌的高处分布得更多些(图 8 - 23a),它们反映出 MZ5

段中的生物礁的沉积。然而相对而言,这些高孔隙度区域的横向展布范围并不大,很快过渡到绿色的中低孔隙度(孔隙度不大于15%)储层。按照微观岩样与其物性的统计关系(图2-23),这类中低孔隙度储层的岩相属于颗粒质灰泥—灰泥质颗粒岩、颗粒质灰泥岩或灰泥岩,产生于相对低能的沉积环境。这些特征表明,Mishrif组上部的储层中,高能环境的碳酸盐岩颗粒滩相对不发育,这个特征与岩心描述的特征基本吻合。

(2)在MZ1段储层的孔隙度分布模型中(图8-23b),以橘红—黄色所代表的高孔隙度储层(孔隙度不小于22%)以点—斑群状地成片分布,并主要发育在相对水浅和高能的古地貌高部位。根据Mishrif组碳酸盐岩的岩相与孔隙度关系,可知这些高孔隙度储层的岩相主要是颗粒支撑的生物碎屑灰岩,包括颗粒灰岩,含砾屑颗粒灰岩或砾灰岩,以及灰泥质颗粒灰岩等。这些颗粒支撑的石灰岩主要产生于浅水的高能环境,如碳酸盐岩生物礁与生物碎屑滩的复合体。因此,MZ1段孔隙度分布模型所揭示的孔隙度大小及其分布特征,符合Mishrif组碳酸盐岩沉积的成因规律。

(3)由于Mishrif组碳酸盐岩含黏土矿物的泥质很少,储层物性的好坏与岩相的粗细关系明显,因此,从MZ1和MZ2段储层的孔隙度模型中,按照孔隙度不小于17%条件过滤出各小层的相对高孔隙度的储层(代表粗岩相储层)进行叠加显示,以考察储层和岩相的整体分布规律(图8-23c)。从该过滤的孔隙度分布模型可以看出,粗岩相和高孔隙度储层主要分布在古地貌高处,且沿近南北走向上的带状分布。在沿斜坡倾向的东西方向上,储层具有中间厚、两侧薄的丘状分布,同时向东西两侧储层的岩相逐步变细。但是,在古地貌高处两侧的相对低洼部位,粗岩相很薄,主要为孔隙度小于17%的细岩相,它们在该模型中被过滤掉。还有一个重要的特征值得注意:对比图8-22(c)和图8-23(c)后可以看出,生产动态所表现出的累计高产油井几乎都钻遇了相对高孔隙度和粗岩相的储层,而生产动态上累计低产油井所钻遇的储层主要为相对低孔隙度和细岩相发育区。因此,该孔隙度模型既揭示出相对优质储层的分布,还进一步揭示出生产动态上不同井产量差异的原因。

(4)为了便于相同比例下的模型对比,还给出了没有储层成因控制面约束下的储层随机建模的结果,即MZ1段储层孔隙度分布模型(图8-23d)。可以看出,该模型在储层分布上与有储层成因控制面约束建模的模型(图8-23b)有很大的不同,而且与Mishrif组碳酸盐岩的成因和生产动态表现均有相当的差别。

2. 基于储层成因控制面约束的储层属性随机建模的预测性分析

储层地质模型的可靠性和预测性是储层地质建模所要追求的两个最重要的指标,也是一个储层地质模型的价值所在。

总体来说,储层地质模型的可靠性可以认为是储层地质模型与已知或者与已知数据相关的数据或概念的符合程度。如在储层地质模型中,储层连续性属性(孔隙度、渗透率等)的分布频率直方图与参加建模的各井孔隙度频率分布直方图是否一致;储层地质模型所展示储层的分布形态和储层属性的空间分布是否符合地质规律;储层地质模型中的储层层间或层内的连续性、井间连通性与油田开发动态特征是否一致等。在上一节中,已经从储层地质原理、储层分布模式和油藏开发动态特征上,对基于储层成因控制面约束的储层地质模型的可靠性做出了肯定。

应当说,预测性是对储层地质模型更高的要求,因为它不仅要求储层地质模型能吻合已知的数据,而且还要求它对新增加的和没有参与建模的数据也具有相当的预测性。同时,储层地质模型预测性的优劣还可以对储层地质建模方法的有效性做出相应的评价。

为了比较和评价在有无储层成因控制面约束条件下,储层地质模型的预测性和储层随机建模方法的有效性,分别用了以下四种情况下的储层地质建模结果进行对比分析。

第一和第二种情况分别是:在储层成因单元地震地层学研究得到的储层成因控制面约束下,先将研究区中的116口井数据全部参与计算,进行储层孔隙度属性的高斯随机建模,所得到的结果作为储层孔隙度模型的"真值",称之为孔隙度模型 A(图8-24a);然后,在基础数据中随机去掉10口井(R-1,R-2,…,R-10)的数据,剩下106口井数据,且保持其他的建模条件与模型 A 相同;重新进行储层孔隙度高斯随机模拟,所得到的结果称为储层孔隙度模型 B(图8-24b)。比较孔隙度模型 A 和孔隙度模型 B 可以看出:

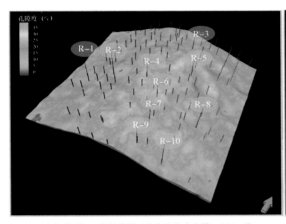

(a) 模型A,成因控制面约束孔隙度建模,116口井

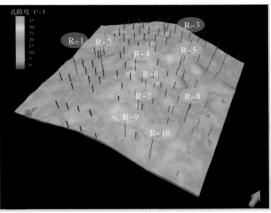

(b) 模型B,成因控制面约束孔隙度建模,106口井

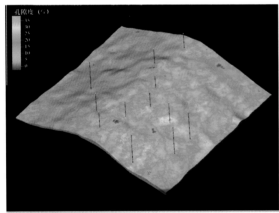

(c) 模型C,无成因控制面约束孔隙度建模,116口井

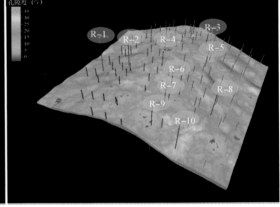

(d) 模型D,无成因控制面约束孔隙度建模,106口井

图8-24 四种情况下高斯随机建模得到的 MZ1 段储层孔隙度分布模型对比

(a)孔隙度模型 A,在储层成因控制面约束下,采用区内所有的116口井数据,进行储层孔隙度高斯随机建模;(b)孔隙度模型 B,随机均匀抽掉10口井,其他条件与孔隙度模型 A 相同,重新进行高斯随机建模;(c)孔隙度模型 C,没有储层成因控制面的约束下,采用所有的116口井数据,其他条件孔隙度模型 A 相同,重新进行储层孔隙度高斯随机建模;(d)采用106口井数据,其他条件与孔隙度模型 C 相同,重新进行储层孔隙度高斯随机建模

(1)尽管这两个模型的基础数据相差了10口井,但是它们所展现的储层孔隙度分布特征基本是一致的。这表明基于储层成因控制面约束下,储层高斯随机建模的结果总体具有一定

的稳定性。在这种情况下,储层随机建模结果的随机性只是在满足总体地质规律下的局部变化性。

（2）进一步比较还可以发现,尽管孔隙度模型B少了10口井,但在这无数据的10口井的位置上及其附近区域,模型B的孔隙度分布特征与模型A中那10口井位置及其附近区域的孔隙度分布基本一致。也就是说,在这10口井及其附近区域,基于储层成因控制面约束下,储层高斯随机建模的模型B能够成功地预测模型A的孔隙度分布。

第三和第四种情况分别是:首先用区内全部的116口井的小层数据参与储层随机建模,所用到的储层建模参数包括储层地质分层、单井储层参数、变差函数特征值和随机建模方法都与储层孔隙度模型A所用到的参数一样,区别仅在于没有储层成因控制面的约束,这样通过高斯随机模拟得到的结果称为储层孔隙度模型C(图8-24c);然后,同样抽出那10口井数据(R-1,R-2,…,R-10),用剩下的106口井数据,保留其他条件与储层孔隙度模型C相同,再进行储层高斯随机模拟,得到的结果称为储层孔隙度模型D(图8-24d)。

比较孔隙度模型C与孔隙度模型D可以看出,尽管这两个模型的储层孔隙度分布的模式或风格相同(或认为随机变量的方差和数学期望等数字特征相同),是这两个模型中不同孔隙度分布的具体位置却变化较大,说明这种方法得出的储层地质模型的稳定性较差。并且,在不同孔隙度的具体分布位置上,模型D与模型C也相差较大。

如果将模型D与模型A或模型B比较,可以发现,模型D中10口空缺井的位置及其附近区域的孔隙度数值和分布,与模型A和模型B差别较大,也不能很好地解释PLT生产测井上各井产量差别大的原因。因此,可以认为孔隙度模型D并没有很好地预测出储层孔隙度的分布规律。

根据上述四种情况下储层孔隙度随机建模结果的对比,可以说明,有储层成因控制面约束下的储层高斯随机建模的模型具有较好的稳定性和预测性;而没有储层成因控制面约束下的储层高斯随机建模的模型,尽管具有相同的地质统计学特征,但是其储层模型的稳定性和预测性都相对较差。因此,在储层随机建模的过程中,除了需要采用合理的储层建模基础数据(包括储层地质分层、单井储层属性参数、变差函数特征值)和合适的随机模拟方法外,还需要有储层成因控制面的约束,才能够得到相对稳定和有较好的预测性的储层地质模型。至于如何得到储层成因控制面,就需要进行储层成因单元地震地层学的研究,揭示储层的地质成因规律和控制因素,并得到明确、连续和量化的表征储层空间变化的成因控制面。

五、基于储层成因分析和成因约束下的储层双重介质渗透率分布模型的建立

1. Mishrif组礁滩型碳酸盐岩储层双重介质渗透率的特征及其成因分析

在Mishrif组礁滩型碳酸盐岩油藏开发的过程中,经常会出现这样的情况,就是由岩样物性分析数据回归分析所建立的储层渗透率解释模型往往不能够很好地解释高产油井或高产层段的特征,或者说,由高产井动态资料所反算的产层的渗透率常常会比岩样物性分析渗透率要大很多。出现这种现象的一个可能的原因是,在Mishrif组礁滩型碳酸盐岩储层的岩样采集过程中,有时尽管是连续岩心的密集采样,也有可能遗漏掉某些"高渗透率层段"。PLT生产测井所测试的产液剖面也显示,许多产油层段的孔隙度在纵向上变化并不大,但实际的生产剖面检测表明,在产油段的顶部或上部的某些很薄的层段中(如图4-2中的R09井),产油量要远远大于其他层段。并且,在一些注水井中PLT生产测井也证实,某些层段上部也在大量地吸入注入水,还有些少数的注水井在相邻的采油井经常会出现暴性水淹。

经过储层成因分析后可以认为,Mishrif组碳酸盐岩储层确实存在某些异常高渗透率的薄层段,它们的产生与浅水沉积环境下的多期碳酸盐岩礁滩体的成因有关。因为在相对海平面的振荡过程中,浅水环境下的碳酸盐岩礁滩体会受到海浪的侵蚀,甚至会有短时期的暴露,接受大气雨水的溶解和淋滤,会在礁滩岩隆的顶部产生一个近似水平的溶蚀面。这种溶蚀面在MZ1段顶部最为发育,且碳酸盐岩礁滩形成的多期性也会使得这种溶蚀面可能出现多层性。但总体上说,在向上变浅的层段中,顶部和上部的储层出现溶蚀面的可能性更大。这样的溶蚀面会降低岩石的力学结构强度,从而在储层埋藏、成岩和构造运动的过程中,存在溶蚀面附近的储层容易形成一个岩石结构薄弱、低角度的溶蚀面或溶蚀缝。在系统取岩心井中,这样的溶蚀面或溶蚀缝附近的岩心往往断开,断面上有溶蚀或部分充填,其岩相较粗,往往属于礁滩相上部的岩相类型(图8-25a)。由于这些低角度溶蚀缝上的岩心断裂和不连续,通常的柱塞岩样取不到这样的溶蚀缝,所以从岩样提取的储层渗透率只能反映储层基质的渗透率,而反映不出溶蚀面或溶蚀缝的异常高的渗透率,这也就解释了Mishrif组礁滩型碳酸盐岩储层往往具有基质和溶蚀缝双重介质渗透率的原因。

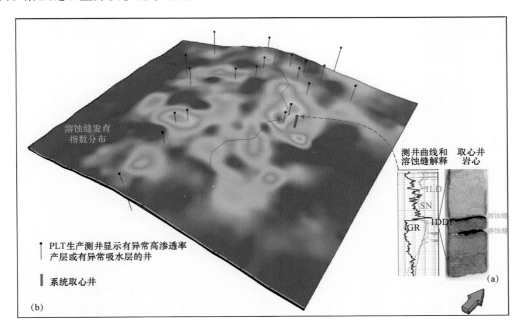

图8-25 MZ1段低角度溶蚀缝发育指数分布综合图

(a)取心井的岩心照片、溶蚀缝识别、测井曲线及其测井解释溶蚀缝发育指数;
(b)MZ1段溶蚀缝发育指数分布和PLT生产测井指示有异常高渗透率层存在的井

2. 储层双重介质特征的成因解释及其渗透率三维分布模型的建立

首先,挑选出具有典型异常高产油特征或异常吸水剖面的井,结合岩心和测井曲线的纵向变化特征,识别出多个具有向上变浅(粗)的沉积旋回。在每个向上变浅的沉积旋回的顶部或上部,注意观察从岩心产状、岩石结构、溶蚀面、充填物和相关测井曲线特征等,在条件允许时,结合生产测井PLT指示的异常层段,综合识别出可能的低角度溶蚀缝发育段。以多个岩心溶蚀缝发育段为参考,深入分析相应的测井曲线的变化特征及其岩石物理测井响应机理,并应用裂缝测井解释模型式进行计算,结合沉积旋回、岩相特征和裂缝发育指数,解释低角度溶蚀裂缝的发育部位和相对发育强度(图 8 - 25a),再通过多井的测井曲线解释,得到各井相关层段的溶蚀缝发育指数 IDDF 的解释成果。

然后,以储层成因控制面为约束,并以多井测井曲线解释的 IDDF 为基础,进行储层属性分布的随机模拟,得到 IDDF 的分布模型(图 8 - 25b)。由该模型可以看出,溶蚀缝发育强度大的(红—黄—绿—淡蓝色)呈多个斑块状或局部连片状,也分布在古地貌高处,这个特征符合溶蚀缝产生的地质成因,即溶蚀缝的发育与碳酸盐岩礁滩体顶部可能遭受溶蚀面有关。为了检验该模型的可靠性和预测性,模型中还将 PLT 生产测井中,有异常高产层或吸水层的井标出(杆状图),通过对比发现,这些生产动态上证实有异常高渗透率层的井,与 IDDF 的分布趋势基本一致。在此基础上,建立生产动态资料和各井溶蚀缝发育指数的变化关系,将溶蚀缝发育指数的分布模型转换成溶蚀缝渗透率模型。

最后,根据基质孔隙度与渗透率的关系,先将储层孔隙度分布模型转换成储层基质渗透率分布模型,再将溶蚀缝渗透率模型与基质渗透率模型进行叠加,进而得到 Mishrif 组碳酸盐岩储层双重介质渗透率分布模型(图 8 - 26)。从该模型可以看出,储层相对高渗透率层主要发育在古地貌的高部位。并且,在模型的栅状切片图上,高渗透率储层成多期发育的丘状形态,尤其是在储层剖面的中段(即 MZ1 段顶面附近),薄层状的高渗透率层(红色条带)往往最为发育。这些都符合前面关于 Mishrif 组碳酸盐岩储层的成因和分布规律。

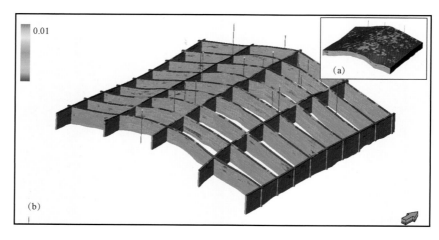

图 8 - 26　研究区 Mishrif 组碳酸盐岩储层双重介质渗透率三维分布模型
(a)储层渗透率分布模型的顶面和侧面立体图(缩小版);(b)储层渗透率三维分布模型的栅状切片图
其中,高渗透率储层主要呈多层(多期)丘状或斑块状,与多期碳酸盐岩礁滩体的岩隆有关,中间夹有薄层状的
异常高渗透率的条带(红色),为低角度异常高渗透率溶蚀缝的发育层位。模型中的点—杆状图,
代表 PLT 生产测井资料有异常高产层或吸水层的井,它们与模型中异常高渗层的发育有关

3. 储层双重介质渗透率分布模型可靠性检验

储层渗透率分布模型中所标出的点—杆状图(图 8 - 26),代表着 PLT 生产测井资料中有异常高产的产油层或高吸水层的井。对比模型可以发现,这些生产动态上指示有异常高渗透率层发育的井,主要发育在构造高部位,且这些井也大多钻遇了模型中有异常高渗透率(红—黄层段或条带)的薄层状条带,佐证了 Mishrif 组碳酸盐岩储层双重介质渗透率分布模型的可靠性。

参 考 文 献

蔡希源,李思田,郑和荣,等.2007.碳酸盐储层和沉积体系的地震成像[M].北京:地质出版社.

陈景山,王振宇,代宗仰,等.1999.塔中地区中上奥陶统台地镶边体系分析[J].古地理学报,(2):8－17.

邓宏文.1995.美国层序地层研究中的新学派:高分辨率层序地层学[J].石油与天然气地质,(2):89－97.

董春梅,张宪国,林承焰.2006.有关地震沉积学若干问题的探讨[J].石油地球物理勘探,41(4):405－409.

冯增昭.1993.沉积岩石学[M].北京:石油工业出版社.

甘利灯,王峣钧,罗贤哲,等.2019.基于孔隙结构参数的相控渗透率地震预测方法[J].石油勘探与开发,46(5):883－890.

甘利灯,张昕,王峣钧,等.2018.从勘探领域变化看地震储层预测技术现状和发展趋势[J].石油地球物理勘探,53(1):214－225.

郭睿.2004.储集层物性下限值确定方法及其补充[J].石油勘探与开发,31(5):140－144.

郭振华,李光辉,吴蕾.2011.碳酸盐岩储层孔隙结构评价方法:以土库曼斯坦阿姆河右岸气田为例[J].石油学报,32(3):459－465.

胡见义.1992.石油地质理论研究未来发展趋势[J].石油学报,13(3):3－8.

贾爱林.2010.精细油藏描述与地质建模技术[M].北京:石油工业出版社.

贾承造,赵文智,邹才能,等.2004.岩性地层油气藏勘探研究的两项核心技术[J].石油勘探与开发,31(3):3－9.

蒋韧,樊太亮,徐守礼.2008.地震地貌学概念与分析技术[J].岩性油气藏,20(1):33－38.

李峰峰,郭睿,余义常.2019.层序地层划分方法进展及展望[J].地质科技情报,38(4):215－224.

李庆忠,张进.2006.岩性油气田勘探:河道砂储集层的研究方法[M].青岛:中国海洋大学出版社.

李全,林畅松,吴伟,等.2010.地震沉积学方法在确定沉积相边界方面的应用[J].西南石油大学学报:自然科学版,32(4):50－55.

李少华,尹艳树,张昌民.2007.储层随机建模技术[M].北京:石油工业出版社.

李杏莉.2009.岩性油气藏地震预测技术与地震沉积学分析应用研究[D].北京:中国地质大学(北京).

李宇平,李新生,周翼,等.2000.塔中地区中、上奥陶统沉积特征及沉积演化史[J].新疆石油地质,21(3):204－207.

刘航宇,田中元,郭睿,等.2017.复杂碳酸盐岩储层岩石分类方法研究现状与展望[J].地球物理学进展,32(5):2057－2064.

刘家雄,范宜仁,朱大伟,等.2017.中东×区生物碎屑灰岩储集空间测井表征方法[J].测井技术,41(3):278－285.

刘文岭.2014.油藏地球物理学基础与关键解释技术[M].北京:石油工业出版社.

刘震.1997.储层地震地层学[M].北京:地质出版社.

陆基孟,王永刚.2011.地震勘探原理[M].3版.东营:中国石油大学出版社.

罗平,裘怿楠,贾爱林.2013.中国油气储层地质研究面临的挑战和发展方向[J].沉积学报,21(1):142－147.

马永生,梅冥相,陈小兵,等.1999.碳酸盐岩储层沉积学[M].北京:地质出版社.

穆龙新,贾爱林,陈亮,等.2000.储层进行研究方法[M].北京:石油工业出版社.

穆龙新,潘校华,田作基.2013.中国石油公司海外油气资源战略[J].石油学报,34(5):1023－1030.

钱绍瑚.1993.地震勘探[M].武汉:中国地质大学出版社.

强子同.1998.碳酸盐岩储层地质学[M].东营:中国石油大学出版社.

裘怿楠,贾爱林.2000.储层地质模型10年[J].石油学报,21(4):101－104.

裘怿楠.1991.储层地质模型[J].石油学报,12(4):55－62.

裘怿楠.1996.石油开发地质方法论[J].石油勘探与开发,23(2):43－47.

裘怿楠.1997.油田地质研究的几个基本问题∥裘怿楠石油开发地质文集[C].北京:石油工业出版社.

塞拉.1992.测井解释基础与数据采集[M].谭廷栋,等译.北京:石油工业出版社.

宋倩,马青,董旭江,等.2016.塔里木盆地北部地区奥陶系层序地层格架与沉积演化[J].古地理学报,18(5):731－742.

塔克.2015.碳酸盐岩储层沉积学[M].沈安江,等译.北京:石油工业出版社.

王海平.2010.塔里木盆地塔中隆起奥陶系主要不整合特征及古地貌演化[D].北京:中国地质大学(北京).

王君,郭睿,赵丽敏.2016.颗粒滩储集层地质特征及主控因素:以伊拉克哈法亚油田白垩系 Mishrif 组为例[J].石油勘探与开发,43(3):367－377.

王明慈,沈恒范.2013.概率论与数理统计[M].北京:高等教育出版社.

王文龙,尹艳树.2017.储层建模研究进展及发展趋势[J].地质学刊,41(01):97－102.

王小敏,樊太亮.碳酸盐岩礁滩相储层分类[J].中南大学学报(自然科学版),43(5):1837－1844.

魏魁生,徐怀达,叶淑芬,等.2000.碳酸盐岩层序地层学:以鄂尔多斯盆地为例[M].北京:地质出版社.

吴胜和,熊琦华.1998.油气储层地质学[M].北京:石油工业出版社.

吴胜和.2010.储层表征与建模[M].北京:石油工业出版社.

吴因业,顾家裕,施和生,等.2008.从层序地层学到地震沉积学:全国第五届油气层序地层学大会综述[J].石油实验地质,30(3):218－222.

杨俊,姜振学,等.2012.塔里木盆地塔中83—塔中16井区碳酸盐岩油气特征及其成因机理[J].石油于天然气地质,33(1):101－110.

克莱德·莫尔.2008.碳酸盐岩储层—层序地层格架中的成岩作用和孔隙演化[M].姚根顺,等译.北京:石油工业出版社.

于炳松,陈建强,林畅松.2005.塔里木盆地奥陶系层序地层格架及其对碳酸盐岩储集体发育的控制[J].石油与天然气地质,26(3):305－309.

于兴河,李剑峰.1995.油气储层研究所面临的挑战与新动向[J].地学前缘,2(4):213－220.

于兴河.2009.储层地质学基础[M].北京:石油工业出版社.

于兴河.2008.油气储层表征与随机建模的发展历程及展望[J].地学前缘,15(1):1－14.

曾洪流.2011.地震沉积学在中国:回顾和展望[J].沉积学报,29(3):417－426.

张尔华,鞠林波,宋永忠,等.2019.古城地区鹰山组碳酸盐岩储层地震岩石物理特征[J].大庆石油地质与开发,38(5):1－8.

张一伟,熊琦华,纪发华.1992.地质统计学在油藏描述中的应用[M].东营:石油大学出版社.

赵文智,胡素云,刘伟.2014.再论中国陆上深层海相碳酸盐岩油气地质特征与勘探前景[J].天然气工业,34(4):1－9.

赵文智、刘文汇.2008.高效天然气形成分布与凝析、低效气藏经济开发的基础研究[M].北京:科学出版社.

赵治信,吴美珍,赖敬容.2018.塔里木盆地下奥陶统与上覆地层间的不整合[J].新疆石油地质,39(5):530－536.

赵宗举,潘文庆,张丽娟,等.2009.塔里木盆地奥陶系层序地层格架[J].大地构造与成矿学,33(1):175－188.

朱筱敏.2008.等.沉积岩石学[M].北京:石油工业出版社.

朱筱敏,董艳蕾,曾洪流,等.2009.沉积地质学发展新航程:地震沉积学[J].古地理学报,21(2):189－201.

邹才能,袁选俊,陶士振,等.2009.岩性地层油气藏[M].北京:石油工业出版社.

Alkesan H. 1975. Depositional environments and geological history of the Mishrif Formation in southern Iraq[J]. 9th Arab Petroleum Congress. 121(3),1－18.

Amaefule, J O, Altunbay M and Tiab D, et al. 1993. Enhanced reservoir description: Using core and log data to identify hydraulic (flow) units and predict permeability in uncored intervals/wells[C]. Society of Petroleum Engineers: Houston, Texas,1993.

Aqrawi A A M, Goff J C, Horbury A D, et al. 2010. The petroleum geology of Iraq[M]. UK: Scientific Press: 200－208.

Aqrawi A A M, Thehni G A, Sherwani G H, et al. 1998. Mid – cretaceous rudist – bearing carbonates of the Mishrif formation: an Important reservoir sequence in the Mesopotamian basin, IRAO[J]. Journal of Petroleum Geology, 21(1):57 – 82.

Archie G E. 1952. Classification of carbonate reservoir rocks and petrophysical considerations[J]. AAPG Bulletin 36 (2):278 – 298.

Babak O, Deutsch C V. 2007. An intrinsic model of coregionalization that solves variance inflation in collocated cokriging. Computers & Geosciences, 35(3):603 – 614.

Ballin P R, Journel, A G, Aziz K A. 1992. Prediction of uncertainty in reservoir performance forecasting[J]. JCPT, 31(4).

Bennion D W, Griff J C. 1966. A stochastic model f or predicting variation s in reservoir rock properties[J]. Trans AIME, 6(1):9 – 16 .

Boyeldieu C, A Winchester A. 1982. Use of the Dual Laterolog for the evaluation of the fracture porosity in hard carbonate formations[C]//SPE, Offshore South East Asia 82 Conference.

Brown E J P. 1973. Systematic Reservoir Description By ComputerData. SPE – 4427 – MS.

Burchette T P. 1993. Mishrif Formation (Cenomanian – Turonian) southern Arabian Gulf, carbonate platform growth along a cratonic basin margin[M]//Simo J A, Scott R, Masse J P. Cretaceous Carbonate Platforms. AAPG Memoir, 56, 185 – 199.

Choquette P W, Pray L C. 1970. Geologic nomenclature and classification of porosity in sedimentary carbonates[J]. AAPG Bulletin, 54(2)207 – 250.

Craig F F. 1970. Effect of Reservoir Description on Performance Predictions[J]. Journal of Petroleum Technology,22 (10):1239.

Dahm C D, Graebner R J. 1982. Field development with three – dimensional seismic methods in Gulf of Thailand: a case history[J]. Exploration Geophysics,10(3),185 – 187.

Dahm C G, Graebner R J. 1979. Field development with three – dimensional, seismic methods in Gulf of Thailand: a case history[J]. Technology Conference, Paper 3657: 2591 – 2595.

Dunham R J. 1970. Stratigraphic reefs versus ecologic reefs[J]. AAPG Bull,54:1931 – 1932.

Dunham, R J. 1962. Classification of carbonate rocks according to depositional texture. In: Classification of Carbonate Rocks, W. E. Ham(Ed.)[M]. AAPG Memoir No. 1:Tulsa, OK.

Embry A F. 1971. A Late Devonian reef tract on northeastern Banks Island, NWT[J]. Bulletin of Canadian Petroleum Geology,19:730 – 781.

Enos P, Moore C H. 1983. Fore – reef slope environment[C]//Scholle A P, Bebout D, Moore H M. Carbonate depositional environments. AAPG,33:507 – 838.

Flewitt W E. 1975. Refined Reservoir Description To Maximize Oil Recovery[J]. SPWLA 16th Annual Logging Symposium,1:1.

Flugel E. 1982. Microfacies analysis of limestones[M]. Berlin: Springer – Verlag.

Folk R L. 1959. Practical petrographic classification of limestones[J]. AAPG Bull. ,43:1 – 38.

Folk R L. 1962. Spectral subdivision of limestone types [M]//Classification of Carbonate Rocks. AAPG Memoir, No. 1,Tulsa,OK.

Folk R L. 1965. Some aspects of recrystallization in ancient limestone[M]//Dolomitization and Limestone Diagenesis. Pray L C and Murray R C. Tulsa:SEPM Special Publication.

Gaddo J H. 1971. The Mishrif formation palaeoenvironment in the Rumaila/Tuba/Zubair region of S. Iraq [J]. Journ. Geol. Soc. Iraq,4(1):1 – 2.

Galloway W E. 1989. Genetic stratigraphic sequences in basin analysis I: Architecture and genesis of flooding surface boundary depositional units[J]. AAPG Bull,73:125 – 142.

Ghalem, Tahar, Sonatrach Blanc, et al. 1980. Characterization Of Hassi R Mel Reservoir Rocks By An Unconvention-al Method Using Well Logs And Core Analysis Data[J]. SPE Annual Technical Conference and Exhibition, 21 – 24 September, Dallas, Texas, SPE – 9340 – MS.

Hu L Y and Ravalec – Dupin M L. 2005. On some controversial issues of geostatistical simulation[M]//Leuangthong O and Deutsch C V. Quantitative Geology and Geostatistics, Springer Netherlands, Dordrecht.

Hu M Y, Gao D, Wei G Q, et al. 2019. Sequence stratigraphy and facies architecture of a mound – shoal – dominated dolomite reservoir in the late Ediacaran Dengying Formation, central Sichuan Basin, SW China[J]. Geological Journal, 54(3): 1653: 1671.

Irwin M L. 1965. General theory of epeiric clear water sedimentation[J]. American Association of Petroleum Geologists Bulletin, 49(4): 445 – 459.

Jia C Z. 1997. Tectonic characteristics and petroleum in Tarim basin of China[M]. Petroleum Industry Press: Beijing, China.

Kerans, Lucia F J, et al. 1994. Integrated Characterization of Carbonate Ramp Reservoirs Using Permian San Andres Formation Outcrop Analogs[J]. AAPG Bulletin, 78(2): 181 – 192.

Lake L W, et al. 1986. Reservoir Characterization[M]. Academic Press Inc.: New York.

Lake L W, et al. 1991. Reservoir Characterization[M]. Academic Press Inc.: New York.

Leverett M C. 1941. Capillary behaviour in porous solids[J]. Transactions of the AIME, 142: 159 – 172.

Li Y T, et al. 2012. Sequence stratigraphic characteristics and sedimentary evolution of Ordovician System in Tazhong region, Tarim Basin[J]. Science and Technology of West China, 11(1): 23 – 25.

Liao M S. 1980. On log – data processing of fractured carbonate reservoirs[J]. Acta Petrolei Sinica, 1: 19 – 32.

Lucia F J. 1983. Petrophysical parameters estimated from visual description of carbonate rocks: a field classification of carbonate pore space[J]. Journal of Petroleum Technology, 1983, 3: 626 – 637.

Lucia F J. 1995. Rock – Fabric/Petrophysical Classification of Carbonate Pore Space for Reservoir Characterization [J]. AAPG Bulletin, 79(9): 1275 – 1300.

Lucia F J. 2000. Dolomitization: a porosity – destructive process (Abst.)[J]. AAPG Bull, 84: 1879.

Lucia F J. 2007. Carbonate Reservoir Characterization (An Integrated Approach, 2nd Edition)[M]. Springer: Austin, Texas, USA.

Lucia J F, Kerans C, James W. 2003. Carbonate Reservoir Characterization[J]. Journal of Petroleum Technology, 1: 70 – 72.

Lucia J F. 1995. Rock – fabric/petrophysical classification of carbonate pore space for reservoir characterization[J]. AAPG Bulletin, 79: 1275 – 1300.

Matern B. 1980. Spatial Variation, volume 36 of Lecture Notes in Statistics. 2nd edtion. New York: Springer – Verlag.

Matheron G. 1963. Principles of geostatistics [J]. Economic Geology, 58(1): 21 – 28.

Michael J. Pyrcz Clayton V. 2014. Deutsch. Geostatistical Reservoir Modeling – 2nd edition[M]. Oxford University Press: New York.

Mithum R M, Vail P R. 1977. Seismic Stratigraphy and Global Changes of Sea Level, Part 6: Stratigraphic Interpretation of Seismic Reflection Patterns in Depositional Sequences[C]//Seismic Stratigraphy – applications to hydrocarbon exploration, C. E. Payton(Ed). AAPG Memoir, 26: 117 – 133.

Murray R C. 1977. The origin of porosity in carbonate rocks [J]. Journal of Petroleum Sedimentology, 1960, 30: 59 – 84.

Pittman E D. 1992. Relationship of porosity and permeability to various parameters derived from mercury injection – capillary pressure curves for sandstone[J]. APPG Bulletin, 76: 191 – 198.

Posamentier H W, Morris W R. 2000. Aspects of the stratal architecture of forced regressive deposits[J]. Geological Society London Special Publications, 172(1): 19 – 46.

Posamentier H W. 2001. Seismic geomorphology and depositional systems of deep water environments: observations from offshore Nigeria,Gulf of Mexico,and Indonesia (abs.) [M]. AAPG Annual Convention Program.

Posamientier H W, Jervey, Vail P R. 1988. Eustatic controls on clastic deposition I − conceptual framework[M]. SEPM Special Publication 42: Tulsa, Oklahoma:69 − 125.

Sadooni F N. 2005. Possible hydrocarbon stratigraphic entrapment in the Upper Cretaceous basin − margin rudist buildups of the Mesopotamian Basin, southern Iraq. [J]. Cretaceous Research,26:213 − 244.

Sharland P R, Archer D M, Casey R B, Davies, et al. 2001. Arabian Plate Sequence Stratigraphy[J]. GeoArabia Special Publication 2. Bahrain: Gulf PetroLink:371.

Sherwani G H, Mohammed I Q. 1993. Sedimentological factors controlling the depositional environment of Cenomanian Mishrif Formation, southern Iraq[J]. Journal of the Geological Society,19:122 − 134.

Tahar G, Georges B, Jean − Claude S. 1980. Characterization Of Hassi R′Mel Reservoir Rocks By An Unconventional Method Using Well Logs And Core Analysis Data[C]// SPE Annual Technical Conference and Exhibition. SPE − 9340 − MS.

Tao X Y, et al. 2014. The depositional features and distribution regularities of marginal − platform grain shoals of Lianglitage Formation in Tazhong area[J]. Acta Sedimentologica Sinica,32(2):354 − 364.

Tucker M E, Wright V P. Carbonate Sedimentology[M]. Blackwell Scientific Pubulication:Oxford.

Vail P R, Mitchum R M, Thompson S. 1977. Seismic stratigraphy and global changes of sea level: Part 4, global cycles of relative changes of sea level[M]//Seismic Stratigraphy − Applications to Hydrocarbon Exploration. AAPG Memoir 26:63 − 81.

Vail P R, Mithum R M,et al. 1977. Seismic Stratigraphy and Global Changes of Sea Level, Part 1:Overview[C]// Seismic Stratigraphy − Applications to Hydrocarbon Exploration. AAPG Memoir, 26:51 − 62.

Vail P R,Todd R G, Sangree J B. 1977. Seismic stratigraphy and global changes of sea level: Part 5, chronostratigraphic significance of seismic reflections [M]//Seismic Stratigraphy − Applications to Hydrocarbon Exploration. AAPG Memoir, 26:99 − 116.

Wardlaw N C. 1979. Pore systems in carbonate rocks and their influence on hydrocarbon[M]//Geology of Carbonate Porosity. Bebout D, Davies G, et al. AAPG course notes 11,1 − 24

Wayne M. 2008. Geology of Carbonate Reservoirs: The Identification, Description, and Characterization of Hydrocarbon Reservoirs in Carbonate Rocks[M]. John Wiley & Sons, Inc. :Hoboken.

Weyl P K. 1960. Porosity through dolomitization − conservation of mass requirements[J]. Journal of Petroleum Sedimentology, 30:85 − 90.

Wilson J L. 1975. Carbonate Facies in Geological History[M]. Springer − Verlag: New York.

Zeng H L, Backus M M, Barrow K T,et al. 1998. Stratal slicing: Part I Realistic 3 − D seismic model[J]. Geophysics,63(1):502 − 513.

Zeng H L, Backus M M. 2005. Interpretive advantages of 90° − phase wavelets: Part 1 − Modeling[J]. Geophysics,70 (3):7 − 15.

Zeng H L, Henry S C, Riola J P. 1988. Stratal slicing: Part II. Realistic 3 − D seismic data[J]. Geophysics,62(2): 514 − 522.

Zeng H L, Kerans C. 2003. Seismic frequency control on carbonate seismic stratigraphy: A case study of the Kingdom Abo sequence, west Texas[J]. AAPG Bulletin,87(2):273 − 293.

Zeng H L, Kerans C. 2003. Seismic frequency control on carbonate seismic stratigraphy: A case study of the Kingdom Abo sequence,west Texas[J]. AAPG Bulletin,87(2):273 − 293.

Zeng H L,Backus M M,Barrow K T,et al. 1998. Stratal slicing,part I: realistic 3 − D seismic model[J]. Geophysics, 63(2): 502 − 513.

Zeng H L,Henry S C,Riola J P. 1998. Stratal slicing,part II: real seismic data[J]. Geophysics,63(2) : 514 − 522.

Zeng H L, Hentz T F. 2004. High – frequency sequence stratigraphy from seismic sedimentology: applied to Miocene, Vermilion Block 50, Tiger Shoal area, offshore Louisiana[J]. AAPG Bulletin, 88(2):153 – 174.

Zeng H L. 2018. What is seismic sedimentology? A tutorial[J]. Interpretation, 6(2):1 – 12.

Zhao W Z, Zou C N, Chi Y L, et al. 2011. Sequence stratigraphy, seismic sedimentology, and lithostratigraphic plays: Upper Cretaceous, Sifangtuozi area, southwest Songliao Basin, China[J]. AAPG Bulletin, 95(2):241 – 265.

Zhu X M, Zeng H L, Li S L, et al. 2017. Sedimentary characteristics and seismic geomorphologic responses, of shallow – water delta of Qingshankou Formation in Songliao Basin, China[J]. Marine and Petroleum Geology, 79(1): 131 – 148.

Zhu Y X, Zhao W, Song B, et al. 2015. Integrated Reservoir Characterization and Distribution of Carbonate Reef – Flat Complexes in Genetic Units of Different Phases of the Ordovician Carbonates in Tarim Basin, Western China// SPE – 175094, Presented at SPE Annual Technical Conference and Exhibition, Huston, Texas.

Zhu Y, Song X, Song B, et al. 2017. Genesis of High Permeable Thief – zones and Integrated Reservoir Modeling of Intense Heterogeneous Reef – flat Carbonates: A Case Study for the Mishrif Formation of the Rumaila Oilfield, Iraq//SPE – 187235, Presented at the 2017 SPE Annual Technical Conference and Exhibition, Antonio, Texas.